JN062094

UX戦略
第2版
革新的なプロダクト開発のためのテクニック

UX Strategy,
2nd Edition:
Product Strategy Techniques
for Devising Innovative Digital Solutions

Jaime Levy 著

安藤 幸央 監訳　長尾 高弘 訳

O'REILLY®
オライリー・ジャパン

Second Edition

UX Strategy

Product Strategy Techniques for
Devising Innovative Digital Solutions

Jaime Levy

Beijing · Boston · Farnham · Sebastopol · Tokyo

推薦のことば

人々に必要とされ、求められる製品の作り方を学びたいなら、本書は必読だ。『UX戦略』は、設計、コーディングの前にしなければならない市場調査、ビジネスアイデアの検証、プロトタイピング、ユーザー調査などのテーマを網羅している。

　　──スティーブ・ブランク
　　　　リーンスタートアップの生みの親のひとり、現代の起業家精神の父

初版出版当時、ジェイミー・レヴィの『UX戦略』はUXの分野の金字塔となる1冊で、誰もが持っていなければならない本だった。UXという分野自体が発展、成熟した今、彼女のUX戦略に対するアップデートされた考え方をこの第2版で窺い知ることができるのはとても刺激的だ。本書は読むたびに理解が深まっていくような本であり、内容の改訂により、新しく吸収すべきことがふんだんに盛り込まれている。明快で実用的な『UX戦略』は、現代のデジタルプロダクト戦略を導くという使命を遺憾なく発揮し続けていると心から言うことができる。

　　──ジム・カルバック
　　　　Mural社チーフエバンジェリスト、
　　　　*Mapping Experiences*および*The Jobs to Be Done Playbook*の著者

人生は短く、誰も望まないようなもののために素晴らしいUXをデザインしている暇はない。まず、本書が提唱するリーン戦略のテクニックを実践して資源と時間を節約しよう。

　　──アッシュ・マウリャ
　　　　Running Lean（邦訳『Runnning Lean—実践リーンスタートアップ』）の著者
　　　　リーンキャンバスの作者

デザイナーたちは、もっとインパクトのある仕事をするための方法をいつも探している。ジェイミーの本は、あなたのプロダクト戦略のスキルを確実にレベルアップさせてくれる。

　　──アンディ・バッド
　　　　デザイン企業創設者、デザイン関連の講演者、アドバイザー、コーチ

ジェイミー・レヴィの『UX戦略』は、さまざまな分野の最前線に立つ人々のベストプラクティスを満載しており、あらゆるデザイナーにとって1冊でMBAに匹敵するような本になっている。彼女自身の経験から教訓を導き出すスタイルは、親しみやすく引き込まれる。

———**スティーブ・ポーティガル**
ユーザー調査コンサルタント、*Interviewing Users*（邦訳『ユーザーインタビューをはじめよう』）、*Doorbells, Danger, and Dead Batteries*の著者

ジェイミー・レヴィの『UX戦略』は、リーンで効率的な方法でイノベーティブなデジタルプロダクトのアイデアとバリュープロポジションを生み出し、検証するための方法をステップバイステップで従いやすくけれん味なく実践的に教えてくれる。ヒントやテクニックが満載され、説明は詳しく、飲み込みやすいアドバイスを与えてくれる。要するに、起業家の卵、プロダクトオーナー、UXデザイナー、その他ヒューマンセントリックなプロダクトの開発に乗り出そうとするすべての人々にとって魅力的で優れたガイドブックだ。

———**スベンジャ・フォン・ホルト**
プロダクト戦略コンサルタント、Port Blue Sky（ベルリン）のイノベーション戦略本部長

この第2版は、初版以上にビジネスの現実を知り尽くした実践的なアプローチとUX戦略理論を密接に結びつけている。単に輝かしいというだけでなく、成長し続けられるようなプロダクト、サービスを生み出すために必要な戦略と戦術の両方を教えてくれる。あらゆるプロダクトデザイナー、プロジェクトマネージャー、アントレプレナー、その他イノベーティブなテクノロジストの必読書だ。

———**ポール・ラムズデーン**
NASAジェット推進研究所UXデザイナー

プロダクトデザインの戦略的な役割に対するジェイミー・レヴィの考え方は、本学デザイン学科のカリキュラム改革に大きく役立った。私の学生たちは、クリエーターとして大きなインパクトを与えられる方法をユニークなパンクロックスタイルで教えてくれる彼女の本をとても気に入っている。

———**レト・ウェタック**
ポツダム応用科学大学教授、サービスデザイナー、デザイン戦略コンサルタント

マイクロインタラクションでは、まずいUX戦略から製品を救い出すことはできない。まずジェイミーの本を読んで正しいものをデザインするようになってから、正しいデザインの心配をしよう。

——**ダン・サファー**

Microinteractions（邦訳『マイクロインタラクション』）、
Designing for Interaction（邦訳『インタラクションデザインの教科書』）の著者

ジェイミーは、UXがUXと呼ばれる前からブレークスルーを起こしてきた。この本を読んで顧客のやり方から抜け出し、あなたのプロダクトに触わるすべての人のために価値を生み出す方法を学ぼう。

——**ダグラス・ラシュコフ**

メディア理論家、Team Humanポッドキャスト主催者、*Team Human*（邦訳『チームヒューマン』）、
Present Shock、*Program to be programmed*（邦訳『ネット社会を生きる10ヵ条』）の著者

『UX戦略』は戦略をすり合わせるためのテンプレート化されたアプローチを教えてくれる。ボーイングの私のチームがビジネス問題の根源やビジネスランドスケープについて議論するときにそれが役立った。ビジネスの上流の課題を満たすことにより、私たちは部門間の信頼を築き、顧客の目標や成果とよりハイレベルなビジネス目標をつなげる足場を見つけられた。

——**アンドリュー・ウィルバー**

ボーイング社プロダクトデザインリーダー

日本語版監訳者まえがき

　UXは、User eXperience（利用者の体験）のことを示します。

　哲学的な物言いになりますが、UX、つまり利用者の体験は、デザインしたり設計、開発したりできるものではありません。たいていの場合、利用者にこういった体験をしてほしい、利用者のことを第一に考えてこういった体験に導こうと考えてプロダクトやサービスを作ります。どんなに念入りに考えて作ったとしても、実際は考えていることの一部しか伝わらなかったり、予想外の使われ方をしたりすることもあります。利用者がどう使うのか、いったいどういう体験が得られるのか、どう感じるのかは、利用者に委ねられており、サービスの作り手がどうこうできるものではありません。ですから、UXデザインで思い描いた通りの使い方を利用者にしてもらえるかどうかはわからないのです。そして、そのわからない状況に挑むための指針がUXにまつわる戦略です。

　本書『UX戦略』は、原題『UX Strategy』であり、strategyが意味するところはもちろん「戦略」であるとともに、目標達成のための戦術、計略、策略、計画、方策、方針、方法、手順、戦術論などを含みます。

　原書第1版は2015年6月に、日本語翻訳版は2016年5月に、原書第2版は大幅に内容を追加、改訂され、2021年4月に出版されました。本書はその第2版の日本語翻訳版です。

　最近特に「すべての事柄はUXに行き着く」と感じることが多くなりました。

　人気の便利ツールも、皆が夢中になるゲームも、多くの人たちに使われているスマートフォンのアプリも、UXを前面に出していなくとも、UXがよく考えられ、UX戦略が練られていると感じられます。また、逆に使いづらい社内ツールや、業務向けのツール、巷に溢れる使い方がさまざまな事柄、スマートフォンを使った決済など、よく観察してみると、ありとあらゆるものにUXが関連しています。

　「UX」というと、日本ではユーザーの体験すべてを示すことが多く、デジタルデバイスを使う前、使ったあと、もしくはデジタルデバイスとまったく関係ないサービスにも「UX」が使われることもあります。一方、欧米では「UX」というとデジタルデバイス上の体験に限定している場合もあり、同じ「UX」という会話の中でもニュアンスや範囲が異なることがあります。

ここで、サービスやコンテンツそのものは素晴らしくとも、体験がいま一歩と思われるだけで、ユーザーが離れていってしまうプロダクトやサービスを山ほど見てきました。スマートフォンという最新デバイスが世の中に浸透してきたことにより、「使いやすい体験」「良い体験」が無意識に誰もが感じ取れるようになってきていることが実感されます。

　テクノロジーがどんなに進化しても、デジタルデバイスがどんなに進化しても、人工知能が進化しても、基本的にはそれらを使う、活用するのは「人」だということです。そして人の目や手、指、耳などの感覚やインターフェイスは、それほど進化が早いものではありません。デジタルネイティブ世代が育ってきていますが、10年後も20年後も人間そのものの違いはそれほどないと考えています。その一方、「暇」と感じる時間が短くなってきたり、大量の文字を一言一句注意深くは読まないようになってきたり、時代とともに変化する事柄も多いと感じています。

　次にUX戦略における「戦略」をどうとらえると良いでしょうか？　戦略とは次の要素を持つと考えています。

- 競争に打ち勝つ、もしくは競争せずとも勝てる新しい領域を探る
- 現状を把握し、成功事例をうまく取り入れる
- やるべきことに集中し、他は省くか他に任せる
- 限られた資源を生かし、限られた要素に集中する
- 変化する状況に素早く対応し続ける

　つまりは「UX」と「戦略」の組み合わせこそが大切です。テクノロジーやデザイン手法の進化により、いままでは思い描いていても実現できなかったことが手軽に実現できるようになってきています。SF作家ジュール・ヴェルヌが「人間が想像できることは、人間が必ず実現できる」という名言を残しています。すべての場面、すべての事象、すべての人に役立つ「UX」というものを、本書の手助けによって「戦略的」に活用してほしいと考えています。

2022年10月
Spotifyのお気に入りPlaylistを聴きながら

安藤幸央

はじめに

　戦略とは、点と点をつないでいくことだ。未来をより正確に解き明かすには、過去に何があって、現在何が起きようとしているのかを見る必要がある。戦略の仕事を行う人間は、研究好き、客観的で大胆でなければならない。比喩的に言えば、セグロジャッカルのように、獲物にそっと忍び寄り、喉を一撃して始末するリスクテイカーにならなければならない[*1]。

　UX（ユーザーエクスペリエンス）戦略は、UXデザインとビジネス戦略が交わる位置にある。UX戦略を実証的に実践すれば、ワイヤーフレームをデザインしてコードを書き、天に祈るよりも、成功するデジタルプロダクトを作れる可能性が大幅に上がる。

　本書は、UX戦略を実践するためのしっかりとした枠組み（フレームワーク）を示す。イノベーティブなプロダクトの開発に焦点を絞り、作業環境の違いにかかわらず使える手軽なテクニックを多数示していく。ビジネス戦略の基本原則は、理解するためにMBAの学位が必要になるような謎めいたものである必要はない。戦略は、デザインと同様に、実践だけでマスターできるスキルだ。

どのような人がこの本を読むべきか

　本書は、UXデザインとビジネス戦略の間の大きな知識のギャップに対処するもので、次のようなタイプのプロダクト製作者を念頭に置いて書かれている。

---

*1　[編集注]原書カバーにはセグロジャッカルが描かれている。

▶ 起業家（アントレプレナー）、デジタルプロダクトマネージャー、
企業のイノベーションチームのメンバー

あなたは、フリクションレスなUXを備え、大成功を収めるようなプロダクトを作るために、デザイナー、開発者、マーケターといった人々から構成されるチームを引っ張っていこうとしている。しかし、時間、資金その他の資源が限られているので、チームの労力は効率的なプロダクト戦略に集中的に注ぎ込みたい。リーンスタートアップの原則を理解しており、調査と評価では資源を節約したいと思っているが、しっかりとした戦略に基づいて意思決定することが必要だということも理解している。本書は、ビジネスアイデアをテストし、競合リサーチを実施し、マーケティングチャネルを検証するための手軽なツールというあなたとチームが必要としているものを提供する。

▶ プロダクトデザイナー、UX/UIデザイナー、UXリサーチャー

あなたは不満を感じている。デザインや調査を成果物に転化する機械のなかの歯車にさせられていると感じている。仕事をもっとイノベーティブでホーリスティックなものにしたいと思っているが、戦略レベルでプロダクトの形を決める作業に参加させてもらえていない。経営学の学位やマーケティングの専門能力がないので、キャリアの壁にぶち当たるのではないかという恐怖も感じている。本書は、次のような状況に追い込まれていると感じたときの反撃の方法を示す。

● 既存のものを真似しただけだと思うプロダクトのためにサイトマップとワイヤーフレームを作れと言われている。車輪を発明し直すようなことのためにこれからの6か月を浪費したくない。本書は、競合やインフルエンサーから小さなアイデアをシステマティックに取り入れることによってプロダクトをイノベーティブにする方法を説明する。

● 自分たちのプロダクトビジョンは100%正しく、それを忠実に実装しろと命令してくるステークホルダーがいる。あなたは市場調査を行って、彼らがもとのプロダクトビジョンを見直すきっかけを作りたいと思っているが、そのための予算を渡してもらえない。本書は、社内起業家になって、このような状況でも市場から証拠を集めるための新たな方法を示す。

- すでにプロダクトはあり、新しい顧客を獲得したりエンゲージメントを強化したりするために役立つ新機能を作れと命令されている。本書は、ラピッドプロトタイプを使ったオンラインユーザー調査とランディングページ実験によるコンセプトの検証方法を説明する。

なぜこの本を書いたのか

　私は、プロダクト製作者として働きながら、ユーザーインターフェイス（UI）デザインとプロダクト戦略という新しく生まれてきた研究分野を非常勤で教えることを続けてきた。1993年以来、工学系と心理学系の学生を対象とする大学院レベルの講座から、もっと売り込みやすいスキルセットを身につけて新しいキャリアを切り開きたい人々のための社会人講座まで、さまざまなところで教えている。しかし、このような講座で私の学生たちに必要な知識をすべて教えられる完璧な本はずっとなかった。いつも自分のプレゼンテーション資料、サンプルドキュメント、テンプレートを見せることに追われていた。本書を書いたのは、私がスタートアップ、広告代理店、大企業で働いて学んだUX/プロダクト戦略についてのあらゆる実践的な知識をひとつの本にまとめるためだ。

　それと同時に、UX/プロダクトストラテジストを目指す人々には、私がプロとして長年にわたって積んできた経験から何かを学んでいただけたらとも思っている。私は仕事でも個人的な生活でも浮き沈みを繰り返してきたが、その経験が私の試行錯誤に対する考え方を形作ってきた。だから、本を書こうとした最初のときから、無機質なビジネス書や技術書は書きたくないと思っていた。技術発展を続けてきた現実の世界で、私たちが実際に経験したことの生々しさや移ろいやすさを年代記風にまとめた本を書きたかったのだ。成功の自慢話や、かならずうまくいくテクニックをただ書くのではなく、起業家的な精神を描きたかった。そして、読者が私のように途中で傷つかずに前進することを願い、そのために私自身の軌跡を知っていただきたいと思ったのである。

この本はどのように組み立てられているか

　本書は、私が何年もかけて自分のプロセスを磨き上げてきた結果に基づいて書かれている。そのため、本書には、著者のもともとの意図通りに、イノベーティブなデジタルプロダクトを作るためのハウツーガイドという第1の読み方がある。読者がそのようなものとして本書を読むつもりなら、デジタルインターフェイスを使って解決したいアイデアや問題を用意してから読み始めるようにしてほしい。泳ぎ方を身につけるためには、プールに入って未知の世界に親しむしかないのと同じだ。章を読み進めるとともに、あなたとチームは順番に新しいテクニックを学んでいく。そして、すべてのテクニックを身につけたら、将来はもっとも適切な順序でそれらを実践できるはずである。

　本書は10章から構成されている。1章では、UX戦略とプロダクト戦略とは何なのかをはっきりさせる。2章では、本書で取り上げるすべてのツールとテクニックの枠組みを説明する。3章から9章では、プロダクト戦略テクニックの進め方を説明していく。最後の10章は、簡単な結論で全体をまとめる。

UX戦略ツールキットとは何か

　本書には付属のツールキットがある。それを使えば、あなたとチームは自らのプロダクトのためにすぐに真っ当なUX戦略を展開できる。私はこれらのツールをコラボレーションのために、また成果物として使ってきており、クライアントとともに長い年月をかけて磨き上げてきている。最初は使いにくいと感じるかもしれないが、基本戦術を学ぶために必要不可欠な出発点である。本書を読み進めていくと、個々のツールの使い方と利点を詳しく説明している箇所にぶつかるだろう。

　UX戦略ツールキットは無料であり、https://userexperiencestrategy.comから入手できる。

　このワークブックのコピーを作っていただきたい。Googleスプレッドシートを使う方は、Googleアカウントにログインした上で、［ファイル］＞［コピーを作成］をクリックする。Microsoft Excelを使う方は、［ファイル］＞［ダウンロード］＞［Microsoft Excel（.xlsx）］をクリックする。自分用のコピーを作れば、編集、共有設定が可能になるので、かならずチーム全員にシェアしよう。スプレッドシートの下部には、ツールを切り替えるためのタブが並んでいる。

UX戦略は、チームメンバー、ステークホルダーとのコラボレーションが必要だ。教室の学生でも、立ち上げたばかりのスタートアップでも、大企業の職能横断型チームでも、そこは同じである。個々のテクニックは、チーム全員が実験を通じてソリューションを見つけるという目標を共有しない限り機能しない。このデジタル時代にコラボレーションするための最良の方法はクラウドツールを使うことであり、本書のクラウドベースのツールキットは、本部とリモートのチームメンバーの間でプロダクトビジョンを共有するために役立つだろう。同じドキュメントを同期的、非同期的に操作できるという点でも優れている。

ご意見と質問

本書（日本語翻訳版）の内容は最大限の努力をして検証・確認しているが、誤り、不正確な点、バグ、誤解や混乱を招くような表現、単純な誤植などに気が付かれることもあるかもしれない。本書を読んでいて気付いたことは、今後の版で改善できるように私たちに知らせていただきたい。将来の改訂に関する提案なども歓迎する。連絡先は以下に示す。

株式会社オライリー・ジャパン
電子メール　japan@oreilly.co.jp

本書についての正誤表や追加情報などは、次のサイトを参照してほしい。

https://www.oreilly.co.jp/books/9784814400058/（本書）
https://oreil.ly/UX_Strategy2/（英語原書）
https://userexperiencestrategy.com/

謝辞

本書『UX戦略』の初版は、Sarah Dzidaからさまざまな助言を受けて完成した。

彼女は、企画書作成の支援や執筆指導（サンプル章から最終草稿まで）など、あらゆることをしてくれた。さながら編集責任者といった形で、各章の突拍子もない昔話に構造を与え、ひとつのまとまった叙事詩に織り上げるためにその天与の才能を惜しみなく使ってくれた。執筆が終わったとき、私は彼女にもう二度と本など書かないと言った。彼女はさもありなんという様子で大笑いした。

それからの5年間はあっという間に過ぎた。本書の成功のおかげで、私は世界中のさまざまな戦略、デザインのカンファレンスで講演し、プロダクト製作者と出会うことができた。また、この間に新しい知見を獲得し、プロダクト戦略のテクニックを磨くこともできた。私は第2版を書くことを決意し、再び図書館にこもり、今度はひとりで仕事を進めていた。コロナ禍に襲われたのは、そのようなときだった。それからは、大学院の学生だったJessica Lupanowをむりやり引き込んで、調査をしてもらったり、詩神としてアイデアを出してもらったりした。私たちは2020年全体を通じてほとんどずっとZoomで顔を合わせ、シェアしてある各章のGoogleドキュメントを磨いていった。Jessicaは頭が切れ、湿っぽくないウィットがあり、常人とは思えないほどのしっかりとした調査スキルを持っている。YouTubeで"UX Strategy (2nd Edition) Book Editing Sessions playlist"[*2]を検索すれば、私たちの楽しい共同執筆セッションの多くを実際に見ることができる。

＊2　Jaime Levy and Jessica Lupanow, "UX Strategy (2nd Edition) Book Editing Sessions," YouTube, 2020, https://oreil.ly/Ezd0R

このふたりのほか、さらに次の人々に感謝の気持ちを伝えたい。

- Ena De Guzman、Nico Filip-Sanchez、Lane Goldstone、Jeffrey Head、Ulrich Höhfeld、Jared Krause、Darren Levy、Sebastian Philipp、Douglas Rushkoff、Bita Sheibani、Matt Stein、Eric Swenson、Svenja von Holt、Indi Young、Marvin Zindlerの各氏と南カリフォルニア大学で2020年春期のUX戦略講座を受講してくれたみなさんに感謝しています。
- O'Reilly Mediaと私の担当編集チーム、Mary Treseler、Angela Rufinoの各氏に感謝しています。
- 私に特別な存在理由を与えてくれている息子のTerryに。本書は彼と愛する母、Ronaに捧げたいと思います。

そして、暮らしをするにも本を書くにもすばらしい町、ロサンゼルスとベルリンにありがとうと言いたい。

ジェイミー・レヴィ

ロサンゼルス/ベルリン

目次

1章

UX戦略とは何か

森のなかの分かれ道。どちらに行ったら
いいだろうか。通った人が少ない方を選んだ。
その選択のおかげで大きな違いが生まれた。[*1]
　　——ロバート・フロスト

　去年のことだが、ワークショップのプランニングで助けを求めてきた同僚と日曜
の午後に打ち合わせをしたあと、私はとても機嫌が悪かった。週末に仕事をするな
んてと思っていたからだろうか。ロサンゼルスのイーストサイドからウエストサイ
ドへの移動はいつも最悪だからだろうか。それとも、CxOの肩書を持つ重役たち
のために栄えあるブレーンストーミングセッションをリードすることを考えるとど
うにも憂鬱だったからだろうか。理由は何であれ、もっと機嫌が悪くなるようなこ
とが起きた。後続車にひどい勢いで追突されたのだ。アルミホイルで包んだ食べか
けのブリトーが後部座席から吹っ飛んでフロントガラスにべちゃっと貼りついたぐ
らいだ。

　安全な事故処理のために、相手ドライバーと私はすぐに渋滞しているフリーウェ
イから住宅地の通りに下りた。私の車はひどい衝撃のためにガソリンタンクが外れ
ていた。幸い、どちらにも怪我はなかった。相手ドライバーは保険に入っており、
申し訳なさそうにさえしていた。まったくの赤の他人と道端に立っている気分がど
うであれ、次の課題は保険会社の事故受付との初めてのやり取りだということはわ
かっていた。私の保険会社は、テクノロジーを活用した先進的な自動車保険企業と
して知られるMetromile[*2]だ。

---

*1　　Robert Frost, "The Road Not Taken," *Mountain Interval*, Henry Holt, 1916.
*2　　[監訳注]Metromileは走行距離に応じて保険料を支払う、米国保険業界では先進的な企業。

Metromileは、サンフランシスコに本社を置く中規模のスタートアップだ。イノベーティブなビジネスモデルとテレマティクス（移動体通信システム）の利用によって自動車保険業界の破壊を目論んでいる。年間契約の固定料金ではなく、月払いの安い基本料と走行距離に基づく（ペイパーマイル）従量制料金を取る。私はロサンゼルスに住んでいるが、フルタイムの仕事のために毎日通勤するわけではないので、それほど車には乗らない。そこで、旧来の保険会社からこの業界破壊を進めるハイテク企業に乗り換えたら、月々の支払いがどれだけ安くなるかを計算してみた。2018年のことだ。契約から数日後、小さな無線デバイス、Metromile Pulseが郵送されてきた。運転データの記録のためにそれを車の診断ポートに接続する。最初の月の保険料は40％も下がった。とても満足した。

　しかし、今はまさに勝負どころだ。商品としての保険は、予期せぬ病気、自然災害、自動車事故といった特定のリスクから自分を守ってもらうために、保険会社に保険料を支払うというモデルになっている。顧客は、助けが必要な何かが起きるまで、保険会社とは支払いの話しかしないのが普通だ。しかし、Metromileは、顧客との間に別の接点を持っているという点で、従来の保険会社とは異なる。たとえば、Metromileは遠隔通信テクノロジーを使ったできのよいモバイルアプリを使って、車の状態、位置、運転パターンについての情報をドライバーに送ってくる。私は、好奇心旺盛なUXerとして、このアプリを始終いじってきた。しかし、一般に、アメリカの被保険者が保険会社の事故受付とやり取りをする場合、ユーザーフレンドリーではない複雑で官僚主義的なシステムを相手にしなければならない。Metromileは、私と私の追突された車にどのように対処してくれるだろうか。コスト節減効果は大きくても、保険商品としては結局使いものにならないというオチなのではないか。

　一般に、事故に遭ったアメリカのドライバーが最初にするのは、保険会社の事故受付への電話である。保険会社の担当者は、事故と相手方のドライバーの詳細を聞き出して、契約者の契約情報に保険金請求案件を登録する。ここから保険会社は損害調査と保険金の支払い、または費用請求のプロセスに入る。

　しかし、Metromileはアプリでの事故受付に対応しているので、私はこちらを試してみることにした（【図1-1】参照）。私は相手ドライバーの横に立ったまま、アプリのわかりやすい指示に従ってMetromileの事故受付で必要な情報を集めていった。アプリはジオロケーションを使って事故の正確な位置を把握するところまでしてくれるので、標識に書かれている現場の住所をメモする必要はなかった。事故に

事故登録 ①
事故チェックリスト ②
安全確保 ③
けが人を確かめ、助けが必要な人がいないかどうか注意してください。ハザードランプをつけて現場から離れない範囲で車を安全な場所に移動してください。

事故記録 ④
事故現場を調べ、相手車両のナンバープレート（可能な場合）など、関連するすべてのものの写真を撮ってください。また、相手ドライバーと名前、電話番号、保険情報を交換し、相手ドライバーの免許証の写真を撮ってください。

事故登録 ⑤
ステップ1：損傷状況の写真を撮ってください ⑥
写真は明るい場所で ⑦
撮ってください。
損傷箇所がはっきりわかるように ⑧
撮ってください。クローズアップのほか、損傷箇所と全体の関係がわかる全体写真もお願いします。

事故登録 ⑨
事故の詳細情報 ⑩
エアバッグは開きましたか？ ⑪
はい　いいえ
自動車は運転可能な状態ですか？ ⑫
はい　いいえ
あなたの自動車に今回の事故とは ⑬
無関係な損傷はありますか
はい　いいえ
下のドロップダウンメニューで ⑭
事故の程度を評価してください。

図1-1　Metromileアプリの事故受付フローに含まれるさまざまな画面

遭えば誰でもそうだが、私は取り乱した状態だった。でも、しなければならないことは、アプリのチェックリストが全部教えてくれた。相手ドライバーの氏名と住所を聞き出し、相手ドライバーの免許証と保険証書の写真を撮り、目撃者の証言を集め、損傷の記録として自分と相手の車の写真を撮った。アプリの指示によって、私は冷静になって今しなければならないことに集中できた。作業は10分もかからなかった。

　相手ドライバーと私はハグして別れた。家に着くまでの間に、Metromileは地元の自動車修理工場のリストをメールで送ってきた。また、私が指定した時間にMetromileの担当者と落ち合って修理工場に車を入れるために、レンタカー会社を

選ぶよう指示してきた。車の修理中、私はかっこいい黒のジープでロサンゼルスを走り回っていた。その間、Metromileは相手方の保険会社と交渉し、私が過失割合として500ドルを払うことがないようにしてくれた。基本的に、この新興保険会社は、多くのアメリカ人にとってとても不安な感じが残るUX（ユーザーエクスペリエンス）をフリクションレスな（摩擦や抵抗がない）ものに変えた。Metromileの成功は、単なるUXデザインによるものではない[*3]。UX戦略によるものだ。

1.1 | UX戦略という用語の進化

私が印刷物で「UX戦略」という用語に初めて出会ったのは、2008年に出版されたインディ・ヤングの『メンタルモデル』だ[*4]。ヤングは同書を執筆していた頃、UXデザインを次のレベルに発展させたいと考えていた。そこで、彼女はジェシー・ジェームス・ギャレットによるエクスペリエンス戦略の等式とともに小さなマニフェストを提示した（[図1-2]）。

エクスペリエンス戦略

プロダクトの戦略はそれだけを別個につくり上げてはいけません。たとえユーザーエクスペリエンス上の価値が明確であったとしても、それを包括するビジネス上の理由は同じくらい重点的に検討されるべきです。ジェシー・ジェームス・ギャレット（Jesse James Garrett）はエクスペリエンス戦略という言葉をこう表しています。

エクスペリエンス戦略＝ビジネス戦略＋UX戦略

メンタルモデルはビジネス戦略がどのようにユーザーエクスペリエンスに対応するのかをあきらかにします。ですので、メンタルモデルダイアグラムはエクスペリエンス戦略をサポートするものだと言えるのです。

図1-2　Mental Models © 2008 Rosenfeld Media, LLCからの引用[*5]

[*3]　Rndrew Kucheriavy, "How Customer-Centric Design Is Improving the Insurance Industry," *Forbes*, April 17, 2018, https://oreil.ly/8-Ceg

[*4]　Indi Young, *Definition of Experience Strategy by Jesse James Garrett in Indi Young's book Mental Models*, Rosenfeld Media, 2008. 邦訳『メンタルモデル：ユーザーへの共感から生まれるUXデザイン戦略』丸善出版、2014年。

[*5]　[編集部注] 日本語文は『メンタルモデル：ユーザーへの共感から生まれるUXデザイン戦略』（丸善出版、2014年）を参考に独自に訳したもの。

エクスペリエンス戦略は、ヤングとギャレットがサンフランシスコのAdaptive Pathの創業者として確立した新しい専門分野だった。ふたりは、ビジネス戦略やユーザー調査などのほかの分野の手法をUXと組み合わせた。当時の私は、UX戦略とは何か、なぜUX戦略にビジネス戦略を加えるとエクスペリエンス戦略になるのかがどうしてもわからなかった。

大手代理店、スタートアップ、大企業でのキャリア全体を通じて、私は**UX戦略**のさまざまな定義を見聞きしてきた。発展途上の技術用語の問題点は、クライアント、ステークホルダー（利害関係者）、リクルーター、人事部門、大学、そして何よりも新人デザイナーたちの混乱のもとになることだ。2000年代初めにはUXデザインとインタラクションデザイン、1990年代初めにはニューメディアとマルチメディアの違いについて、同じような論争があった。

1.1.1　本書初版におけるUX戦略

2015年に出版された本書初版[*6]で私が言ったことを改めて確認しておこう。UX戦略とは、デジタルプロダクトを設計、開発する前に、まず始めておかなければならないプロセスだ。UX戦略はソリューションのビジョンであり、市場で好感を持たれることを証明するためには実際の潜在顧客を使って検証する必要がある。UXデザインはビジュアルデザイン、コンテンツのメッセージ、ユーザーがどれだけ簡単に課題を達成できるかなどの無数の細部を含むが、UX戦略は大きい「全体像」である。UX戦略は、不確実な条件のもとでひとつ以上のビジネスゴールを達成するためのハイレベルなプランなのだ。

初版にはAdaptive Pathのもうひとりの共同創業者であるピーター・マーホールズへのインタビューも含まれていた。そのなかで彼は次のように言っている。

> 理想の世界ではUX戦略などいらないでしょう。そこでは、UX戦略はプロダクト戦略やビジネス戦略の要素になってしまうはずですから。私たちはそのような理想の世界に移りつつあると思います。UXは、より大きな戦略の一部として考えられるようになってきています。しかし、UXに光を当て、プロダクト戦略のなかにUXを組み込む道具立てを作るためには、UX戦略という別個の概念が必要だったと思います。少なくともUXに焦点を当てるためにね[*7]。

---

*6　[編集部注] 英語原書のこと。邦訳版初版は2016年に出版。
*7　Jaime Levy, *UX Strategy*, 1st ed., O'Reilly Media, 2015.

6年後の今振り返ると、マーホールズは、ほぼ正しかったと言えるだろう。初版で私が説明したUX戦略の実践は、今やプロダクト戦略と同義語になっている。一方、UX戦略という言葉は、主として特定の企業や事業部門でUXの仕事をするための戦略という意味で使われるようになっている。UX部門をどのように運営すべきか、チームの能力をどのように評価し、どのように伸ばしていくか、UXチームのリーチと影響力をどのように広げていくか、UXプロジェクトというROI（費用対効果）を最大限に引き上げられるものの優先順位をどのように高めていくかといったことだ[8]。プロセスにフォーカスしているのである。

1.1.2 ではプロダクト戦略とは何なのか

従来のプロダクト戦略は、誰が顧客になるのか、現在の市場にどれだけフィットするのか、ビジネスゴールをどのようにして達成するのかを論じるもので、プロダクトビジョンからスタートし、そこに到達するための戦術的なロードマップを作って終わっていた。企業環境でステークホルダーと足並みを揃えるためには、明確なプロダクト戦略が必要不可欠だった。プロダクト戦略は、プロダクトディレクター、プロダクトオーナー、プロダクトマネージャーのいずれかが主導するものだった。プロダクトの市場への投入に始まり、成長、成熟を通過して、最終的には市場から引き上げるまでがプロダクト戦略プロセスだった。

しかし、プロダクト戦略という分野も発展してきている。現在は、ユーザー調査やデザインの実践を通じて顧客のニーズを満足させることをより重視するものになっている。そして、これらの発展に合わせて肩書も進化している。かつてのUXデザイナーは、プロダクトデザイナーを自称している。そして、かつてのUXストラテジストの多くがプロダクトストラテジストと名乗っているのを私は見てきている。おそらく、私もそうするだろう。

1.1.3 デジタルプロダクトで戦略が死活的に重要なのはなぜか

あらゆる戦略の目的は、自分の現状を見つめ、本当はこうありたいという状態に進むために役立つゲームプランを作ることだ。戦略は、自分の弱点を意識した上で、自分の長所を引き出す必要がある。自分と自分のチーム（よく考えてみよう。おそらく自分ひとりではないはずだ）が目標に向かって機敏に動けるように、実証的で

---

[8]　Jared Spool, "A UX Strategy Workshop Led by Jared Spool," *Creating a UX Strategy Playbook*, https://playbook.uie.com

簡単に実行に移せる戦術がベースになければならない。戦略は、抽象的な性質を持つデザインを乗り越え、批判的思考の領域に入る。批判的思考とは、明快で合理的で証拠に裏打ちされたオープンマインドな思考のことで、鍛錬によって獲得される[*9]。戦略の正しさが成否を分ける。デジタルプロダクトの世界では、チームメンバーの間でプロダクトビジョンが共有されていなければ、カオス（遅れ、コスト上昇、悪いUX）が増幅される。

　プロダクトビジョンの共有とは、チームとステークホルダーが作ろうとしているプロダクトに対して同じメンタルモデルを持つことだ。メンタルモデルとは、ものごとが現実にどのように進むかについての思考プロセスのことである。たとえば、10歳の頃の私は、母が銀行に行き、用紙にサインして窓口の人に渡すと、その人から現金をもらえるのだと思っていた。20歳になると、現金を手に入れるためには、キャッシュカードを持って銀行に行き、ATMで暗証番号を入力しなければならないと思うようになった。そして、今16歳になる私の息子に現金をもらうためにはどうすればいいのかと尋ねたら、スーパーマーケットに行って日用品の支払いをするときにレジ係の人に現金でお釣りをくださいと言えばいいと答えるだろう。2021年の現金入手のメンタルモデルは、1976年のメンタルモデルとは大きく異なる。それは、新しい技術と新しいビジネスプロセスが一体となって、以前よりも効率よく課題を達成できる方法を生み出すからだ。

　私がスタートアップの創業者であれ、大企業の役員であれ、オープンマインドを持つクライアントと仕事をしたいと思うのもそのためである。オープンマインドとは、挑戦や実験を受け入れられるということであり、自分の最初のビジネスアイデアに将来的な可能性がないかもしれないとわかっていることだ。将来のクライアント候補がひとつの考え方に固執し、そこから逸脱することを拒絶するなら、私がその人のためにできることはない。私とうまく仕事ができるクライアントは、本気でメンタルモデルを変えたいと思い、成功のために実験的な方法を取り入れることを辞さない人々である。

　イノベーティブなプロダクトを構想するのは楽しいことだが、人々の行動を変え

＊9　"Critical Thinking," *Wikipedia*, https://oreil.ly/J34r8

させるのは難しい。顧客たちは、新しい方法に価値を認めなければ、古い方法を捨てる気にはならない。深刻な問題を解決する新プロダクトの立案は、心臓の弱い人には向かない。間違いなくぶつかる障害に頭から突っ込んでいくためには情熱が必要であり、少なくとも普通の状態からある程度逸脱していなければならない。

とはいえ、問題を解決し、世界を住みやすい場所に変えるのは、世の中をすべてひっくり返すようなプロダクトを作ろうという情熱だ。そして、そのような情熱を発揮するのは普通の仕事を辞めた起業家だけではない。情熱はプロダクトオーナー、UX／プロダクトデザイナー、開発者といった肩書の人々にも勇気を与える。彼らも、テクノロジーを駆使して顧客が望むプロダクトを作り出したいという熱い思いを持つ人々だ。こういったタイプの人々を集めれば、奇跡を引き起こし、時代遅れになったメンタルモデルを壊すチャンスをつかむために必要なものは揃っている。

本書の目標は、UX戦略の実践から神秘のベールを剥ぎ取り、読者がUX戦略を立てられるようにすることだ。本書を読めば、どのような条件を抱えたプロジェクトでも、すぐにプロダクト戦略のテクニックを応用できるようになる。どのような限界に直面しても、あなたやチームが立ち往生するようなことはなくなる。本書で取り上げるテクニックは、新プロダクトの開発にも既存プロダクトの改良にも使える。既存プロダクトも、技術の進歩や新しい競合プロダクト、消費者のニーズの変化などによって、寿命が縮まる可能性がある。

ユーザーベースの成長とともにプロダクトが成熟してくると、戦略の見直しが欠かせなくなる。新しい顧客セグメント、マーケティングチャネル、収益ストリームを見つけるための実証実験が必要なのにされていないということだ。

本書では、さまざまなケーススタディを通じてプロダクト戦略について考えていく。そのためには、私の父や祖父まで登場させる。私が起業家的な精神を身につけたのは、家族を見て学んだからだ。あなたが教師、学生、メーカーのどの立場でも、これらのケーススタディは参考になるだろう。本書では、内容や環境がどのようなものであっても、独創的なプロダクトの製作はジェットコースターに乗るようなものであり、プロダクトが脱線転覆しないようにするためには、エビデンスに基づくアプローチを使って不確実性を減らしていくしかないことも示していく。

不確実性にはふたつの対処方法がある。人通りの多い安全な道を選んで遠回りを避けるか、人通りが少ない道を選んでどこまで行けるかを確かめるかだ。前者の方が直接的で間違いなく簡単だろう。しかし、私にとっては新しい道を切り開くことの方がずっと魅力的だ。

2 章

UX戦略の4つの基本要素

兵貴勝、不貴久

（兵は勝つことを貴ぶ。久しきを貴ばず。

戦争は勝利を第一とするが、長びくのはよくない）。

　　　　──孫子 **（中国の武将）** [*1] [*2]

　優れたUX戦略は、人々のメンタルモデルを一新して市場を破壊的にひっくり返すための手段だ。わざわざ時間とエネルギーを使って没個性的なデジタルプロダクトを作ったところで何になるだろうか。最低限、今市場に出回っているソリューションよりもずっとよいものを作るのでなければやる意味がないだろう。

　そのような優位性を実現するには、すべての点を結びつけて密度の濃いUX戦略を構築するための枠組み（フレームワーク）が必要だ。この章では、本書のツールとテクニックを身につけるために理解しなければならないもっとも重要な基本要素を説明する。これらは、あなたとチームがUXストラテジストのように思考するための下地のようなものだと考えてほしい。

---

*1　　Sun Tzu, *Art of War*, trans. Lionel Giles, Luzac and Co., 1910.

*2　　［訳注］ここに示したのは金谷治校注『孫子』（岩波文庫版、33ページ）の原文と書き下し文、口語訳だが、原著の英訳も同様の意味になっている。

2.1 | 私はどのようにして自分独自のUX戦略の フレームワークを発見したか

　デジタルの世界では、戦略は**発見フェーズ**から始まるのが普通だ。発見フェーズとは、チームが調査を深く掘り下げていった結果、作りたいプロダクトをめぐる重要な情報を見つけ出す段階のことである。私は、この発見フェーズをアメリカの弁護士が公判開始前に行う証拠開示手続きのようなものだと考えている[*3]。法廷での「不意打ち」を防ぐために、弁護士は相手側に証拠を見せるよう要求できる。そのようにして、十分な反証を準備するのである。弁護士が不意打ちを防ぐために準備するのと同じように、プロダクト製作者も戦略的に準備すべきだ。

　私が初めてUX戦略を実践する機会を得たのは、2007年のことだ。当時、私はSchematicというデジタル代理店（現在のPossible）のUXリーダーとしてOprah.com（俳優、テレビ司会者のオプラ・ウィンフリーのサイト）のデザインをリニューアルする仕事をしていた。私はほかのチームリーダーたちとともにシカゴに飛んで発見フェーズの作業に取りかかった。

　それまでの15年間のキャリアは、インターフェイスのデザインと、インターフェイスにFlashなどの新技術を組み込んで「最先端」のプロダクトを作ることに終始していた。多くの場合は、数百もの「基本」機能が並べられた分厚い要件仕様書を渡されていた。そうでなければ、最終的なプロダクトの外観と、実現すべきことを説明する試供品付きの薄っぺらいプロジェクトブリーフだ。これらの文書に基づき、書かれているインタラクションを実現するユースケースセットに合ったサイト/アプリケーションマップを作った。その時点ではたいていもう手遅れになっていて、プロダクトビジョンの背景にある根拠を洗い直すことはとてもできなかったので、私は自分が作ったものがエンドユーザーとステークホルダーのために価値を生み出していることを祈るしかなかった。それでも、私に求められていたのは、時間と予算の範囲内でデザインすることだけだった。

　しかし、2007年の仕事では、会社のUX責任者のマーク・スローンがとかく対立しがちな10数種のステークホルダーたち（ここにはオプラは入っていない）をひとつにまとめあげるところをじかに見られた。マークは、親和図法、ドット投票、強制的ランク付け[*4]などの合意形成のテクニックを駆使して、今作り直そうとして

---

*3　[訳注]「発見」も「証拠開示手続き」も、英語では同じ「discovery」である。

いるシステムのあらゆる構成要素（コンテンツと必須機能）がどのようなものかを私たちに理解させた。このような発見フェーズの作業のおかげで、私たち（ステークホルダーとプロダクトチーム）は、世界中に散らばる数百万人の熱心なオプラファンのためによりよいプラットフォームを作るという目標を十分に煮詰められた。

　すべてのワークショップが終わったあと、私たちは、コンセプトマップ、推奨機能リスト、ユーザーのペルソナを含む発見フェーズの報告書を1週間で書くように指示された。私たちはOprah.comのユーザーたちにインタビューして彼らから直接学ぶための時間を要求したが、逆に与えられたマーケティングデータのデモグラフィック（人口統計学的属性）、サイコグラフィック（心理学的属性）に基づいてペルソナを作れと指示された。私にとってまったく初めての仕事だったので、私が作ったのは完全にでたらめな3つのペルソナだった（私がどうすべきだったかについては、3章を見ていただきたい）。

　1週間後、プロダクトチームと私はすべてのワークショップをこなしたうえで、プロダクトビジョンを決める発見フェーズブリーフを提出した。ステークホルダーたちは早く作業を始めたいと思っていたので、すぐにそれを承認した。デジタルチームは本格的な実装フェーズに突入した。ステークホルダー、デザイナー、開発者の間で数百ページものワイヤーフレームや機能仕様書が飛び交い、感情的にヒートアップする場面が何度もあった。それが6か月続いた。

　しかし、発見フェーズブリーフは二度と参照されなかった。ペルソナや提案されたソリューションが実際の顧客に基づいて検証されることもなかった。ステークホルダーたちは、所属部署のために貴重な画面スペースを確保しようという闘争モードに戻った。それでも、このときの発見フェーズは、私によいものを残してくれた。私はついに、UX戦略が持つ可能性の片鱗を知るUXデザイナーになれたのである。私はボロボロになった。心の底から、ユーザー調査やビジネス戦略をもっと重視するプロジェクトで仕事をしたいと思った。

　翌年、私は別のデジタル代理店（ヒュージ）に転職し、今までよりも直接的に発見フェーズにエネルギーを注ぎ込むようになった。UX戦略を練り上げ、UX戦

もう、ワイヤーフレームをただ量産するだけの自分など想像できなかった。

＊4　Dave Gray, Sunni Brown, and Jamews Macanufo, *Gamestorming: A Playbook for Innovators, Rulebreakers, and Changemakers*, O'Reilly Media, 2010. 邦訳『ゲームストーミング：会議、チーム、プロジェクトを成功へと導く87のゲーム』オライリー・ジャパン、2011年。またはhttps://www.marlin-arms.com/support/games/game-index.htmlを参照。

略の的確性のもっとも効果的な検証方法を決定する会議に参加できるようになったのである。顧客セグメントやビジネスモデルを深く理解していないプロダクトを作るために、目覚めている時間の多くを使っているという罪悪感はなくなった。

　現在私は、デジタルソリューションのための戦略を専門とする自分の事務所を経営している。初めて発見フェーズを経験して以来、私は実証データを重視し、軽いフットワークで繰り返されるプロセスとして、ステークホルダー/デザイナー/開発者間の密なコラボレーションを成功させるための方法を数多く学んだ。関係者全員がプロダクトビジョンを共有すれば、あなたとチームがプロダクト、会社、将来の顧客のために根本的な変革を成し遂げるチャンスは広がる。

　しかし、私は自分のメソドロジーが私独自のUX戦略であり、ほかのUXストラテジストのものとは異なることを進んで認めたいと思っている。新しい専門分野やメソドロジーが生まれるときには、こういうことが起きるものだ。

　人々がそれぞれ自分のアプローチを見つけ、それらの間に違いがあっても、顧客が望み、成功するプロダクトを提供するという究極の目標はみな同じだ。

　前置きは終わった。ここでドラムロールを入れてもらおう。私のUX戦略の枠組みは [図2-1] のようなものだ。

図2-1　UX戦略の4つの基本要素

私の方程式はこうである。

UX戦略＝ビジネス戦略＋バリューイノベーション＋
　　　検証をともなうユーザー調査＋フリクションレスなUX

この4つの基本要素が私の枠組みを構成している。個々の要素が互いにどのような相互作用を生んでいるか、互いにどのように影響を及ぼし合っているかを理解する必要がある。市場を調査しても、イノベーティブなバリュープロポジション（価値提案）が見いだせなければ意味がない。シームレスなUXをデザインしても、ユーザーがあなたのプロダクトを欲しがることを検証できなければ意味がない。チェスをプレイするのと似ている。数手先まで読み、勝利する戦略のためにすべての駒をどのように活用するかを意識しなければならない。これからの章で説明するテクニックやツールは、ライバルに勝つために役立つはずだ。

ここで学んだこと
- [ ] UX戦略は、発見フェーズに始まる。UX戦略は、ビジネス戦略、バリューイノベーション、検証をともなうユーザー調査、フリクションレスなUXの4つの基本要素を土台としている。
- [ ] アイデアをすぐにワイヤーフレームや開発に結びつけるのではなく、ターゲットユーザーから直接のインプットをもらうなどの方法で集めた実証データに基づき、発見フェーズのアウトプットを作るようにすべきだ。
- [ ] プロダクトが顧客と企業に本物の価値をもたらすかどうかは、チームが発見フェーズのアウトプットをどのように実現するかによって決まる。

2.2 ｜ 基本要素1：ビジネス戦略

　ビジネス戦略は企業にとってもっとも重要なビジョンだ。しっかりしたビジネス戦略があれば、企業は生き残り、長期的に成長していく。ビジネス戦略は、どの取り組みがもっとも大きな成功と利益を導くかについてのステークホルダーの意思決定プロセスを支配する。ビジネス戦略はコアコンピタンスとプロダクトの基礎である。本書では、デジタル製品、サービス、プラットフォーム、デジタル/非デジタルの双方を含むハイブリッドCX（顧客エクスペリエンス）をすべて包み込む用語として**プロダクト**という言葉を使う。

　ビジネス戦略は、競合他社に打ち勝って自社の地位を確立しつつ、企業目的を達成するための指導原則である。これを実現するためには、企業は絶えず競争優位を生み出し、活用していかなければならない。競争優位は、企業が長く生き残るために必要不可欠だ。

2.2.1　コストリーダーシップか差別化か

　マイケル・ポーターは、古典的著作、『競争優位の戦略』[*5]で、競争優位を実現するための一般的な方法として、コストリーダーシップと差別化のふたつを示した。

　コストリーダーシップは、特定の業界で製品をもっとも安くすることによって優位性を得る。車、テレビ、ハンバーガーなどどのような製品であれ、もっとも安くするというのは、企業が市場を支配するための古くからの方法である。インターネット普及以前のウォルマートやマクドナルドといった会社はこれで成功した。しかし、今日でもAmazonやUberの成功はこれによるものだ。これらの会社が市場を支配し続けている大きな理由のひとつは、これらの会社が安価で便利なサービスを消費者に提供していることである。だからこそ、ほかの会社ではなくこれらの会社が選ばれているのだ。もちろん、これにはコストがかかっている。AmazonとUberは従業員や契約パートナーに対する搾取と違法行為について正当な非難を受けている[*6]。しかし、これらの企業の急成長は止まっていない。

　しかし、価格が底を打ったらどうなるのだろうか。ほかの製品よりもこの製品の方がよいという価値の戦いに移る。ポーターが言う第2のタイプの競争優位、差別化の出番だ。私たちのような画期的なソリューションを作ろうとしている発明者の力が発揮されるのはここである。差別化の優位性は、製品が新しいとか、唯一無二であるとか、ほかにない特徴を持っているといった理由で、顧客が余分にお金を払ってもいいと思うことから生まれる。

　消費者としての私たちは、製品がどれだけ役に立つかから、製品からどれだけ大きな喜びが得られるかまで、さまざまな価値観によってほかの製品ではないその製品を選ぶ。どのような価値が認められるかが非常に重要で、世紀の変わり目にシアトルの小さな珈琲店がスターバックスとしてばかばかしいほどの大成功を収めたのはそこのところだ。人々が飲み物に5ドルも払うのもそのためである。製品にはエクスペリエンスがある。かつては、顧客が店に足を一歩踏み入れ、新鮮なコーヒーの香りを感じたときにそのエクスペリエンスは始まった。今は地元のスターバックスで顧客がモバイルアプリをダウンロードしたときから、カップとストローをゴミ

[*5]　Michael Porter, *Competitive Advantage*, The Free Press, 1985. 邦訳『競争優位の戦略』ダイヤモンド社、1985年。

[*6]　Tyler Sonnemaker, "Amazon Employees Say They're Scared to Go to Work, but They're Not Alone —Here Are 9 Big Companies Facing Worker Criticism Over Their Coronavirus Safety Response（Amazonの従業員は出勤に恐怖を感じているが、それはAmazonだけではない—コロナウイルス禍の労働安全責任に関して労働者から非難を浴びている大手企業9社）," *Business Insider*, May 1, 2020, https://oreil.ly/vfuo9

箱に捨てたときまでに広がっている。

2.2.2 UXの差別化とビジネス戦略の関係

UXの差別化は、私たちの世界に対する発信のあり方を根本的に変えた。マイクロブログが登場する前の世界について考えてみよう。2006年にTwitterがリリースされたとき、ユーザーは140字という当初の制限に困惑した。

しかし、特に最新情報のやり取りでは、この制限にこそ価値があることが明らかになった。今では、最新情報を知りたい人は従来型のニュースなど見ない。Twitterをチェックするのだ。2012年にハリケーン・サンディがアメリカ東海岸を襲ったときには、停電が起きたにもかかわらず、ユーザー、被災地、メディア、政府から2千万を超えるツイートが飛び交った[7]。私も、西海岸の自宅のテレビで知ったハリケーンの最新情報をニューヨークの友人たちにツイートしていたのを覚えている。

UXの差別化によって競合を圧倒したツールとしては、地図アプリのWazeもある。Wazeは、クラウドソースの渋滞情報とGPSナビゲーションを結びつけて、その時点で目的地にもっとも早く着けるルートを見つけ出す。Wazeを開いて走り回っているだけで、渋滞などの道路状況のデータがネットワークに流れるため、ユーザーは受動的に情報提供に貢献している。しかし、能動的な貢献として事故や取り締まり、その他の危険事項についての情報をシェアすれば、同じ地域のほかのユーザーに事前の警告を送れる。イスラエルのスタートアップだったWazeは、2013年6月にGoogleに11億ドル(約1,600億円)で買収された[8]。Wazeは、現在も自らのユーザーに傑出したUXを提供しているが、そのデータはGoogleマップにも送られている[9]。GoogleがWazeの競争優位を認め、Wazeと競合するのではなく、Wazeを取り込むことを選んだのは明らかだ。

Facebookのようなプロダクトは、価格が安いからMySpaceやFriendsterなどの群れなす競合を蹴落としたわけではない。Facebookが勝ったのは、ユーザーに価値を認められるような差別化されたUXを提供し、誰もがFacebookを使うようになったからだ。Facebookは、そこからさらに新しいタイプのビジネスモデルを生

---

*7　Emily Guskin, "Hurricane Sandy and Twitter (ハリケーン・サンディとTwitter)," *Pew Research Center*, November 6, 2012, https://oreil.ly/lDOtj

*8　[監訳注] 実際の買収額は、9億6,600万ドルであることが明らかになっている (https://www.sec.gov/Archives/edgar/data/1288776/000128877613000055/goog10-qq22013.htm)。以下、1ドル= 149円で換算 (2022年10月24日現在)。

*9　"New Features Ahead: Google Maps and Waze Apps Better Than Ever (新機能紹介: Googleマップ
とWazeはさらに進化)," *Google Maps Blog*, August 20, 2013, https://oreil.ly/9-3sx

み出した。マイクロターゲット広告を売って、ユーザー情報から収益を生み出したのである＊10。ダグラス・ラッシュコフが2011年にCNNのために書いたように、Facebookでは、私たちは顧客ではなくプロダクトなのだ。

　ラッシュコフが言おうとしていたのは、無料に見えるプロダクトにコストを払わされていることをユーザーは意識しなければならないということだ。しかも、そのコストとは、かけがえのないプライバシーである。2007年以来、このビジネスモデルは拡大の一途をたどっている。今日では、無数の企業がユーザーから取ったデータを売っている。もっとも、世界中の政府とマスメディアは、ついにこの種の正当性が疑われる行動を抑止する方向に舵を切ろうとしている。

ユーザーと顧客の違い

もともと、ユーザーとは何かを使う人、顧客とは何かのためにお金を払う人のことだ。しかし、最近のビジネスモデルに対してこれらの用語を使おうとすると、区別が曖昧になる。

B2C (business-to-consumer、企業対一般消費者) ソリューションの一部では、プロダクトやサービスのユーザーは顧客である。よい例がDropboxだ。Dropboxの有料プランを契約したユーザーは料金を払っている顧客であり、無料バージョンを使っているユーザーは料金を払っていない顧客である。クラウドストレージプラットフォームが成功するためには、有料、無料の両方の顧客にサービスの価値を認めさせなければならない。

しかし、広告主のような第三者が入ってくると、この前提が崩れる。先ほども触れたように、Facebookは顧客 (広告主) にユーザーを売っている。この場合、ユーザーと顧客は、プロダクトからまったく異なるエクスペリエンスを与えられる。従来のメディアと同様に、ユーザー (読者、視聴者) がいなければ、広告スペースは売れない。そのため、FacebookにとってUXは依然としてミッションクリティカル (必要不可欠) だが、それは広告販売に有利なように最適化される。

B2B (business-to-business、企業間取引) ソリューションでは、プロダクトやサービスのユーザーは顧客ではない。顧客は会社のためにどのソフトウェアプロダクトを購入するかを決めるCTOで、ユーザーはそのプロダクトを使う従業員である。いくつかの章で、私のテクニックの修正が必要になることを個別に指摘しているのはそのためである。

＊10　Douglas Rushkoff, "Does Facebook Really Care About You? (Facebookは本当にあなたを大切にしているか)," CNN, September 23, 2011, https://oreil.ly/DSJ-k

2.2.3 ビジネスモデルキャンバス

ビジネスモデルとは、企業が価値を創出、提供、獲得する理論的根拠のことである。この共通定義をデジタルプロダクトの文脈で解剖してみよう。価値の創出とは、プロダクトチーム全体がものを設計、実装することであり、たとえば、モバイルアプリ製作のようなものである。価値の提供とは、作ったものを顧客の前に差し出す手段であり、たとえばスマホ、アプリストア、インターネットである。価値の獲得とは、ものが最終的に価値のありそうなものを生み出すことであり、たとえば金になる膨大なユーザー情報である。これらすべての要素の働きを説明する論理がビジネスモデルである。

ビジネスモデルのどのように構築するかは、ビジネス戦略にとって死活的に重要だ。スティーブ・ブランクが書いているように、ビジネスモデルは「ビジネスの主要要素の間の流れ」を説明する[11]。これは、ブランクの顧客開発マニフェストからの引用だが、彼はこのマニフェストのなかで、製品を軸に会社を立ち上げようとしている人々に「固定的なビジネスプランを書くのを止めよ」と言っている。代わりに、1ページに収まる柔軟なビジネスモデルを書き、顧客と向き合う実証的な発見メソッドによってその主要要素をすべて検証するのである。そのためのツールとして、ビジネスモデルキャンバスというものがある。

アレックス・オスターワルダーとイヴ・ピニュールは、人々に大きな影響を与えた『ビジネスモデル・ジェネレーション』[12]のなかで、論理的な思考によって最終的に収益を生み出すメカニズムをシステマティックに見通せるように、ビジネスモデルを9つの主要要素に分解し、それぞれについて説明している。ビジネスモデルキャンバスとはそれのことだ。ブランクも、ビジネスモデルの作り方についての自著のなかでこのツールに言及している。

9個の主要要素は次に示す通りで、論理的にどの順序で検証すべきかに従って番号をつけてある。本書にとって大切なのは、デジタルプロダクトのUX戦略にこれがどれだけなじむかだ。そこで、1章で取り上げたMetromileをこれに当てはめてみることにする。

＊11　　Steve Blank and Bob Dorf, *The Startup Owner's Manual*, Wiley, 2012.

＊12　　Alexander Osterwalder and Yves Pigneur, *Business Model Generation*, Wiley, 2010. 邦訳『ビジネスモデル・ジェネレーション—ビジネスモデル設計書』翔泳社、2012年。

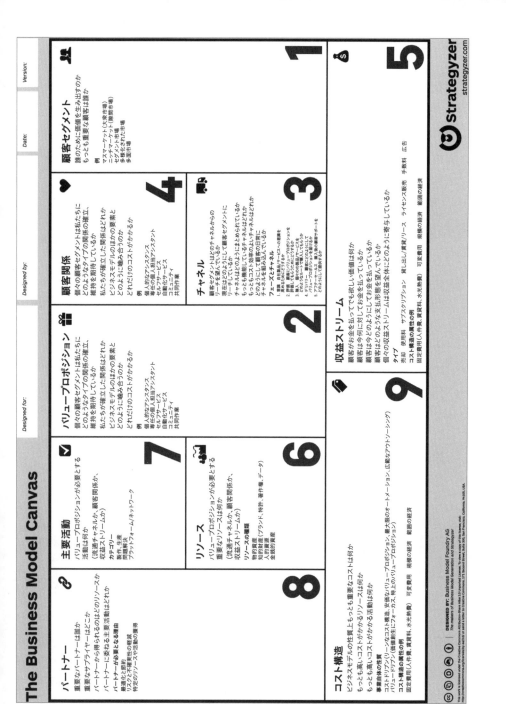

The Business Model Canvas

Designed for: | Designed by: | Date: | Version:

パートナー

重要なパートナーは誰か
重要なサプライヤーはどこか
パートナーから得られるのはどのリソースか
パートナーに委ねる主要事業活動はどれか

パートナーが必要となる理由
最適化と節約
リスクと不確実性の軽減
特定のリソースや活動の獲得

主要活動

バリュープロポジションが必要とする
活動は何か

(流通チャネルは、顧客関係か、
収益ストリームか)

カテゴリー
製作／生産
問題解決
プラットフォーム／ネットワーク

リソース

バリュープロポジションが必要とする
重要なリソースは何か

(流通チャネルは、顧客関係か、
収益ストリームか)

リソースの種類
物的資産
知的財産(ブランド、特許、著作権、データ)
人的資産
金銭的資産

バリュープロポジション

個々の顧客セグメントは私たちに
どのようなタイプの関係の確立、
維持を期待しているか
私たちが確立した関係はどれか
ビジネスモデルのほかの要素と
どのように馴染み合うのか
どれだけのコストがかかるか

例
個人的なアシスタンス
専任の個人担当アシスタント
セルフサービス
自動化サービス
コミュニティ
共同作業

顧客関係

個々の顧客セグメントは私たちに
どのようなタイプの関係の確立、
維持を期待しているか
私たちが確立した関係はどれか
ビジネスモデルのほかの要素と
どのように馴染み合うのか
どれだけのコストがかかるか

例
個人的なアシスタンス
専任の個人担当アシスタント
セルフサービス
自動化サービス
コミュニティ
共同作業

チャネル

顧客セグメントはどのチャネルからの
リーチを望んでいるか
現在はどのようにして顧客セグメントに
チャネルはどのように統合されているか
もっともうまく機能しているチャネルはどれか
もっともコスト効率のよいチャネルはどれか
どのように顧客の日常に
チャネルを組み込んでいるか

フェーズとチャネル
1. 認知 自社製品・サービスの認知を
    高めるためにどうするか
2. 評価 顧客がどのように価値を評価するか
3. 購入 顧客がどのように製品・サービスを
    購入できるようにするか
4. デリバリー 顧客にバリュープロポジションを
    どのように届けるか
5. アフターサービス 購入後の顧客サポートを
    どのように提供するか

顧客セグメント

誰のために価値を生み出すのか
もっとも重要な顧客は誰か

例
マスマーケット(大衆市場)
ニッチマーケット(隙間市場)
セグメント化された市場
多面化された市場

コスト構造

ビジネスモデルの性質上もっとも重要なコストは何か
もっとも高いコストがかかるリソースは何か
もっとも高いコストがかかる活動は何か

事業自体の性質
コストドリブン(リーンなコスト構造、安価なバリュープロポジション、最大限のオートメーション、広範なアウトソーシング)
バリュードリブン(価値創出にフォーカス、特上のバリュープロポジション)

コスト構造の属性の例
固定費用(人件費、賃貸料、水光熱費) 可変費用 規模の経済 範囲の経済

収益ストリーム

顧客がお金を払ってでも欲しい価値は何か
顧客は今何に対してお金を払っているか
顧客は今どのようにしてお金を払っているか
顧客はどのような支払い形態を望んでいるか
個々の収益ストリームは収益全体にどのように寄与しているか

タイプ
売即 使用料 サブスクリプション 貸出し/賃貸/リース ライセンス販売 手数料 広告
コスト構造の属性(人件費、賃貸料、水光熱費) 可変費用 規模の経済 範囲の経済

Strategyzer
strategyzer.com

図2-2　ビジネスモデルキャンバス：ビジネスモデルの9つの主要要素 (Osterwalder, Pigneur, et al. 2008)

▶1. 顧客セグメント

主要な顧客は誰か。顧客セグメントは、それぞれ別々のもの/サービスを必要とする複数に分かれている場合がある。個々のセグメントのもっとも単純な説明方法は何か。

Metromileの場合：主要な顧客セグメントは、Metromile保険が提供されているアメリカ国内の短距離ドライバーである。

▶2. バリュープロポジション

ビジネスが製品やサービスのコアバリューとして提供すると約束する価値は何か。

Metromileの場合：Metromileが顧客に約束している最大の価値は、従量制料金モデルによる保険料の節減である。フリクションレスな事故受付システム、運転距離と燃料の集計情報の提供、一部の都市における道路清掃アラート、エンジンコードデコーダー（自動車障害検出器）の提供も約束している。さらに、保険契約の一部だけを必要とする短期のレンタカー利用者のための保険も提供している[13]。

▶3. チャネル

どのようにして顧客セグメントにリーチするか。顧客セグメントが製品のことを知るタッチポイントは何か（すべて列挙する）。

Metromileの場合：顧客と潜在顧客には、オンラインのサイト、モバイルアプリ、SNSを介してリーチできる。年中無休24時間体制の事故受付チームと顧客サポートは、電話、メール、その他SMS、Facebook、Messengerなどのさまざまなデジタルチャネルを持っている。

▶4. 顧客関係

会社が提供する顧客関係の構築、維持の方法の種類。人対人の個人コンシェルジュサービスから人間を介さないセルフサービス（顧客は会社側の人間と接触を持たない）までの幅がある。

Metromileの場合：個人的なサービスと自動化された支援サービスの両方がある。従来の保険会社と同様に、契約時に会社側の誰かと直接話したい顧客のために電

---

[13] "Metromile and Turo Are Teaming Up to Redefine Auto Insurance," *Metromile Blog*, May 20, 2019, https://oreil.ly/TfWU_

話営業チームがある。しかし、私はウェブサイトを介して自分の方から契約している。事故受付を申し込んだあとも、人間と話をしたことはない。

▶5. 収益ストリーム

企業が収益を上げる仕組み。企業が収益を上げるための手段としては、広告、会費、直接営業、プレミアム機能料金、取引手数料など、さまざまなものがある。

Metromileの場合：顧客に月額基本料と、走行距離に基づく従量制料金を請求している。

▶6. リソース

プロダクトを機能させるために必要な戦略的資源は何か。資源には、人的、金銭的、知的、物的なものがある。開発が必要なものの場合もある。

Metromileの場合：まず最初に必要だったリソースは、顧客の運転データを正確に捕捉、集計するMetromile Pulseデバイスを構築するエンジニアチームである。次に、AIと機械学習（ML）を駆使して効率的に事故受付をするプラットフォームを構築しなければならない。そして、そのプラットフォームの開発メンバーと顧客に適切に応対する事故受付チームのメンバーも必要だ。

▶7. 主要活動

ビジネスモデルを機能させるために会社がしなければならない特に重要な活動は何か。顧客を獲得し、顧客にバリュープロポジションとして約束した価値を確実に提供するために必要な活動を含む。会社を存続させ、約束を果たし続けるために必要な舞台裏の活動も含まれる。

Metromileの場合：強力なマーケティングと営業、プロダクト開発、デザイン、システム開発、効率的な事故受付など。

▶8. パートナー

バリュープロポジションを届けるために、どのような提携先や仕入先・供給元が必要なのか。

Metromileの場合：バリュープロポジションのさまざまな側面でパートナーが必要になる。自動車修理工場、レンタカーサービス会社、交通整理係、ガラス修理工場など。

▶ **9. コスト構造**

ビジネスモデルを実現させるためにかかる主要なコストは何か。省くことのできない固定費はあるか。コスト削減のために余分な飾りを捨てる努力をしているか。

Metromileの場合：最大のコストは、顧客が請求する車両の修理費である。固定費としては、人件費、賃貸料、コンピューター、インターネットホスティングサービスの利用料、保険料がある。

デジタルプロダクト製作者は、このビジネスモデルキャンバスを使ってプロダクトについてのあらゆる仮説をシステマティックに1か所にまとめることができる。そして、発見フェーズの作業の過程で修正を加えていく。それは、本書でテクニックを紹介していくうちに実際に読者が目にすることだ。しかし、この節にとっての意味ということでは、ビジネスモデルキャンバスは、ビジネス戦略とUX戦略が重なり合う部分を見られる場所でもある。ビジネスモデルキャンバスで取り上げているものの多く（顧客セグメント、バリュープロポジション、収益ストリーム、顧客関係）は、どれもプロダクトのオンライン、オフラインのエクスペリエンスを作り出す上で必要不可欠な要素だ。そして、今まで学んできたように、UXは競争優位を生み出すための鍵を握っている。

ここで考えたいのは、ビジネスモデルキャンバスが発見フェーズでのステークホルダーとチームメンバーの協力の重要性を強調していることだ。キーリソース、コスト構造、キーパートナーなどは、プロダクトマネージャーやデザイナーが頭のなかでだけ考えるべきことではない。これらは、ステークホルダーたちが豊かな知見を提供できる分野である。

2.2.4　リーンキャンバス

ビジネスモデルの仮説を検証する優れたツールとしてはリーンキャンバスというものもある。ビジネスモデルキャンバスが提唱されてから約2年後の2010年にアッシュ・マウリャが作ったものだ。マウリャは、「リーンキャンバスの主目的は、起業家のニーズに重きを置きながらできる限りアクショナブルにする[*14]ことだった」と

[*14]　[訳注]actionableは、もともと言動に対する形容詞として「すぐに起訴の対象にできる」という意味で使われる特殊な言葉で（たいていの辞書にはその意味しか載っていない）、それが最近「すぐに行動に移せる、行動につながる」という意味に転用されている。このような独特の意味があるので本書ではアクショナブルという訳語を当てている。一部ではそのような意味でのカタカナ語としても通用し始めている。

問題	ソリューション	ユニークな バリュープロポジション	圧倒的な優位性	顧客セグメント
上位の問題を1個から3個 リストアップする	個々の問題に対する 解決方法の概要を書く **4**	ほかのものとは違う理由を説明し、注意の目を引くような明確で魅力的なメッセージをひとつだけ用意する	簡単に買ったり真似たりできない特別な優位性について書く **9**	ターゲットとなる顧客と ユーザーをリストアップする
既存の代替ソリューション	主要指標	ハイレベルなコンセプト	チャネル	アーリーアダプター
現在それらの問題をどのように解決しているか **2**	ビジネスの状況がわかる 主要な指標をリストアップする **8**	XのためのYという形のメッセージを書く（例）YouTube=動画のためのFlickr **3**	顧客とつながる経路をリストアップする（顧客からこちらにやってくるインバウンドのものとこちらから顧客に向かっていくアウトバウンドのものの両方） **5**	思い描いている顧客の特徴をリストアップする **1**
コスト構造		収益ストリーム		
固定費と変動費をリストアップする **7**		収益がどこから入るかをリストアップする **6**		

図2-3　リーンキャンバス: ビジネスモデルキャンバスの修正版、アッシュ・マウリャ、2010

言っている[*15]。リーンキャンバスはビジネスモデルキャンバス（BMC）よりも自明性が高く、解決を必要とする問題にフォーカスしたものになっている。それでは、Metromileのためのリーンキャンバス（**[図2-3]**）を見て、BMCと比較してみよう。番号は、個々の要素を検討する論理的な順序を示している。

　リーンキャンバスは、ビジネスモデルキャンバスの4要素（主要活動、リソース、パートナー、顧客関係）を次のものに変えている。

▶2. 問題

　顧客セグメントが直面する3つの大問題である。

　Metromileの場合、解決したい問題が3つあった。

- 運転時間の短さを考えると、私の自動車保険は高すぎる。
- 私の保険会社の事故受付のエクスペリエンスがひどい。
- 私の保険会社は電話しても長々と待たせるだけで何もしてくれない。

▶4. ソリューション

　大問題の3つの解決方法の候補である。

　Metromileの場合は次の3つである。

[*15] 　Ash Maurya, "Why Lean Canvas vs Business Model Canvas? (ビジネスモデルキャンバスに代わるリーンキャンバスを提案する理由)," *Leanstack*, https://oreil.ly/zJYVu

- 走行距離に基づく従量制料金体系
- フリクションレスな事故受付システム
- テクノロジーを活用した顧客サービス。契約を表示するだけに留まらない役に立つ機能を提供し、フリクションレスなUX（パソコン用とスマホ用アプリ）を提供する。

▶8. 主要指標

顧客維持と収益増のための活動が機能しているかどうかが明らかになる指標である。

- Metromileの場合、次のものである。
- 顧客の新規契約数
- 事故受付に対する全体的な満足度
- NPS（ネットプロモータースコア）とCSAT（顧客満足度）での高得点
- アプリへのエンゲージメント

▶9. 圧倒的な優位性

簡単に真似たり買ったりできない優位性である。

- Metromileの場合、次の優位性が他社を圧倒している。
- AVA事故受付自動化システム
- 従量制保険のマーケットリーダー
- 契約者の一部ではなく全員のテレマティクスデータ

　ほかにもこの種のキャンバスはあるが、もっとも有名なのはこのふたつである。大切なのは、ビジネスモデルについての推測と実際に学んだことを記録する柔軟性の高いドキュメントを共有し、それに基づいて議論できるようにすることだ。これらのツールは、ビジネスモデルとプロダクト戦略について突っ込んだ議論をするための出発点になる。何も考えずに使えるビジネス戦略の実行プランになるわけではない。

　プロダクトが成長し、市場規模が大きくなったら、ビジネス戦略には敏捷性も求められる。新しいプロダクトなら、融資を引き出せる程度のPMF（プロダクトマーケットフィット）[*16]の獲得か、ユーザーベースの厚さを競争優位に結びつけられる程度のシェアの確保が戦略の目標になるだろう。しかし、もっと成熟した企業では、

成長を支えるためにインフラの強化と社内プロセスの進化を志向しつつ、会社の核となるバリュープロポジションを積み上げていくことがビジネス戦略になる。いわゆるDX（デジタルトランスフォーメーション）だ。何度もDXを経験した会社のよい例がNetflixである。Netflixは郵送によるDVDのレンタルから始まったが、ビデオストリーミングサービスの大手にのし上がった。Netflixのもともとのコンテンツが進化して、関連ビジネスのもっと大きな領土をつかみ取ったのである。これを実現するためにNetflixのインフラ、システム、全従業員がどれだけ変わらなければならなかったかを想像してみよう。

　プロダクトのライフサイクルの初期にはビジネスモデルや競争優位になったはずのものが、後のフェーズでは同じようにはならないのはそのためだ。それでも、企業は動く的を追いかけながら、変化する市場のなかで成長し、競争力を保ち、ユーザーに価値を提供し続けるために、さまざまなプロダクトを試し続けなければならないのである。

2.3 ｜ 基本要素2：バリューイノベーション（価値革新）

　デジタルプロダクトを新しく作っていく私たちは、市場のダイナミクスの変化を細大漏らさずキャッチしなければならない。人々がデジタルデバイスをなぜ、どのように使っているのか、UXの成否の決め手はどこかを理解する必要がある。というのも、成否を分けるのは、一般にユーザーが初めてインターフェイスに接したときだからだ。ファーストコンタクトは、バリューイノベーションに対するユーザーの第一印象を生み出す。そして、人々のなかに新しいメンタルモデルを作り出すのは、バリューイノベーションだ。

　しかし、バリューイノベーションについて考える前に、バリュー、すなわち「価値」という用語について考えておこう。この言葉はあらゆるところで使われている。古典的なものから最近のものまで、1970年代以降のほぼすべてのビジネス書で登場すると言ってよいだろう。ピーター・ドラッガーは、1973年の『マネジメント：務め・責任・実践』[17]で顧客の価値観が時間とともに変わっていくことを論じている。彼は、10代の頃はファッションのために靴を買っていた女性が、働く母親になるとお

＊16　　"Product/Market Fit," *Wikipedia*, https://oreil.ly/MUHoc

＊17　　Peter Drucker, *Management: Tasks, Responsibilities, Practices*, Harper Business, 1973. 邦訳『マネジメント：務め、責任、実践』（全4巻）日経BP、2008年。

そらく履きやすさと価格によって靴を買うようになるという例を挙げている。1985年には、マイケル・ポーターがバリューチェーンという言葉を定義した。ある産業に属する企業がビジネスモデルと顧客の両方にとって価値のあるプロダクトを世に送り出すために行っている一連の活動のことだ[*18]。**【図2-4】**は、デジタルではない物理的なプロダクトを製造するための古典的なバリューチェーンを描いたものである。

図2-4　バリューチェーン

　これはトヨタが自動車を作るときや、Appleがコンピューターやデバイスを作るときに使うビジネスプロセスだ。バリューチェーンの個々の活動のなかで、企業が競合他社を認識し、置き去りにするチャンスが生まれる。しかし、このバリューチェーンが左から右に一直線に進んでいるのは、物理的な製品を相手にしていたからだ。Dropbox、Pinterest、Slackといったデジタルプロダクトの場合、バリューチェーンは一直線には進まない可能性がある。デジタルプロダクトは反復のループのペースが速く、複数の活動を並行して進められることがある。

　二面市場（3章参照）では、プラットフォームの両側にユーザーがいるため、収益とコストは左右の両方に動く。

　プロダクトは、両方のユーザーへのサービスのためにコストを生み、両方のユーザーから収益を上げる。プロダクトのデザイン、製作に取り掛かる前に、予備調査としてランディングページ実験を行って、バリューチェーンのマーケティング、販売の部分からスタートすることさえある（9章参照）。

　従来のビジネス戦略の原則がそのままデジタルプロダクトの戦略にならない理由の一部がこれだ。デジタルプロダクトやハイブリッドプロダクト（たとえば、Nestサーモスタット）を作るときには、急速に進化するオンライン市場、顧客価値、バリューチェーンについていくために、新たな研究、デザイン、マーケティングが絶えず必要になる。プロダクトを作り続けていくためには、それらが欠かせないのだ。

[*18]　Michael Porter, *Competitive Advantage*, Free Press, 1985. 邦訳『競争優位の戦略：いかに高業績を持続させるか』ダイヤモンド社、1985年。

企業がどのようにして価値のあるCXを提案するかを説明するためにマイケル・ラニングがバリュープロポジションという用語を作ったのは1988年のことだった[19]。しかし、ビジネスが富を生み出すためには、競合他社よりも優れた商品を提供するとともに、顧客に払ってもらう額よりも製造コストを安くしなければならない。そのため、デジタルプロダクト、すなわちユーザーがインターネットで見つけて日々使うソフトウェア、アプリ、その他のものを設計するときには、新たな難問に立ち向かわなければならない。すでに述べたように、プロダクトがユーザーにとって価値のあるものでなければ、ユーザーは継続的にプロダクトを使おうとは思わない。そして、プロダクトが企業にとって価値のあるものでなければ、企業は生き残れない。ビジネスモデルが企業の持続可能性を助けるものだとすれば、無料のプロダクトが溢れているオンライン市場で何ができるのだろうか。

鍵を握っているのはバリューイノベーションだ。W・チャン・キムとレネ・モボルニュは、著書『ブルー・オーシャン戦略』[20]で、バリューイノベーションとは、「差別化とコスト削減を同時に追求して、購買者と企業の両方のために価値の急上昇を生み出すこと」だと説明している。つまり、バリューイノベーションは、企業が新しさと使いやすさ、より低いコスト構造をすべて実現できたときに成立するのだ（[図2-5]参照）。

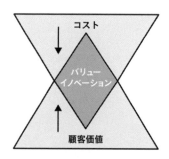

図2-5　バリューイノベーション＝
差別化と低コストの同時追求

イノベーションとは、市場を揺さぶるくらいに新しく、独自性があり重要なことをすることである。ふたりの著者は、同書で100年以上、30業種にわたって150の戦略的な動きを研究した結果を解説している。そして、シルク・ドゥ・ソレイユ、

---

[19]　Michael J. Lanning and Edward G. Michaels, "A Business Is a Value Delivery System," McKinsey and Co., 1988, https://oreil.ly/3n4nS

[20]　W. Chan Kim, Renée Mauborgne, *Blue Ocean Strategy*, Harvard Business School Press, 2005. 邦訳『ブルー・オーシャン戦略：競争のない世界を創造する』ランダムハウス講談社、2005年。

バイアグラ、iPodを生み出した企業が成功したのは、レッドオーシャン市場ではなく、ブルーオーシャン市場に参入したからだと説明している。同じようなプロダクトを持つ競合他社がいる市場は、レッドオーシャンと呼ばれる。サメのように同じ顧客を囲い込む競合がうようよしている海は血なまぐさくなり、殺し合いに勝った会社が生き残る。それに対し、ブルーオーシャンには競合はいない。何でも取り放題だ。競合に勝たなくて済むだけではなく、そもそも競合がいない。

　競争優位によってライバルを叩き潰そうという企業の衝動のもとをたどると、戦争に行き着く。戦争では、戦いは特定の領土をめぐって行われる。片方が持っている領土（石油、土地、書棚のスペース、視聴者の視線のいずれであれ）をもう片方が望めば、戦いは血なまぐさくなる。しかし、ブルーオーシャン市場には、古くからの境界やビジネスモデルの制約を受けないチャンスがある。まだルールとして確立していない少数のルールを打ち破るだけのことだ。自分でゲームのルールを考え出して、ライバルがいない新しい市場と、ユーザーが歩き回れる新しい領土を作ることさえできる。これは**カテゴリー創造**とも呼ばれる。

　デジタルプロダクトの世界でブルーオーシャン戦略について考えると、未知の市場空間を生み出すチャンスは普通よりも大きい。ブルーオーシャン市場を享受している21世紀的な企業として文句なしに挙げられるのは、Airbnbだろう。そのコアビジネスは、ロサンゼルスのツリーハウスからフランスのお城まで、ほぼあらゆる物件の短期貸し出しを仲介する「コミュニティマーケットプレイス」を主宰することだ。そこでは、ユーザーは民泊物件（Airbnbで「リスティング」＊21と呼ばれているもの）を掲載したり、民泊物件から気に入ったものを選んで宿泊を予約したりできる。家を持っていて新たな収益源を探している人は、部屋や家全体を従来よりも簡単、安全に貸せるようになる。旅行者は、観光客目当てっぽくない宿泊先を従来よりも簡単、安全にお手頃な価格で借りられるようになる。しかし、Airbnbは、創業者も予想しなかった意外な結果も生み出した。世界中の都市で賃貸住宅に住む人々の日常生活に負の影響を与えたのである。賃貸市場の相場が上がり、裕福な人しか賃貸住宅に住めなくなってしまった。Airbnbのバリュープロポジションは、良い意味でも悪い意味でも旅行産業と住宅市場を完全に**破壊**したのである。

＊21　[訳注] 英語ではAibnbに限らず、一覧表に載っている一つひとつの物件、商品などをlistingと言っており、Airbnb日本法人はそれを「リスティング」と日本語化している（http://tsite.jp/r/cpn/airbnb/howto/faq/details05.html）。日本語で「リスティング」と言えば、Google、Yahooなどで[広告]という表記がついたリスティング、すなわちリスティング広告のことを表すのが普通で、Airbnbの「リスティング」という表現は便利なので、本書ではAirbnb以外でも一覧表（リスト）に載っている一つひとつの物件、商品などをリスティングと呼ぶことにする。

破壊的イノベーションは、クレイトン・クリステンセンが1990年代半ばに考え出した術語である[*22]。彼は、著書『イノベーションのジレンマ』[*23]でハイテク企業のバリューチェーンを分析し、ただの**持続的イノベーション**（sustaining innovation）と**破壊的イノベーション**（disruptive innovation）の間に境界線を引いた。持続的イノベーションは、業界リーダーが既存の顧客のために何か今までよりもよいことをするというイノベーションだ。しかし、破壊的イノベーションが地位を確立した大企業に不意打ちを食らわせられるのも、その秩序ゆえである。クリステンセンによれば、一般に破壊的イノベーションは「プロダクトやサービスが最初は市場の底辺で単純な応用として根を張り、やがてそこから一気に市場を駆け上がって最終的に地位を確立したライバルに取って代わるプロセスだ」[*24]。

　破壊者は市場を破壊し、最終的に勝者と敗者の境界線を引き直してしまう。破壊的という言葉が怒りを呼び起こすものになったのはそのためだ。破壊者に自制というものがなければ、「敗者」は政府が介入して法律で新しい規制を設けるまで不満を言い続けるだろう。シリコンバレーの「素早く行動して破壊せよ」という決め台詞が倫理的に間違っており、時代遅れになっているのはそのためだ[*25]（倫理的な意思決定のためのツール[*26]と詳しい論考[*27]も参照）。

　しかし、Airbnbは、自らの破壊によってこの種の問題が表面化する前に、フリクションレスなUXデザインと魅力的なバリュープロポジションの融合によってバリューイノベーションを実現した。そして、先ほども言ったように、本物のバリューイノベーションは、UXとビジネスモデルの両方が揃ったときに発生する。この場合、両者の融合は、Airbnbがルールを破壊し、作り直したために生まれたブルーオーシャン市場で発生した。

[*22]　Lawrence M. Fisher, "Clayton M. Christensen, the Thought Leader Interview," *Strategy+Business*, October 1, 2001, https://oreil.ly/bBpYH

[*23]　[訳注]Clayton Christensen, *The innovator's dilemma: when new technologies cause great firms to fail*, Harvard Business School Press, 1997. 邦訳『イノベーションのジレンマ：技術革新が巨大企業を滅ぼすとき』翔泳社、2001年。

[*24]　Clayton Christensen, "Disruptive Innovation," *Clayton Christensen*, https://oreil.ly/wj8Kz

[*25]　Hemant Taneja, "The Era of 'Move Fast and Break Things' Is Over（「素早く行動して破壊せよ」の時代は終わった）," *Harvard Business Review*, January 22, 2019, https://oreil.ly/RiK8S

[*26]　Ethics & Compliance Initiative, "Seven Steps to Ethical Decision Making（倫理的意思決定のための7ステップ）," https://oreil.ly/qCD_p

[*27]　Mike Monteiro, *Ruined by Design: How Designers Destroyed the World, and What We Can Do to Fix It*（デザインによる破壊：デザイナーたちはどのようにして世界を破壊したか、修復のためにできることは何か）, Mule Books, 2019.

たとえば、Airbnbが出てくる前は、部屋の短期貸し出しの主要な手段はCraigslist[*28]だったが、これは一般に不確実で不安な手段でもあった。現在は当然のこととして検証済みのユーザープロファイルと民泊物件の評価記事が見られるが（[図2-6]参照）、当時は民泊物件についての情報は貸し手が投稿した内容だけだった。

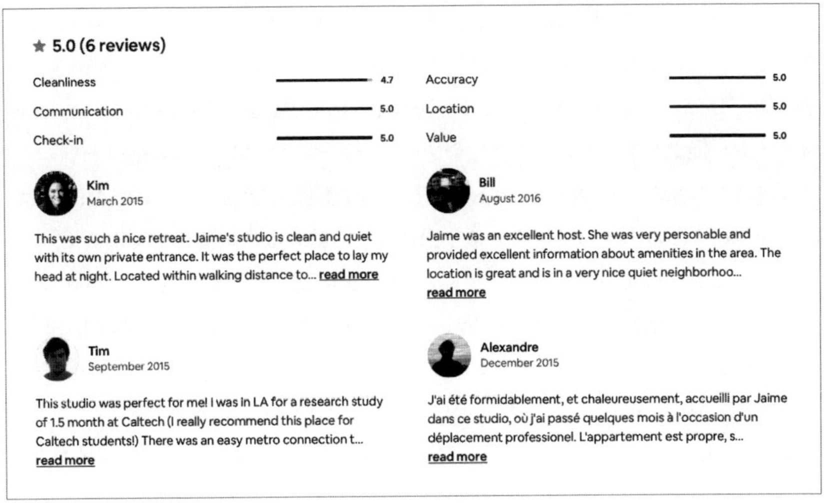

```
★ 5.0 (6 reviews)

Cleanliness        ————— 4.7      Accuracy        ————— 5.0
Communication      ————— 5.0      Location        ————— 5.0
Check-in           ————— 5.0      Value           ————— 5.0

Kim                                Bill
March 2015                         August 2016

This was such a nice retreat. Jaime's studio is clean and quiet    Jaime was an excellent host. She was very personable and
with its own private entrance. It was the perfect place to lay my  provided excellent information about amenities in the area. The
head at night. Located within walking distance to... read more     location is great and is in a very nice quiet neighborhoo...
                                                                    read more

Tim                                Alexandre
September 2015                      December 2015

This studio was perfect for me! I was in LA for a research study   J'ai été formidablement, et chaleureusement, accueilli par Jaime
of 1.5 month at Caltech (I really recommend this place for         dans ce studio, où j'ai passé quelques mois à l'occasion d'un
Caltech students!) There was an easy metro connection t...         déplacement professionel. L'appartement est propre, s...
read more                                                          read more
```

図2-6　私が貸しに出しているワンルームマンションについてのAirbnbリスティングの評価記事

5.0・レビュー6件

清潔さ　4.7	掲載情報の正確さ　5.0
コミュニケーション　5.0	ロケーション　5.0
チェックイン　5.0	価格　5.0

キム
2015年3月
すばらしい隠れ家でしたよ。ジェイミーの部屋は専用のエントランスがあり、清潔で静かでした。夜、寝る場所としては文句なしです。歩いていける距離に…（もっと見る）

ビル
2016年8月
ジェイミーはすばらしいホストでした。彼女はとても面倒見のよい人で、この地域の施設について耳寄りの情報を教えてくれました。場所的にもすばらしく、近隣はとても静かで…（もっと見る）

ティム
2015年9月
私にとってこの部屋はパーフェクトでした。私はカリフォルニア工科大学で1か月半にわたって研究に従事するためにLAに滞在していました（カルテックの学生のみなさんには本当にオススメです）。メトロへのアクセスがよく…（もっと見る）

アレクサンドラ
2015年12月
私はこのスタジオでジェイミーに素晴らしくそして暖かく迎えられました。そこで私は出張中に数か月を過ごしました。アパートはきれいです、…（もっと見る）

＊28　[監訳注] アメリカを中心に利用されている生活の情報・無料広告を集めた文字だけのシンプルな構成のクラシファイドコミュニティサイト。https://www.craigslist.org/

しかし、Airbnbは、顧客にメンタルモデルの変更を迫った。良きホストであり良きゲストであることというソーシャルエチケットを体験の中心に置いたのである。見ず知らずの他人の家に滞在したり、見ず知らずの他人をホスティングしたりしても、両方の側の人々が安心できるようなこのUXにより、Airbnbは品質と信頼が価値の重要な指標となる新しいサブエコノミーを作り出したのだ。

Airbnbのビジネス戦略は、ユーザー間の平等も保証するものだった。Airbnbは、物件を貸した人と借りた人が互いに相手を思いやる行動をするという二面市場に完全に適応したのである。その一方で、Vrbo、HomeAway、Craigslistといった競合サイトが提供していなかった使いやすいカレンダーツール、地図機能、シームレスな決済システムなどの機能セットで新しい価値も提供した。要するに、Airbnbは、薄気味悪い人と取引するリスクを最小限に抑え、公正な市場価格を実現した上で、ほかのどこよりも使いやすいプラットフォームを提供したのである。これらの積み重ねによって、顧客、ユーザー、ステークホルダーはもとより、旅行業界と不動産業界全体を覆うバリューイノベーションが生み出され、大きな破壊が引き起こされたわけだ。Airbnbは、オンラインとオフラインの両方で競争優位を確立している。

Metromileのバリューイノベーションも、フリクションレスなUXデザインと魅力的なバリュープロポジションを融合したものだ。Metromileは、顧客(ドライバー)と保険会社のキーアクティビティの両方でコストを削減してバリューイノベーションを確かなものにした。1章で述べたように、私の月々の保険料は従来の保険と比べて40%も下がった。そして、AI(人工知能)と機械学習(ML)を駆使して事故受付を最適化するAVAシステムによってMetromileの経営コストも下がっている。Metromileのプロダクト担当VP、マット・ステイン氏が言うように、「事故に遭ったドライバーにかかるコストのなかでも大きいのは損害調査費と呼ばれるものです。これは保険会社が保険金請求の処理と査定のために使う費用のことで、保険査定員の人件費から彼らが使うツールまでのあらゆるものが含まれます」。そして、実際に保険金の請求が必要になったとき、Metromileの事故受付システムは本当にフリクションレスに作られている。オンラインとオフラインのエクスペリエンスによりすべての顧客とステークホルダーのためにバリューイノベーションが生み出され、大きな破壊が引き起こされているのである。

ブルーオーシャン市場でコスト優位性と差別化を兼ね備えたバリューイノベーションを実現してそれまでの常識を大規模に破壊してみせた企業やプロダクトはほかにもたくさんある。彼らは、UX戦略を通じて人々の仕事や暮らしを楽にし、新

しいライフスタイルに顧客を引きつけ、古いメンタルモデルを粉々に破壊した。Waze、Spotify、Eventbriteは、それぞれドライブの経路の決め方、新しい音楽への触れ方、イベントの集客方法を完全にひっくり返した。実際、私はUX戦略について知りたくてうずうずしている人々がたくさんいるはずだという自分の仮説を検証するために、Eventbriteを使ったことがある。ひとり40ドルで60席のセミナーをEventbriteに登録すると、すぐに売り切れになった。Eventbriteという宣伝プラットフォームがなければ、私は出版契約を結べなかったかもしれない。出版社に企画を通してもらうために、私は本が売れる証拠としてこの実績を利用したのである。Eventbriteは、Meetupなどのほかのサービスが当時は提供できなかった有料イベントの集客を実現し、バリューイノベーションを生み出したのである。

2.4 │ 基本要素3：検証をともなうユーザー調査

プロダクトが失敗する大きな理由のひとつは、そのプロダクトの価値がわかっていないことである。ステークホルダーは、顧客にとって価値があるものは何かを検証するのではなく、価値があると思い込んでしまう点で夢想家だ。映画「フィールド・オブ・ドリームス」のケビン・コスナーのように、起業家たちは「（野球場を）作れば、ユーザー（観客）が来る」と思っている。しかし、本当はあらゆるプロダクトはリスクなのである。

Metromileにも同じ落とし穴はあったが、彼らは文字通り潜在顧客を追いかけ回すことを選んだ。Metromileは、ポートランドでサービスをソフトローンチ（試験公開）したときに、多くのバイカーが通行する場所に出かけていき、バイカーたちを呼び止め、新しい従量制保険に興味を感じるかどうかを尋ねた。彼らはiPadを使って潜在顧客に見積もりを示し、最初の売上を獲得した。彼らがリアルタイムでUXとビジネスモデルを修正できたのは、この最初のコホート調査のおかげだ。

ユーザー調査は、潜在または既存ユーザーの目標やニーズを理解して正しい路線を進んでいるかどうかを確かめる手段である。手法はたくさんある。エスノグラフィー調査、コンテキスト調査、フォーカスグループ調査、日記調査、カードソート法、アイトラッキング調査、アンケート調査などだ。しかし、ここでは古くから使われているこれらの方法については話したくない。話したいのは、**リーンスタートアップ**についてだ。

奇妙なことだが、2011年にエリック・リースの『リーンスタートアップ』[29]（こ

れは必読書である）が大ヒットするまで、起業家たちは「早い段階からたびたび」顧客に向き合うことが自分の仕事だとは思っていなかった。

確かに、リーンスタートアップの実証主義、動きの速さ、透明性は、スティーブ・ブランクの顧客開発方法論[30]と同系のものである。そして、企業にはUXデザイナーがいて、エンジニア中心のデザインではなく「ユーザー中心」のデザインを行っていた。しかし、検証をともなうユーザー調査がプロダクトの開発を先に進めるか否かの決定要因になったのはリーンスタートアップからだ。

リーンスタートアップは、ユーザー調査は計測可能でなければならないとした。第3の基本要素が検証をともなうユーザー調査なのはそのためだ。**検証**は、リーンスタートアップの秘伝のタレである。検証とは、特定の顧客セグメントがあなたのソリューションに価値を感じていることを確かめるプロセスのことだ。検証がなければ、プロダクトの使い道は顧客が見つけてくれるだろうと思い込んでいるだけに過ぎない。検証をともなうユーザー調査は、単に潜在ユーザーを観察し、彼らに感情移入するだけの調査ではない。ユーザーとの直接的な関わり合いが強制される。だからこそ、プロダクトのビジョンが正夢か悪夢かを見極めるために役立つのだ。

エリック・リースは、MVP（Minimal Viable Product）という用語を広めた。彼によれば、MVPとは「顧客についての検証された情報を最大限に集められる最小限の機能を持った試作品」のことである[31]。早い段階で顧客の支持を得れば、プロダクトのリスクが下がる。そして、顧客がMVPを支持しなければ、顧客セグメントを「ピボット」[32]するか、自分たちのバリュープロポジションが解決できるものに問題をピボットする必要がある。

MVPのような反復作業をすると、チームはプロダクトの実装フェーズに入る前にユーザー調査を実施して正しさを確認しなければならなくなる。チームが単に一般的なペルソナではなく、正しい顧客をターゲットとしていることを確かめるためにこれが役立つ。対処を必要とする明確なペインポイント（不便、不満）が確認できたら、機能を追加し、同じユーザー調査でそれを検証する作業に進める。これが

---

[29] Eric Ries, *Lean Startup*, Harper Business, 2011. 邦訳『リーンスタートアップ：ムダのない起業プロセスでイノベーションを生みだす』日経BP、2012年。

[30] Steve Blank, *The Four Steps to the Epiphany*, K&S Ranch Press, 2005. 邦訳『アントレプレナーの教科書』翔泳社、2009年。

[31] Eric Ries, *The Startup Way*, Currency, 2017. 邦訳『スタートアップ・ウェイ：予測不可能な世界で成長し続けるマネジメント』日経BP、2018年。

[32] [訳注]路線変更、転換、転進といった意味。バスケットボールのピボットのように、軸足を動かさずに方向転換することをイメージするとよい。

リーンスタートアップの**構築–計測–学習**のフィードバックループだ。調査によって判断が正しいかどうかを検証し、プロダクトビジョンがエンドユーザーのニーズに沿ったものになるようにするのである。

　検証をともなうユーザー調査は、できる限り多くのプロダクトチームメンバーが関わるようにすべき、コラボレーティブなプロセスである。コラボレーションは、バリュープロポジションとその後のピボットについての有機的な合意形成にも役立つ。しかし、私たちはみな異なる環境で、人格に揺れがあるさまざまな地位の人々とともに仕事をしているので、そんな考え方は幼稚だと思われるかもしれない。大企業には、個人的な利害や好みに基づいてプロダクトの要件に対してさまざまな言い分を持つ多数のステークホルダーがいるのが普通だ。私も、自分が参加していない要件収集フェーズで要件を石のように固めていた代理店と仕事をしたことがある。設計フェーズで私が検証をともなうユーザー調査の実施やMVPの作成を提案すると、代理店の固定料金モデルには合わないため、非難の的になった。

　おなじみのこの立場に追い込まれたら、あなたは**社内起業家**（intrapreneur）にならなければならない。

　社内起業家とは、大企業で働きながら起業家のように行動する人のことだ。断固としたリスクテイクとイノベーションを通じてプロダクトと運命をともにするという決意が必要だ。検証をともなうユーザー調査のために、断固として1、2週間の時間を要求しよう。でなければ、カフェでペルソナに合う人を捕まえてくるとか、簡単なオンライン調査を実施するといった手のかからないゲリラ戦法を取るべきだ。

　ほとんどの人はリスクアバース*33でリスクを嫌うので、起業家や社内起業家になることを恐れる。しかし、私はリスクテイクをもっと実存主義的に考えている。キャリアパスや自分の気持ちにとっては、何もしないことのリスクの方がはるかに大きな脅威になると思うのだ。これは、でたらめなペルソナをでっち上げたオプラのプロジェクトで私がしなかったことである。もしやり直せるなら、2007年の私は次のようにすべきだった。

1. オプラ・ウィンフリー・ショーのファンである友だちの友だちに接触する。
2. 10ドルのギフトカードと引き換えに10分付き合ってくれと頼む。

---

3. 彼らのなかの7〜10人に現在のオプラのサイトを見てもらいながら電話で質問をする。
4. 質問からわかったことをペルソナに反映させ、最終的にはプロジェクト資料に書く。

ご覧のようにサンプル数としてはごく小規模だ。自分にかかるコストは100ドルとウィークデーの2晩だけだ。しかし、ユーザー調査の経験と得られたはずの知見から考えれば、小さな代償だったはずである。

要するに、ターゲット顧客に向き合うことは必要不可欠だ。煮詰めているアイデアが愚かで無意味なら、できる限り早くそうだと知る必要がある。実験と失敗に対してオープンマインドでなければならない。確かに、私たちは賭けをしている。当たる確率は低い。しかし、最終的にはリーンのアプローチはもっともコスト効果が高く、意味があり、機敏だ。

2.5 ｜ 基本要素４：フリクションレスなUXデザイン

「ユーザーエクスペリエンス」あるいは「UX」は、課題や目標を達成しようとしてデジタルプロダクトのインターフェイスを使ったときに人間がどのように感じるかである。簡単に使えたか大変だったか、気持ちよかったかイライラしたか、役に立ったか立たなかったか。プロダクトのUXは、ライバルを蹴落とす決定的な差別化要素になり得る。

伝統的に（わずか20年しか経っていない分野であえてこの言葉を使うとして）、UXデザインは、サイトマップ、ワイヤーフレーム、ユーザーフロー、機能仕様など、開発やデザインの成果物を連想させる言葉だ。一般企業や広告代理店の採用担当者たちは、インタラクションデザイナー、情報アーキテクト、プロダクトデザイナーといった肩書きでこの種の成果物を作る仕事がUXデザインだと考えている。この定義は、大企業や広告代理店で使われており、実際にUXデザインがどのように行われているかをよく表している。しかしその結果、この「伝統的」なシステムでは、UXデザイナーの頭は、プロダクトを圧倒的に優れたものにするもっとも重要な部分のデザインよりも、成果物の納期に支配されてしまっている。

経験の浅いプロダクトリーダーたちは、UXデザインが顧客の獲得、維持や収益システムにどれだけ影響を及ぼすか、つまりUXがビジネス戦略にとってどれだけ

重要かが理解できていないことが多い。商品販売サイト、いや単純なユーザー登録ページでいい。それらのことを考えてみよう。サイトに入るために飛び越えなければならない障害であるUXデザインには、特に注意を払わなければならない。下手をすれば、プロダクトのことを聞いただけで初めてサイトを利用しようとしている潜在ユーザーが本物の顧客になるのを妨げることになる。UXストラテジストは、倫理的に許容される範囲内で、彼らにまた来てもらうためにできることを何でもしなければならない。

インターフェイスとユーザーフローは良い結果を導くものでなければならない。大切なのは、プロダクトの単純さ、実用性、ユーザーのエンゲージメントだ。UXデザインの初心者とエキスパートの差はここにある。エキスパートのUXデザイナーは、次のようなバリューイノベーションの生み出し方を知っている。

解決しなければならない問題にもっとも直結したプロダクトの使い方を発見、確認するために、潜在ユーザーや既存のヘビーユーザーから直接話を聞く。顧客、ユーザーからの取材のしかたについては、3章と8章で詳しく説明する。

● 人々の暮らしがもっと効率よくなるようなソリューションを生み出す可能性を見つけるために、市場空間における既存の競合プロダクトを調査、分析する。市場空間の調査については、4章と5章で詳しく説明する。

● プロダクトの成否を分ける最重要機能（かならずしもひとつに絞られるわけではない）の判定を助ける。ストーリーボーディングなどのテクニックを使って、最重要機能を単純、エレガントにまとめる。バリューイノベーションの発見を助ける戦術については、6章で詳しく説明する。

● ビジネスアイデアを検証するためのプロトタイプを素早く作る。仮説の検証のために、構造化された実験を設計、実行する。プロトタイプと実験については7章で詳しく説明する。

● アイデアの最初の段階からステークホルダーやチームメンバーとコラボレーションする。計測できる結果を使って勘ではなく現実の証拠に基づいてプロダクト戦略上の判断を下す。定量/定性調査のテクニックについては8章と9章で詳しく説明する。

2.5.1 日常生活のフリクションを取り除く

　良い結果は、プロダクトがユーザーの暮らしを良くしたり楽にしたりする作業を実現したときに生まれる。私たちプロダクトデザイナーの目標は、すべての重要操作からフリクションを取り除くか減らすかして、ユーザーがツールに振り回されず、自分のしたいようにしているという気持ちでい続けられるようにすることだ。面倒なことが多かった以前とは異なり、今は人々がテクノロジーを使ってあらゆることをできるようになっている。

　ユーザーのひとりとしての私は、地図や公共交通機関を使って街中を移動するのがずっと苦手だった。言葉が通じない外国を旅行するときには特にそうだ。だから、ロンドンのスタートアップが作ったCitymapperという乗換案内アプリは、私にとってフリクションレスなUXの好例になっている。このアプリのおかげで、私は初めての街に行っても迷子にならずに複数の公共交通機関を使い分けて行きたいところに行ける自由をつかんだ。

　これからの12枚の画面（[図2-7]から[図2-18]まで）で最近私がベルリンでした移動を再現してみよう。よく晴れた日曜の午後、私はニューヨークから移住した友人でライターのデビッドと会いたいと思った。プレンツラウアーベルクから彼とお嬢さんが待っているクロイツベルクのフリーマーケットまで1時間以内で行かなければならない。私がしたことは次の通りだ。

図2-7

移動経路の選択肢を見ている

図2-8

移動の全体を見て市電の駅に歩いていく

図2-9

プラットフォームには、市電が遅れなく運行しているという表示がある

図2-10

7駅乗るうちの2駅まで進んだことがわかる

図2-11

次の駅で下車せよというスマホの通知が表示される

図2-12

Uバーン（地下鉄）のホームのどの辺で電車に乗ればよいかを確認する

図 2-13

電車が時間通りに駅に入ってくる

図 2-14

次の駅で7番線に乗り換えだとい
うメッセージが表示される

図 2-15

電車を下りてからどの出口を使っ
たらよいかが表示される

図 2-16

歩きの道順と所要時間をチェック
する

図 2-17

目的地についたのでアプリを終了
する

図 2-18

時間通りにフリーマーケットで友
人とお嬢さんに会う

ご覧のように、途中のどの場所でも、自分がどこにいて、次に何をしなければならないかがわかる。そして、市電1本、地下鉄2本と短い歩きでどれだけかかるかもほぼ正確にわかった。移動中は手のなかのアプリが無駄なく移動するために電車のどのあたりで座るとよいか、どの駅で下りるかを教えてくれる。Citymapperは、もう何年も前から私の生活にとって欠かせない存在になっている。

　Citymapperのようなプロダクトは、固定されたビジネスプラン、1週間のデザインスプリント、2週間のUX発見フェーズといったもので作られたのではなく、数か月あるいは数年の実験と失敗を繰り返しながら今の姿に育ってきている。戦略的な紆余曲折が知見を生み、見事なプロダクトデザインとして花開いたのである。創業者と開発チームは、目に見えないところでリスクを引き受けつつ、プロダクトのビジネスモデルの要素を組み立ててきたのだ。彼らは戦略を磨いて顧客からの熱烈な支持を獲得した。

　本書全体を通じて、ほかにもフリクションレスなUXを備えたプロダクトを取り上げていく。これらは幸運やアイディエーションセッションや「天才的なデザイン」によって「偶然」生まれたUXデザインではない。4つの基本要素を備えることによってフリクションレスになったのである。目に見える部分とそうでない部分の総和としてプロダクトを理解するようになるためには、実践と意識の集中が必要だ。

2.6 ｜ まとめ

　UX戦略で大切なのは経験則だ。完璧なプランを組み立てて遂行することではない。今あるものを調査し、機会領域を分析した上で、人々が本当に望むような価値あるものを作り出すまで、仮説のテスト、失敗、学習を繰り返せるかどうかが決め手になる。リスクを引き受け、失敗を受け入れる必要がある。本書のこれからの部分では、UX戦略がチームを正しい方向に導いていることを検証するために、すぐに実験して賢く失敗を積み重ねる方法を学んでいく。

3章

最初のバリュープロポジションの定義

ビジネスとは何かを知るためには、ビジネスの目的から考えなければならない。

ビジネスの目的は、ビジネス自体の外側になければならない。

そして、営利企業は社会のなかの機関なので、

ビジネスの目的は社会のなかになければならない。

すると、ビジネスの目的の正しい定義はひとつだけに絞られる。

顧客を作り出すことだ。[*1]

　　——ピーター・ドラッカー（経営学者）、1973

　最初に言っておくが、ソリューションはほかのものと無関係に定義されるわけではない。まず、どのような問題を解決するのか、どのような顧客ニーズをもっともよく解決すべきなのかをはっきりさせる必要がある。明らかにしなければならないことは多く、ひとつでも間違えると、ソリューションは妄想に変わってしまう。そこで、「基本要素1：ビジネス戦略」と「基本要素3：検証をともなうユーザー調査」を掘り下げて、地に足が着いた状態を保つようにしていく（[**図3-1**]参照。UX戦略の4つの基本要素については、2章参照）。この章では、バリュープロポジションの作り方を学ぶ。バリュープロポジションは不思議な魅力を持ち、顧客がそれを感じ取れるようなものでなければならない。そして、顧客が誰か、彼らがバリュープロポジションを強く必要とし、望んでいるかを知るために顧客発見プロセスを実施する。

---

*1　　Peter Drucker, *Management:Tasks, Responsibilities, Practices*, HarperBusiness, 1973. 邦訳は『マネジメント：務め、責任、実践』日経BP、2008年。本書訳文は独自訳。

| ビジネス戦略 | 検証をともなう
ユーザー調査 |

図3-1　基本要素1と基本要素3：ビジネス戦略と検証をともなうユーザー調査

3.1 ｜ 大物プロデューサーのバリュープロポジション

　私は中学2年生の頃、よく胃が痛いふりをした。すると、母は仕事場に私を連れて行ってくれるのだった。母はバーバンク映画スタジオの弁護士の秘書だった。私は舞台裏を歩きまわったり、セットの陰に隠れたり、クルーの人々がテレビ番組や映画を撮影しているところを見るのが好きだった。まるで夢の国を歩いているようだった。1978年の若かった私には、映画やテレビよりもかっこいい仕事は想像できなかった。だから、2012年の大人になった私は、同じ撮影所のバンガローで大物プロデューサーが私とのミーティングを設定したときにはとても興奮した。彼は、プロダクトのアイデアに「脈がある」かどうかを私に相談してきた。

フェードイン
バンガローの外―朝

ロングショットからバンガローの窓をパンして中を覗く。
そのまま室内に入る。

バンガローの中―朝

プロダクションの助手がUXストラテジスト、ジェイミーを部屋に案内する。映画プロデューサーのポールは、デスクの椅子に座っている。彼は立ち上がり、彼女に挨拶をする。ふたりは握手してそれぞれの席に座る。助手は部屋を出て行く。

ポール	eコマースサイトのアイデアがあるんですが、あなたのお力を借りたいと思いまして。
ジェイミー	お話をお聞かせください。
ポール	ワードローブ*2を揃えるために力を貸してもらいたい、いや貸し

てもらわないと困る忙しい男性を対象としたAmazonのほしい物リストのようなアイデアです。

ジェイミー　その「忙しい男性」について詳しくお話ししていただけますか？

ポールはジェイミーに「忙しい男性」を説明しようとして熱が入ってくる。身振り手振りを交えて前のめりになる。

ポール　人生はすべて仕事だというような男性です。お金はあるけど、お金を使う時間がない。高級品が欲しいけど、買い物に行くのはイヤなんです。お店の人に同じことを何度も言うのはうんざりだけど、VIP待遇はしてもらいたいんですね。

ジェイミーは膝に手を置いて前傾姿勢になり、ひと呼吸おいてから口を開く。

ジェイミー　それはずいぶんはっきりとしたイメージですね。しかし、多くの忙しい男性にとってそれは問題なのでしょうか？　解決してもらいたいことなのでしょうか。

ポール　もちろんです！　私がまさにそうなんですから！

　ロサンゼルスでは、映画のアイデアを語るハリウッドタイプと、インターネットプロダクトのアイデアを語るIT起業家タイプにはすぐに会える。両者は笑ってしまうほどよく似ている。どちらも、独創的でやみつきになるものを作って大儲けしたいと思っている。そしてどちらも、アイデアを実現するには巨額の現金を調達してこなければならない。しかし、そのためには、いい物語を紡ぎ出して、ステークホルダーや投資家にそのアイデアを待ち望んでいるお客さんがいると確信してもらわなければならない。

　市場にはいつもゴミ映画とゴミアプリが氾濫しているので、ほとんどの投資家たちはそううまくいくわけではないことを知っている。しかし、本当にすごいものがあれば、とても大きな見返りがあるのも事実だ。それはお金だけではない。「ヒット作」があれば、コンテンツやプロダクトのクリエーターとしての地位が得られる。私たちは、人々が便利で意味のあるものだと認めてくれるようなものを作りたいと思っている。自分のお母さんでも気に入るようなものだ。

＊2　[監訳注]ワードローブ：クローゼットの中にある衣装、その人が持っている衣装の組み合わせのこと。

しかし、映画の製作とデジタルプロダクトの製作にはひとつ大きな違いがある。映画の場合、大物俳優のキャスティング、人気作の続編、綿密に作られたプロットや描写などの戦略をいかに駆使しても、製作プロセスのなかに実証的なフィードバックによってリスクを軽減する余地はほとんどない。確かに、映画製作者もターゲット市場に対して初期のテスト映像を試写することはできるが、一般に、その時点まで来てしまうと、再撮影はコスト的にあり得ない選択肢になっている。それに対し、デジタルプロダクトの場合は、映画よりもずっと早い段階でターゲットとする人々を対象として自分のコンセプトを「試験販売」できる。チームが地に足をつけているかどうかをチェックし、全員が正しい路線で進むようにもできる。巨額のギャンブルのスリルを楽しみたいのでない限り、夢の世界に住み着く必要はない。

ここで学んだこと

- ☐ ステークホルダー（またはあなた自身）が自分たちのプロダクトを本気で欲しいと思ったからといって、ほかの人々もそうだとは限らない。ほとんどのスタートアップは、市場がかならずしもそのプロダクトを必要としないために失敗する。
- ☐ 実証的な証拠を示してステークホルダーとチームに現実を知らせる必要がある。推測を事実に転化させなければならない。
- ☐ ステークホルダーやチームが言うことを額面通りに受け取ってはならない。潜在顧客が望むことを知るためには、実際に潜在顧客に当たってみることだ。

3.2 │ バリュープロポジションとは何か

バリュープロポジションは簡潔な文の形を取り、その文は顧客がプロダクトやサービスに期待できる特別なメリットを表す。伝えたいことを覚えやすく、説得力があるフレーズに凝縮したエレベーターピッチ[*3]をイメージすればよい。いくつかの有名なプロダクトのバリュープロポジションの例を見てみよう。

---

*3　[監訳注] エレベーターでたまたま乗り合わせた重役や投資家に向けて、エレベーターで移動する間の30秒程度でサービスやプロダクトの趣旨を説明し興味を持ってもらうような短時間のプレゼンテーションのこと。

- Airbnbは、世界中の宿泊スペースを掲載、発見、予約できるオンラインのコミュニティマーケットプレイスです。

- Wazeは、ドライバーが随時更新される地図によって混雑などの道路情報をリアルタイムで把握できるモバイルナビゲーションアプリです。

- Slackは、あらゆる規模のチーム、企業が効果的にコミュニケーションできるようにする企業向けソフトウェアプラットフォームです。

　プロダクト製作者は、どんな環境で働いている場合でも、絶えずバリュープロポジションをピッチしたりされたりしている。Airbnb、Waze、Slackが誰でも知っている名前になる前、これらのプロダクトの開発チームが、資金獲得までに投資家たちの前で何度バリュープロポジションを口に出さなければならなかったかを想像してみよう。

　初めてバリュープロポジションを考え出すときには、省略された形になることが多い。それは、チームや創業者がアイデアをもっともうまく説明する表現をまだ見つけていないからだ。賞を取った1992年の映画「ザ・プレイヤー」に、いつ見ても笑ってしまうジョークがある。シナリオライターが映画のアイデアを売り込むときに、「これは『愛と哀しみの果て』と『プリティ・ウーマン』を合体させたような映画です」と言うのだ。

　デジタルプロダクトの世界でも、このような省略はよく使われる。実際、更新ボタンを押すと同時にでたらめなバリュープロポジションを生成するhttps://itsthisforthat.com/のようなサイトさえある。【図3-2】は、私の実行例だ。

　このサイトのバリュープロポジションの公式を分解してみよう。

　itsthisforthat (It's this for that) のなかの**this**は、プロダクトの魅力のことである。マッチングアプリTinder (https://www.gotinder.com/) の**this**は、スワイプしていていいなと思った人にそのことをすぐに知らせられることだ。Wazeの**this**は、近くにいるほかの人々がWazeアプリを開いていると、渋滞を回避するためのデータがリアルタイムで送られてきて早く目的地に着ける道がわかることである。この**this**はメンタルモデルだ。プロダクトが何に似ていてどのような使い方をするものかが**this**からわかるのである。

　thatは特定の顧客セグメントかニーズを表す。Tinderの**that**は、時間をかけて

図3-2 「Airbnb for Wedding Venues（結婚式会場のためのAirbnb）」という自動生成のバリュープロポジション

プロフィールを入力しなくても簡単に交際相手を見つけられる方法を探している人々だ。Wazeの**that**は、いつもの道から外れてもいいから渋滞を避けたいと思っているドライバーである。**that**は誰が**this**を必要としたり欲しがったりするかとその理由を知る手がかりになる。この公式は、ソリューションを手っ取り早く表現する方法になっているのだ。

　しかし、バリュープロポジションは、現実的な問題を解決しなければ無価値だ。ここで言う問題は、膝を擦りむいた程度の軽いものではない。足の骨を折ったというぐらいの大変な問題のことだ。かなり多くの人々が適切なタイミングでしなければならないことをし損なうような問題である。この種の問題を解決してくれるソリューションは、多くの人々に安心や喜びを与える。ソフトウェアの構築には時間と金がかかるので、構築に取りかかる前に、問題と人々についてわかることはすべて知る必要がある。つまり、ヤマ勘だけで新しいイノベーティブなプロダクトの製作に取り掛かるのは、リスキーだということだ。

　なぜだろうか。
　もしあなたが間違っていたら、
　あるいはあなたの上司が間違っていたら、
　クライアントが間違っていたら、
　成功を収めた映画プロデューサーでも間違っていたら、
　0.05秒で自動生成したこのバリュープロポジションが間違っていたら、
　どうなるかを考えてみよう。

答えは簡単だ。大きなヤマ勘で動いた人が間違っていて、お金がなくなるまで開発チームがその間違いに気付かなければ、関係者全員が本物のバリュープロポジションに基づくものを作れていないということである。関係者全員が予算と人員を浪費しただけだ。さらに、ここはまだプロダクト戦略の初期段階なので、アイデアにあまり執着し過ぎないようにしたい。現実の顧客がそのソリューションを本当に望んでいるという確証がなければなおさらである。

3.3 | 空想の世界から抜け出したいなら…

次の5つのステップに従おう。各ステップについて、詳しく解説していく。

ステップ1：メインの顧客セグメントを見定める。
ステップ2：顧客セグメントの(最大の)問題を突き止める。
ステップ3：推測に基づいて暫定ペルソナを作る。
ステップ4：暫定ペルソナとプロブレムステートメント(「3.3.2 顧客セグメントの(最大の)問題を突き止める」参照) が正しいかどうかを検証するために顧客発見プロセスを実施する。
ステップ5：学んだことに基づいて当初のバリュープロポジションを見直す。

洗い直しをして、路線が正しいことを示すしっかりとした計測可能な兆候をつかむまで以上を繰り返す。

3.3.1 ステップ1：メインの顧客セグメントを見定める

あなたとチームはイノベーティブなプロダクトを作り出そうとしているので、顧客がゼロの状態からスタートする。顧客はあらゆる人々だと考えているようなら、もっとじっくりと考えなければならない。でなければ、顧客獲得で苦しい戦いを強いられる。あらゆる人々にアプリを使ってもらおうとするのと、本当にアプリを必要とする人だけに登録してもらおうとするのとでは、どちらが楽だろうか。ヒットした多くのデジタルプロダクトは、後者を選んでいる。Facebookは、立ち上げの時点では、世界全体ではなく、ハーバード大学の学生専用だった。Airbnbは、2008年にサンフランシスコで開催された世界工業デザイン会議でプロダクトをテストした。Tinderでさえ、初期のパイロット (試験的) プロジェクトでは、開発者

と同じ南カリフォルニア大学の学生だけを対象としていた[*4]。

　顧客セグメントとは、同じニーズを抱える人々のグループのことである。顧客セグメントは、デモグラフィック（人口統計学的属性）、サイコグラフィック（心理的属性）、ビヘイビラル（行動学的属性）の組み合わせによって識別される。旧来の自動車保険会社の保険料は暴利だと思っている走行距離が短い郊外のドライバー、交際相手が簡単に見つからないブラジルの30代、大都市に住んでいて練習場所がどうしても必要なロックミュージシャン志望者などが顧客セグメントの例となる。人々の行動様式を変えようとすれば大きなリスクを抱えることになるので、顧客セグメントのニーズやペインポイントは重大なものでなければならない。

　では、先ほどのコンピューターが生成したバリュープロポジションに戻り、明らかにメインの顧客だと言える人々は誰かを考えてみよう。結婚式のプランを立てなければならないのは一体誰だろうか。えーっとー…。【図3-3】のような、これから結婚しようという人たち？　正解だ。その答えに合わせて先に進もう。

図3-3　提案用スライドの典型的な先頭ページのモックアップ。プロダクト名とバリュープロポジションが書かれている

＊4　"Tinder and Bumble Are Throwing Parties at Frat Houses," Inside Hook, August 21, 2019, https://oreil.ly/q3VIH

3.3.2　ステップ2：顧客セグメントの（最大の）問題を突き止める

　問題は具体的でなければならない。そして、プロブレムステートメントにできるものでなければならない。プロブレムステートメントとは、対処が必要とされる問題を顧客の視点から短く明確に説明した文章のことである。問題が実際にあることが検証されるまで、プロブレムステートメントであらかじめソリューションを想定してはならない。プロダクトチームの中心にプロブレムステートメントを置くと、彼らはソリューションをイメージするときにオープンマインドになりやすくなる。

　あなたとチームが推測だけを頼りに仕事をしているのを認めることが大切なのはそのためだ。それがプロダクトの製作に取り掛かるときの現実である。推測とは、あなたが正しいだろうと思っていることで、たとえば「IT産業で働く人はコンピューターを直せる」とか「私たちの顧客セグメントはヴィーガン（完全菜食主義）のアイスクリームを好む」といったものである。ユーザーは誰でどのようなニーズを持っているか、どうすればユーザーにたどり着けるかなどを推測する。推測が推測であることに誠実でなければならない。つまり、ただの当て推量に過ぎないものとして扱うのである。「がんばれ！ベアーズ」の偉大なバターメイカー監督がチームに言ったように、「'ASSUME'（推測）とは、'U'（君）と'ME'（私）から'ASS'（バカ）を作ることだ」。

　では、簡潔なプロブレムステートメントを書き出そう。例を示す。

　　　ロサンゼルスの挙式予定者たちは、お手頃価格の結婚式会場探しに苦労している。

　これが正しいことが証明されたら、次のバリュープロポジションには潜在ニーズがあることが確認できる。

　　　結婚式のためのAirbnbは、プライベート物件を結婚式の会場として掲載、賃貸するためのオンラインマーケットプレイスである。

　では、次のステップは、この大いに必要とされているソリューションの機能セット全体を考え出すことになるのだろうか。いや、それはまだだ。

　あなたが問題解決人（UXデザイナー、プロダクト製作者、起業家は本能的にそうだ）なら、今まで説明してきたプロセスは順番が逆だと思うだろう。それは、本当に逆だからだ。私たちは、顧客と顧客が抱える問題についての推測が正しいかど

うかを検証するというソリューションのコンセプトのリバースエンジニアリングをしている。問題が存在しなければソリューションに意味はない。これは、大成功を収めたものも含め、何十ものプロダクトを作ってきた人々にこそ、特に重要なアプローチだ。自分の宣伝文句を信じ込んではならない。新しいプロダクトやプロジェクトには、常に実験と同じように接することが大切だ。

「はじめに」でも触れたように、私は25年以上にわたって非常勤で大学で教えている。授業の進め方は毎回同じだ。第1週には、学生たちは、ITを使って解決してみたい問題についてじっくり考えるよう指示される。その後は毎週、講座の最終プロジェクトに向かってスキルを積み上げていく。最終プロジェクトとは、本書で説明していく方法を使ってテストした本物のプロダクトをピッチすることだ。ある学期に、学生のビタとエナに「Airbnb for Weddings」のプロダクトビジョンを使ってUX戦略の修行をしてもらった。これから彼女たちが体験した方法と結果を見ていただいて、バリュープロポジションを実際に作り、可能性があるかどうかを判断するためにはどうすればよいかを示していこう。最初の課題は、暫定ペルソナを作ることだ。

> 人々がそのプロダクトを欲しがる明確な証拠がない限り、バリュープロポジションからプロダクトのUXを作ってはならない。

3.3.3　ステップ3：推測に基づいて暫定ペルソナを作る

ペルソナは、ステークホルダーとプロダクトチームにエンドユーザーのニーズ、目標、動機がどのようなものかについてリアルな感覚を与えるために役立つツールだ。ペルソナは、自分のためのデザインを防いでユーザーにフォーカスできるようにしてくれる。しかし、ペルソナの概念には、賛否両論で大騒ぎになった歴史がある。そこで、この概念を本書で使っている理由を説明するちょっとした講義を聞いていただこう。

ソフトウェアデザインの黎明期には、一般にプロダクトを開発、プログラミングしたエンジニアがインターフェイスデザインもしていた。そういうプロダクトのインターフェイスは、エンドユーザーによる検証を受けていないので、ユーザーフレンドリーにはまずならない。出荷予定日に間に合わせるために大慌てで貼り合わせて作った感じになりがちだった。

ベイエリアの有名なソフトウェアデザイナー、プログラマーで、1988年にビジュアルプログラミング言語のVisual Basicを作ったアラン・クーパー[5]は、この問題を非常によく理解していた。彼は、1995年にペルソナを発明し、ソフトウェアチームに目標主導型の設計メソドロジーを広めるための本を書いた[6]。クーパーにとって、ペルソナは、プロダクトのステークホルダーたちによりユーザーフレンドリーなインターフェイスを作ろうという意欲を与えるために必要不可欠なツールだった。しかし、このようなペルソナを実現するためには、数か月かけて定性的なエスノグラフィー調査を実施し、個々のエンドユーザーについて信頼できるモデルを作らなければならない。

2002年までに、ペルソナはデザイナーが広く使っているツールになったが、その本来の目的とは無関係に使われることが多くなった。レイザーフィッシュやピュブリシス・サピエントといった大手インタラクティブ代理店は、クライアント発見フェーズを高く売るためにペルソナを使っていた。その場合、せいぜいマーケティングデータに過ぎないものに基づいたステレオタイプ的なディテールを詰め込んだ滑稽マンガに堕してしまうことが多かった。実際、2章で触れたOprah.comのデザイン変更で私が作った3つのペルソナもそんなものだった。発見フェーズ資料に入れたペルソナは、オプラがさまざまな民族の人々から支持されていたというだけの理由で、3種類のマイノリティの人物として描かれていた。実際には、民族性とプロダクトのUXとはほとんど無関係だ。アフリカ系のオプラファンとヨーロッパ系のオプラファンでインターフェイスや機能セットを変えなければならないなどということがあるだろうか。このように、私のペルソナは戦略プロセスを形作るものになっていなかった。クーパーが言っているように、「ペルソナは典型であって既成概念ではない。ペルソナはデザインのターゲットを正確に示すとともに、開発チームとのコミュニケーションツールとしても使われるので、デザイナーはデモグラフィックの選択では細心の注意を払わなければならない」。

クーパーは、2007年に『About Face』の第3版を出すまでに、「厳密なペルソナを作れない場合：暫定ペルソナ」という新しい節を追加した[7]。この概念は、詳細なデータを集めるために必要なフィールドワークを実施する時間、予算、会社の支

---

[5] https://ja.wikipedia.org/wiki/アラン・クーパー

[6] Alan Cooper, *About Face*, Wiley, 1995. 邦訳『ユーザーインターフェイスデザイン：Windows 95時代のソフトウェアデザインを考える』翔泳社、1996年。

[7] Alan Cooper, *About Face*, 3rd ed., Wiley, 2007. 邦訳『About Face 3 インタラクションデザインの極意』アスキー・メディアワークス、2008年。

援がないプロダクト製作者のために作られたものだ。デザイナーとデザイナー以外の人々が単純なグループ作業で手っ取り早く作ったペルソナ的なもののことである。プロダクトデザイナーのジェフ・ゴーセルフも、2016年の著書『Lean UX』[*8]で、幹部に顧客に関する考え方を共有してもらうためのツールとして「プロトペルソナ」という名前で暫定ペルソナを取り上げている。

　私は、「今のところ」という意味で、あとで変えられるというニュアンスを含む**暫定**という用語の方がよいと思う。究極的な目標は、顧客発見プロセスを通じて暫定ペルソナを検証済みペルソナに変えることだからだ。この文脈では、暫定ペルソナは、推測のなかでももっとも重要な想定顧客セグメントを表現し、チームで共有するための便利なコミュニケーションツールのことである。暫定ペルソナは、どの問いがもっともミッションクリティカルかを示すという点で、チーム全体に確認プロセスの出発点を提供する。つまり、暫定ペルソナは、検証をともなうユーザー調査のあるひとつの形態を実施するための「プレースホルダー」(仮に確保した)ペルソナと考えることができる。

　そして、最終的には調査対象者の採用ツールとマーケティングツールの両方の目的でこのタイプのペルソナを使うことになるので、中太の絵筆で特徴を描くことを覚える必要がある。ごく少数の人しか表現できないほど細かいペルソナや、あらゆる人を表現する大雑把なペルソナはいらない。9章では、検証済みペルソナを使って、Facebookのマイクロターゲット広告でユーザーを獲得するランディングページキャンペーンの内容を詰めていく。お金が動くオンライン広告キャンペーンは、架空の表現を証明された事実に基づく記述に転化させるための重要なリアリティのチェックになる。

●暫定ペルソナのレイアウトとその内容

　暫定ペルソナは、メインの顧客セグメントについての推測を集めて記述したものである。そのため、すべての情報は想定顧客セグメントについてのものになり、当初のバリュープロポジションと関連するものになる。デモグラフィックの詳細やユーザーのふるまいは、特定の個人ではなくターゲットオーディエンスを反映したものでなければならない。そして、マーケティングデータの山をペルソナにぶち込んではならない。顧客のニーズを要約するときに欠かせない要素と彼らがこの問題

＊8　Jeff Gothelf, with Josh Seiden, *Lean UX*, 2nd ed., O'Reilly, 2016. 邦訳『Lean UX 第2版：リーン思考によるユーザエクスペリエンス・デザイン』オライリー・ジャパン、2017年。

に今どのように対処しているかに重点を置きながらペルソナを作りたい。

B2Bプロダクトでは、プロダクトを購入する人（たとえば、CTO）とプロダクトを使う人（たとえば、従業員）の2種類のペルソナを作るようにする。この場合、両者をそれぞれ「暫定顧客ペルソナ」、「暫定ユーザーペルソナ」と呼ぶとよいだろう。

暫定ペルソナは、メインの顧客セグメントのイメージをつかむための思考ツールとして使うだけなので、レイアウトとその内容はシンプルに保ちたい。このあとで示す暫定ペルソナでは、ビタとエナは私が作った基本テンプレートを使った。このテンプレートは2マス×2マスの4つのセクションに分かれている。

[図3-4]は、ビタがAirbnb for Weddingのために作った暫定ペルソナである。

[図3-5]は、エナが作った暫定ペルソナである。

これらのペルソナは、考えているバリュープロポジションこそ同じだが、ふたりの人間がふたつの異なる視点で作ったものなので、かなり違ったものになっている。ビタは、ミドルクラスで30代のフルタイムで働く女性という自分とよく似た人が顧客だと推測している。それに対し、エナはそれよりも若い20代の人だと推測している。大学院生だったり、キャリアをスタートさせたばかりのフリーランサーだったりするため、フルタイムでは働いていない。この若い花嫁は、格式張った式をするのではなく、友人全員をビーチに招いて明るく楽しいパーティを開きたいと思っている。

どちらのペルソナが正しいのだろうか。ビタとエナはまだ検証されていない推測をもとに考えているので、何とも言えない。おそらく、ソリューションは両方のペルソナのニーズを満たすものになるだろう。どちらの方が「正しい」かにかかわらず、暫定ペルソナを作ったために、ビタとエナの想定顧客のイメージはより鮮明になっている。

暫定ペルソナの4つのセクションには次のものを入れる。

▶ **セグメント名とスナップ写真／似顔絵**

暫定ペルソナはひとりの個人ではなく、一群の人々を表現するので、「ロサンゼルスに住むジェネレーションXの両親」とか「ベルリンに移住したユダヤ人」のようにセグメントの特徴を簡潔に説明する名前を考える。一般的なデモグラフィックを明記すると役に立つ。地域名は、プロダクトの市場が世界全体ではなくそこにあるということをチームがピンポイントで意識せざるを得なくなるので効果的だ。レッテルのなかには、表しているコホートに多

ロサンゼルス在住の価格重視の花嫁

セグメントの特徴

30代の婚約者
ロサンゼルス在住
正社員（フルタイムで働いている）

行動

会場の候補として公園や庭園も検討している。
昼休みや週末に式のプランを練っている。
コストを下げるために妥協する気がある。
特別な滞在場所を見つけるために
Airbnbを使ったことがある。

ニーズと目標

フォーマルで中規模の式を挙げることが
夢である。
アウトドアで式を挙げたい。
経費は予算内に収める必要がある。
いちいち電話しなくても会場の詳細について
簡単に知る方法が必要である。

図3-4　ロサンゼルス在住の価格重視の花嫁というビタの暫定ペルソナ

ロサンゼルス在住のパーティ好きの花嫁

セグメントの特徴

20代の婚約者
ロサンゼルス在住
労働/中産階級
非正規雇用（フルタイムで働いていない）

行動

知り合いを増やすためにパーティに行くのが好きだ。
ヒントを得るためにPinterestをよく見る。
ビーチに行くとリラックスする。
節約のためにAirbnbを使う。

ニーズと目標

自分たちで式の費用を工面する必要がある。
ビーチで小規模な式を挙げたい。
夜通し音楽をかけるためにDJに来てほしい。
プランニングは全部オンラインで済ませたい。

図3-5　ロサンゼルス在住のパーティ好きの花嫁というエナの暫定ペルソナ

様な人々が含まれるものがあるので注意が必要になる。たとえば、「ミレニアム世代」、「ベビーブーム世代」、「大卒」、「定収入」はさまざまなタイプの人々を含む。

ほかのセクションの方がチーム内の顧客セグメントについての定義を共有する上で役に立つ場合があるので、最後にもう一度このセクションを見直すとよいかもしれない。しかし、セグメント名が得られたら、その特徴をよく表す人の写真を探そう。専門家のなかには、写真はステレオタイプを強調するということから写真を使うことに懐疑的な人もいる。クーパーは、「写真は、ナラティブ（物語）を作り、チームのほかのメンバーを引き込むときにリアルな感じを出すために役立つ」と言っている。表そうとしているものはセグメントなので、私はセグメントのさまざまな側面を反映した複数の写真のコラージュを使うとよいと思っている。

私たちのバリュープロポジションの場合、学生たちには結婚式の会場、挙式予定者、使えるほかのプランニングツールを写した写真を探してもらった。しかし、暫定ペルソナは最初の手がかりとして使うものに過ぎないので、この作業に10分以上の時間をかけてはならない。顧客インタビューを実施したら、写真は取り替えることになるだろう。

▶ **セグメントの特徴**

このグループに属する人々の重要なデモグラフィックを3つか4つの文で表現する。リサーチを実施しようとしている都市名はかならず入れ、この重要なデータポイントを検証できるようにする。性別は、解決しようとしている問題が主として特定の性別の人に感じられるものだと思うときに限り入れる。セグメントが特定の収入階層の人々を代表しており、それが妥当だと考えるなら、収入階層を入れる。

年齢グループや教育レベルにも同じことが当てはまる。

顧客インタビューでは、参加者がペルソナの特徴と一致することを確認するために、このセクションはセグメントの説明に終始すべきで、彼らの行動やニーズには触れないようにする。書いた内容は、あとのふたつのセクションのために保存しておく。

エナの最初の記述には「大学院生」という言葉が入っていたが、この限定は狭すぎるし、結婚式のためのAirbnbとは無関係だ。そこで、**【図3-5】**のよ

うに「フルタイムで働いていない」に書き直してもらった。一方、ビタの記述には「フルタイムで働いている」が入っていたが、これはターゲットセグメントにはウェディングプランニングのために使える時間があまりないことを示しており、重要な意味がある。

▶ 行動

動機と行動は、価値創造の核心だ。クレイトン・クリステンセンは、2016年にJobs to Be Done (JTBD)、あるいはジョブ理論と呼ばれる理論的な枠組みを提唱した[9]。この理論は、顧客のニーズは生活を進歩発展させるためにしなければならないジョブのようなものだという考え方を前提としている。このジョブを達成できなければ、顧客は問題を抱える。この枠組みでは、顧客の行動はジョブの発動と呼ばれ、セグメントを見定める上で欠かせない要素だ。そのため、作ろうとしているプロダクトがどのようなものでも、人々がそれを使う動機になるものは何かを理解することがきわめて重要になる。ジョブ理論を実践に移すための方法については、ジム・カルバックの優れた著書『The Jobs to Be Done Playbook』[10]を読むとよい。

ユーザーの行動について記述するときには、ユーザーの思考様式や環境について考えるようにしたい。彼らはいつどこで問題を解決しようとするのか。彼らは今どのようなツールを使っているのか。行動に影響を与えているサイコグラフィックはあるか。目標達成に役立つのでその場しのぎで使っている方法やツールはあるか。

先ほどの例 [図3-4]で、ビタは、自分が考える花嫁について価格重視で特別な場所で式をしたがっていると考えた。しかし、ある人が式のプランを考えるときに価格重視かどうか、特別な会場で結婚式を挙げたいと思っているかどうかはどのようにすれば検証できるだろうか。単純な目標ではなく、行動の記述が役に立つのはこのようなときだ。ビタは、ユーザーの行動を「コ

> **行動の記述で大切なのは、ユーザーの行動と動機の両方をどのように書くかだ。**

---

[9] Clayton Christensen, Taddy Hall, Karen Dillon, and David S. Duncan "Know Your Customers''Jobs to Be Done' (顧客の「JTBD」を知れ)," *Harvard Business Review*, September 2019, https://oreil.ly/zW3Xm

[10] Jim Kalbach, *The Jobs to Be Done Playbook: Align Your Markets, Organization, and Strategy Around Customer Need* (JTBDプレイブック：市場、組織、戦略の中心に顧客ニーズを置く), Two Waves Books, 2020.

ストを下げるために妥協する気がある」とか「特別な滞在場所を見つけるためにAirbnbを使ったことがある」という表現でユーザーの行動を記述しているが、それはこういったことが意思決定を動かすと考えているからだ。

行動の記述方法の例をほかにも挙げておこう。

- 面白い人と出会うために毎週パンクロックのライブを見に行く。
- 環境保護という理由から動物性食品を避ける。
- ドイツ語に親しむためにコンスタントにドイツ映画を見ている。

文にするか形容詞で表現するかにかかわらず、広すぎず狭すぎず検証しにくい用語にならないよう注意して言葉を選ぶことが大切だ。

▶ ニーズと目標

このセクションでは、問題を解決し、目標を達成するために顧客が何を必要としているかを説明する。それを明らかにするために、顧客がプロダクトに関連してどのような希望や夢を持っているか、最大のペインポイントを解決するためには何が必要か、今あるソリューションやその場しのぎの方法では満たされない具体的なニーズや目標は何か、今直面している限界は何か、取り組んでいるジョブは何かといった問いを投げかけてみる。

このセクションがバリュープロポジションや機能リストのようになってしまうのはよくある間違いだ。ITの仕事をしていない人は、「…のためのアプリかオンラインプラットフォームが必要だ」とか「自分のアカウントにコラボレーターを追加できるようにしたい」のような言い方はしない。「結婚式のアイデアを婚約者とシェアして彼が自分のコンピューターで見られるようにしたい」のような言い方をする。後者の言い方は人間としての実際のニーズに焦点を合わせたものになっており、さまざまな方法で解決できるものだ。B2Cプロダクトでは特に、コラボレーター機能が必要かではなく、婚約者と式のプランを練るプロセスを尋ねる方が役に立つ。

具体性が足りないのもよくある間違いだ。エナは、顧客セグメントがビーチで小規模な式を挙げたがっていると仮定している。この記述は、小規模というところをもっとうまく定義しないと（たとえば、50人以下のように）検証できない。ある人にとって小規模な結婚式がほかの人には盛大な結婚式に

なることがある。漠然としているのもよくない。「素敵な結婚式を挙げたい
か」と尋ねれば、ほとんどの人がはいと答えるだろう。婚約して幸せな気持
ちでいる人々がぞっとするような結婚式を望むだろうか。このように一般的
すぎて漠然とした文では、潜在顧客は誰かについての理解を深められない。

　このセクションは、プロダクト戦略をもっとも大きく左右する部分なので、
適切に書くことが特に大切だ。顧客の悩みに対処できるアクショナブルな記
述が望ましい。

　ニーズと目標の記述方法の例をほかにも挙げておこう。

- ロサンゼルスで開催予定のパンクロックライブの日程を簡単に把握でき
  るようにする必要がある。
- 近所のレストランのなかでおいしいビーガンの食事を提供してくれると
  ころを知る必要がある。
- 異文化を経験するためにヨーロッパに移住したい。

　暫定ペルソナに書いたことは、真か偽かが証明されるまではすべて推測に過ぎな
い。そこで、次は外に飛び出して現実の顧客を見つけ出し、実際に何を考えている
のかを知る必要がある。

3.3.4　ステップ4：暫定ペルソナとプロブレムステートメントが正しいか　　　　どうかをはっきりさせるために顧客発見プロセスを実施する

　シリコンバレーの起業家として古くから知られるスティーブ・ブランクは、2005
年に『アントレプレナーの教科書』[11]を出版した。ブランクのメソドロジーは4つ
のフェーズを軸としているが、ここでは第1フェーズの顧客発見について、またそ
れがどのようにしてUX戦略の一部になるかについてじっくりと考えてみたい。

　顧客発見は、特定のユーザーグループが抱えている既知の問題をある手法が解決
できるかどうかを発見、検証、確認するプロセスである。基本的にはユーザー調査
の実施である。しかし、単に人々を観察し、感情移入し、判断をするようなことは
避けたい。「街に出て」顧客に検証してもらうことが、リーンスタートアップのビジ
ネスアプローチと私たちの「基本要素3：検証をともなうユーザー調査」の基本だ。

---

*11　Steve Blank, *The Four Steps to the Epiphany*, K&S Ranch Press, 2005. 邦訳『アントレプレナーの教
　　　科書』翔泳社、2009年。

目標は、ユーザーが解決を必要としている個別具体的な問題を明らかにすることなので、人々の話に積極的に耳を傾けることが大切である。

これは当然すべきことのように感じるだろうが、驚くべきことに、私がいっしょに仕事をしているステークホルダーの大多数は、スタートアップであれ大企業であれ、顧客と直接話をしない。実際、リーンスタートアップ以前の企業の行動基準は、顧客と対話せずにただプロダクトを構築することだった。ステークホルダーやプロダクトチームは、映画プロデューサーのポールと同じように、自分も同じ問題を抱えているか、そういう問題を抱えている人を知っているので、自分は問題について十分理解できていると思い込んでいる。大企業レベルでは、無知、人手不足、怠惰、その他さまざまな理由が考えられる。それに対しスタートアップの創業者たちは、誰にも見せない脚本をせっせと書いている映画脚本家のようなものだ。彼らは、本物の顧客がどう思うのかが恐い。誰だって、自分の赤ん坊のことを醜いとは言われたくないものだ。

理想を言えば、顧客発見は、プロダクトチームのできる限り多くのメンバーがフィールドに出ていくコラボレーティブなプロセスにしたいところだ。コラボレーションは、プロダクトのビジョンについて有機的に合意形成するためにも役立つ。しかし、同僚が顧客インタビューをしたがらないなら、自分だけでも実施しよう。上司、クライアント、その他「ノー」と言いそうな人々の許可を待たずに、隠密のうちにするのである。実際に話を聞いてみることが、決定的に重要だ。調査から帰ったら、裏付けとなるデータがある限り、発見したことを物語風にまとめてチームと共有すればよい。誰もその話を聞きたがらないのなら、そのときこそ、プロジェクトを続けていく気になるか、今のチームでいいのか、今の会社でいいのかを考えるのである。しかし、プロジェクトを続行しなければならなくなったときのために、少なくとも外に出かけていって、プロダクトをよりよいものにするために役立つ検証可能な証拠を見つけておくことだ。自分の運命は自分で決めよう。8、9章では、そのための手っ取り早くコストのかからないテクニックを紹介する。

プロダクト製作者が自分のアイデアに過度に固執する理由についてはすでに触れた。幸い、ビタとエナは、私がインターネットで拾ってきたバリュープロポジションに感情的にのめり込んではいない。単に最初の推測が正しいかどうかをチェックすればよいだけであり、彼女たちがしようとしているのもまさにそれだ。つまり、オフィスや教室から外に出て、顧客インタビューをするということである。

●顧客インタビュー

　顧客発見フェーズのインタビューの目標は、暫定ペルソナに一致する現実の人々と話をすることだ。プロダクト製作者やIT起業家は、自分が作った最高のバリュープロポジションの美点を演説したがることが多すぎる。しかし、赤の他人にアイデアのピッチを始めると、相手はあなたからさっさと逃げ出すために「うん」とうなずくだけになりがちだ。それでは、ここで必要な検証にはならない。顧客発見は、売り込みではなく話を聞くプロセスである。

　まず、顧客だと考えている人々と直接接触できる場所を近所で2、3か所見つけておく必要がある。机の陰に隠れていては見つからない。顧客の活動や仕事のタイプから、彼らが出没しそうなところをクリエイティブに考えてみよう。じかにそういう人にめぐり会えない理由は時間的なものから地理的な制約までさまざまだ。インターネットの方が顧客セグメントに属する人々がずっと簡単に見つかる場合さえある。8章では、ユーザー調査の対象をオンラインで集める方法について詳しく説明する。

　ビタの場合、暫定ペルソナは価値を重視し、近く結婚する女性である。ビタは、自分のペルソナに一致する人々に会えそうだと考えたロサンゼルスのショッピングモールに行くことにした。最初に行ったのは、ウエストロサンゼルスのウエストサイドパビリオンだ。このモールには、赤ん坊のいる母親がショッピングをするGymboreeやbabyGapなどの子供服の店が多数ある。これは、私が考えていたのとは違っていた。ビタはウェディングドレスを買いに来た女性を探すだろうと思っていたのである。実は、ビタはブライダルショップから追い出されたためにこのアイデアを捨てていた。しかし、ビタはそんなことではくじけなかった。失敗を教訓にしてブレーンストーミングで自分のユーザーを見つけられそうな新しい場所を見つけたのである。

　ビタは、母親になったばかりの女性たちなら、家庭を築く前にたぶん結婚式をしているだろうし、ウェディングプランニングについての知恵を教えてくれるだろうと考えた。ここのショッピングモールに来る母親の子どもたちはまだとても小さいので、結婚式を挙げたのも最近のことだろう。ビタはプロにふさわしい服を着て出かけた。手にはたくさんの質問用紙をはさんだクリップ

スクリーナーとしてプロブレムステートメントの有効性（または無効性）を確かめるような質問をしてはならない。

ボードを持って。質問と質問の間には、回答を書くスペースが空けてある。赤ちゃんがベビーカーで眠っているときなど適切なタイミングを見計らい、にっこり微笑んでターゲットに近付いていった。

　顧客インタビューは、イントロダクション、スクリーナー、インタビューの3フェーズから構成される。ビタが赤ちゃんを連れた母親にアプローチしたときのセリフは、次のようなものだった。

●フェーズ1：イントロダクション

　こんにちは、私はビタといいます。あるインターネットスタートアップのためにプロダクトアイデアの調査をしています。ちょっとお時間をいただいて、ウェディングプランニングについての質問に答えていただけますか。ご協力いただいた方には、5ドルのAmazonギフト券を差し上げています。

　このイントロダクションは、声をかけた理由と相手に求めていることを手短に説明できるようにうまく作られている。最初に謝礼があることを示さずに調査対象にアプローチする方法もある。しかし、あなたは相手の時間を潰すことになるので、Amazonや近くのコーヒーショップの5ドル程度のギフトカードを提供すると言えば、相手の時間を尊重していることが伝わるはずだ。「ご協力いただいた方には」という言葉が入っているので、スクリーナーに合格していない人にインセンティブを与えるリスクは消える。「ただ、最初にお尋ねしておきたいのですが…」という言葉を入れてスクリーナーの質問をすることを相手に伝えておくことも忘れてはならない。

　相手の女性が話に付き合ってくれそうだと見ると、ビタはすぐにスクリーナーの質問に移った。

●フェーズ2：スクリーナー

　スクリーナーとは、参加者を絞り込むための1個から3個ぐらいまでの小さな質問票のことである。近づいていった相手がかならずしも調査対象として適切な人だとは限らないので、スクリーナーの質問はきわめて重要である。これらの質問の目的は、自分の暫定ペルソナに一致しない人々を対象から取り除くことである。

　たとえば、プロブレムステートメントが「LAの忙しいプロフェッショナルたちは、

大切な人にどのような贈り物を買ったらよいのかを考える時間がない」であれば、「あなたはご自分のことを忙しいプロフェッショナルだと思っていらっしゃいますか」というスクリーナーが考えられる。相手が「はい」と答えたら、さらに「最後に大切な人に贈り物を買ったのはいつですか」と尋ね、それがどの程度前なら調査の対象外にするかを決めておくのである。しかし、この質問は相手が贈り物の購入という行動を定期的に行っているかどうかを測るものになってしまっている。確かにプロブレムステートメントに沿ってはいるが、イエスかノーかを判断できる質問になっておらず、ほとんどの人が同じように答えるだろう。これでは、想定顧客セグメントのどれだけの割合が実際にこの問題を抱えているかを測れないので、調査が無意味になる。解決方法を知っている人から学ぶこともできない。

　同じプロブレムステートメントで、「大切な人にどのような贈り物を買ったらよいか困ることがありますか」のようなスクリーナーもよくない。スクリーナーは、声をかけた相手にとって立ち入った感じではないものの、回答次第でインタビューには不適切な人を見分けられるものにすべきだ。そのような質問は、逆に考えていくと作りやすいかもしれない。つまり、調査対象として適した人なら、かならず返ってくるはずの答えは何かを考えるのである。スクリーナーに何度か修正を加えなければ、適切な人を確実に選び出せない場合もある。

　ビタが実際に使ったスクリーナーは次のようなものだ。

1. 結婚されていますか？　結婚されたのはいつですか?
   - 結婚してから2年以内（質問2に続く）
   - 結婚していないか、結婚したのが3年以上前（失礼のないようにインタビューを終わらせる）

2. どちらで結婚されたのですか？　都市名でお願いします。
   - ロサンゼルス（本格的なインタビューに進む）
   - ロサンゼルス以外（失礼のないようにインタビューを終わらせる）

　ビタのペルソナから考えれば、スクリーナーの目標は、相手が最近ロサンゼルスで結婚式のプランを練ったかどうかを見分けることだ。ウェディングプランニングのプロセスについて新鮮な記憶を持つ人に話を聞きたいのである。

●フェーズ3：インタビュー

　相手がスクリーナーに合格したら、ビタは実際のインタビューに入れる。インタビューの質問は、顧客セグメントに関する一つひとつの推測が正しいかどうかを検証するためのものだ。ビタのペルソナ（[図3-4]参照）は、セグメントの特徴、行動、ニーズと目標の3セクションを通じて11個の推測を含んでいる。そこで、それらの推測が正しいかどうかがわかるような質問、誘い文句を選ばなければならない。たとえば、行動のセクションの推測「会場の候補として公園や庭園も検討している」を検証するには、会場としてどのような場所を検討したかに触れる質問が必要になる。回答者がこのタイプの場所を答えたら、この推測の正しさが確認される。しかし、公園や庭園に言及しない回答者が多数を占める場合には、最初の顧客インタビューを終えたところで、この部分はより正確なものに書き換えなければならない。

　では、ビタがどのようなインタビューをしたかを見てみよう。

1. お仕事はフルタイムですか、それともパートタイムですか？
2. ウェディングプランニングはどのように進められましたか？
    - 検討した場所と選んだ場所を聞き出すための誘い文句
    - どのようにして個々の会場を見つけ、会場についての情報を知ったかを聞き出すための誘い文句
    - インターネット、口コミなどのツール、手段を聞き出すための誘い文句
    - 仕事中、夜、週末など、プランニングをした時間を聞き出すための誘い文句
3. 結婚式はどちらかというと格式を重視したものでしたか、それとも和気あいあいなものでしたか？
4. ウェディングプランニングで妥協をしたところはありますか？ それはなぜですか？
5. 会場の予算を決めていましたか？　決めていた場合、予算の範囲内で収まりましたか？（収まらなかった場合、どれぐらい超過しましたか？）
6. 披露宴の招待客は何人ぐらいでしたか？（たとえば、50人から200人）
7. 会場を見つけるために苦労したことは何ですか？（たとえば、ビーチのような理想の場所を見つけるために……などの誘い文句）
8. 苦労したことは、どのようにして解決しましたか？ 結局妥協が必要になりましたか？

9. "Airbnb"というサイトのことを聞いたことがありますか？ 試したことは？

- はい（質問7に）

- いいえ（Airbnbのバリュープロポジションのうち、部屋の短期貸し出しという部分について手短に説明してから質問7に）

10. 結婚式専用で借りられるロサンゼルスの広い裏庭付き豪邸が多数紹介されているAirbnbのようなサイトがあったら、どう思いますか？

この一番大事な質問でインタビューを終える。ここで当初のバリュープロポジションを実際にピッチしてみたわけだ。売り込まずに感想を聞くようにしよう。ビタの質問が結論を押し付けるものではないことに注意していただきたい。回答者を好感、反感のどちらかに誘導しようとするのではなく、ただソリューションを提出してどのような反応が返ってくるかを見ているだけだ。一番大事な質問をするときには、回答者の回答の本質をとらえ、必要ならフォローアップの質問をしよう。

回答者にお礼を言い、ギフトカードを約束した場合にはそれを渡して、日常に戻ってもらおう。この顧客発見の第1ラウンドでは、スクリーナーから一番大事な質問までの完全なインタビューを10人分揃えたい。それだけあれば、複数の方向性があっても一定のパターンが見つかるはずだ。

● 二面市場

プロダクトが価値を持つためには、2種類の顧客が必要な場合はどうだろうか。二面市場とは、ふたつのまったく異なるユーザーグループの間で価値交換するためのプラットフォームのことである。二面市場は、ふたつの異なるUXを必要とするので（顧客セグメントごとにひとつずつ）、プロダクト戦略にきわめて大きな影響を及ぼす。eBayには、買い手と売り手がいる。Airbnbには、ホストとゲストがいる。Eventbriteには、イベント主催者とイベント参加者がいる。これらのプラットフォームは、異なる機能セットを通じてふたつの顧客セグメントをフリクションレスにつなげることに見事に成功している。

本物のAirbnbは、一方の顧客たち（ホスト）からもう一方のタイプの顧客たち（ゲスト）への物件の貸し出しを仲介するためのデジタルプラットフォームだ。仲介に成功すると、Airbnbは両サイドから取引額の数%を手数料として受け取る。これがピアツーピアビジネスモデル（コラボレーティブ消費とも呼ばれる）の本質であり、結婚式のためのAirbnbでもそれは変わらない。ビタとエナがお手頃価格の結

婚式場を探している挙式予定者に力を貸すためには、市場の反対側の人々、つまり自宅を結婚式のために貸し出す人々と花嫁たちを引き合わせる必要がある。

エナは、顧客発見プロセスの過程でこのことに気付いた。そこで、彼女は一歩下がってもう一方の顧客の暫定ペルソナを作った。【図3-6】はそれを示している。

彼女のバリュープロポジションを機能させるためには、この顧客セグメントも存在しなければならない。リゾート地のマリブに素敵な家を持っていて、その自宅の価値を活かす独創的な方法を喜んで試す気のある人々が必要だ。エナのペルソナが想定しているのは、おそらく挙式予定者たちよりも年上で、家がめちゃめちゃにされては困ると思っている人たちだ。

私はエナにこの暫定ペルソナをどのようにして検証するつもりかを尋ねた。このタイプの人々をどこで見つけてくるのか。ビーチ沿いの豪邸の大きなドアをノックするつもりか。そんなことをしても、誰も出てこないだろう。マリブの高級スーパーで買い物をしている人々に、自宅を貸すつもりはないかと尋ねてみるというところか。私が心配していたのは、彼女が簡単に検証できないペルソナを追い求めていたことだ。そこで、もう少し顧客発見のための活動をするようにと言って彼女を送り出した。

ロサンゼルス在住の大きな裏庭のある家の所有者

セグメントの特徴

40代後半から50代の夫婦
大きな裏庭のある家に住んでいる。
ロサンゼルス在住
自宅に住んでいる子どもがいない。

行動

AirbnbかVrboを使って家を貸し出している。
裏庭のメンテナンスに力を入れている。
チャンスを逃さないようにメールやSMSに
すぐに返事を出す。
友人を集めて裏庭でパーティを開いている。

ニーズと目標

収入を補う方法を必要としている。
広々とした物件をうまく活用したい。
物件の安全が保たれるという保証を必要としている。
Airbnbよりもお金になる形で家を貸せる
簡単な方法が欲しい。

図3-6　エナが作った結婚式会場ホストの暫定ペルソナ

次の週、エナは **[図3-7]** のような素晴らしい検証結果を持ってきた。花嫁のふり
をして、本物のAirbnbで本物のホストに接触したのである。彼女は、結婚式のた
めに自宅を貸し出すつもりがあるかを尋ねた。しかも、料金さえ尋ねてみた。それ
でわかったことだが、すでにこういうことをしている人々がいるのだ。

　Airbnbのホストたちは、すでに仕組みを曲げていた。彼らはAirbnbのビジネス
モデルやUXとはまったく別の結婚式用の料金パッケージを作っていた。エナは、
返事を読んで、ホストたちが結婚式の問い合わせに慣れていることを感じた。

こんにちは、エナさん。

お問い合わせありがとう。
私たちはあなたと招待客のみなさんに喜んで自宅をお貸ししますよ。
基本料金はひと晩1,500ドル（宿泊は6人まで）で、出席者ひとりにつき40ドルいただきます。
たとえば、出席者が50人なら、追加料金は2,000ドルです。
あと清掃料として500ドルをいただきます。
あなたはカリフォルニア出身でたぶんマリブのことはよくご存知だと思いますが、
念のためにお話ししておきましょう。
私たちの家はラコスタビーチ沿いにあります。
プライベートビーチなので一般客は入れません。
結婚式の会場としてはうってつけです。
お返事をお待ちしています。

ケイトより

図3-7　エナが自宅を結婚式に貸し出してほしいと問い合わせたところ、前向きな返答をしてきたAirbnbのホ
　　　　ストの例

3.3.5　ステップ5：学んだことに基づいて
　　　　当初のバリュープロポジションを再評価する

　以上からも明らかなように、検証をともなうユーザー調査は、時間やコストをか
けなければならないものではない。ビタの場合、推測の正しさを検証するために土
曜日を丸1日潰しただけだ。彼女は、調査の結果を **[図3-8]** のようにまとめた。

　確かに、彼女が調査したのは、スクリーナーを通過した10人だけだが、そのう
ち9人がお手頃価格の結婚式会場を見つけるのはとても大変だったと言っている。
彼女の推測が当たっていることは明らかだ。しかし、ビタはそれらの人々が結婚式
にかけたコストや招待客数についての新たなインテリジェンスも仕入れた。回答者
の70％が175人程度の客を招いていたのである。最初に考えていたよりも会場の
大きさについての情報が重要な意味を持っていることがわかり、バリュープロポジ
ションについてのビタの考えはその影響を受けた。ビタは、ターゲット顧客セグメ
ントのニーズに合う広壮な邸宅がロサンゼルスに十分あるのか疑問に感じるように
なった。ユーザー調査はリアリティのチェックになったのである。

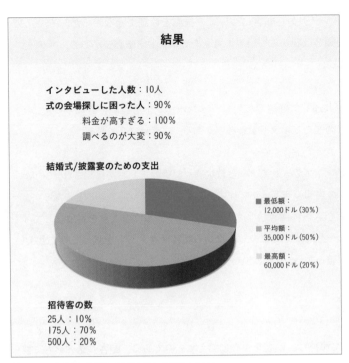

結果

インタビューした人数：10人
式の会場探しに困った人：90%
 料金が高すぎる：100%
 調べるのが大変：90%

結婚式/披露宴のための支出

■ 最低額：
12,000ドル（30%）

■ 平均額：
35,000ドル（50%）

■ 最高額：
60,000ドル（20%）

招待客の数
25人：10%
175人：70%
500人：20%

図3-8 エナが作った結婚式会場ホストの暫定ペルソナ

　対照的に、エナの顧客発見プロセスからは、結婚式のためのAirbnbのソリューションがすでにあることがわかった。それは、Airbnbそのものである。しかし、Airbnbは、ホストや花嫁が抱えるロジスティクス上のニーズに完全に応えられる設計になっていないこともわかった。たとえば、Airbnbでは、食事、駐車場、花などのウェディングプランニングで考えなければならないものに対応できない。しかし、人々（ホストも挙式予定者も）は、今のところ応急処置的なソリューションとしてAirbnbを使っている。お手頃価格の結婚式場を予約するためのその場しのぎのツールにはなるからだ。「バリューイノベーション」のクリエイティブな流れが生まれるのは、このような証拠にぶつかったときだ。

　ビタとエナのようなフィードバックが得られたら、結果は次の3つのなかのどれかであり、あなたとチームは今後進むべき道について判断を迫られる。

- 暫定ペルソナから顧客についての推測を検証できなかった。そのため、本物の顧客は誰かについての考えをピボットする必要がある。ステップ1に戻る。

- 顧客が共通して経験しているペインポイントを確認できなかった。そのため、問題をピボットする必要がある。ステップ2に戻る。

- プロブレムステートメントと暫定ペルソナの正しさが確認され、ソリューションの当初のバリュープロポジションに自信を持てることになった。ペルソナをさらに深く検証するためにもっと多くの人々を対象としてインタビューを続けてもよいし、ほかの顧客セグメントを試してみてもよい。準備が整ったら、4章に進む。

3.4 | まとめ

　優れたビジネス戦略は、顧客を中心に据えたものである。顧客セグメントや彼らの満たされていないニーズについての仮説を検証しなければならないのはそのためだ。今は、顧客発見テクニックに暫定ペルソナなどの古くからのユーザー調査ツールをマッシュアップすれば、コストをかけずにチームの方向性が正しいかどうかを検証できるようになった。知らない人に話しかけるのが怖かったり、フィールドリサーチに慣れていなかったり、要件仕様書にがんじがらめになっていたり、納期が迫っていたり、2行のビジョンステートメントが気になっていたりしても、プロダクトの構築に取り掛かる前に、将来のユーザーについてできる限り多くのことを学ぶようにしたい。いつでもその方が「'U'（君）と'ME'（私）から'ASS'（バカ）を作る」（ASSUME＝推測、当て推量）よりずっといい。

4 章

競合調査

君は正しかった。俺は道を間違えたよ。
俺たちは谷底にいた。と言ってもごく浅いものさ。
今はずっとずっと深い底だ。上がどこかさえわからない。
　　　——ソニック・ユース[*1]

　生きている実際のユーザーから強い確かな手応えが得られたら、「なぜまだこの
ソリューションが作られていないのか」を考える必要がある。顧客発見プロセスを
終えた段階のビタとエナに即して言えば、「今この問題を解決しているのは誰か、
どのようにして解決しているのか」である。あらゆることがやりつくされていると
までは言わなくても、ほとんどすべてのことは試みられている。何しろインター
ネットで流通、消費されるプロダクトは、もう25年以上もデザインされ続けてき
たのだ。競争優位を確保し、ビジネスモデルを確立するためには、実際に成功した
ものと失敗したものの知識が欠かせない。そこで、この章と次章では、「基本要素1：
ビジネス戦略」（[図4-1]参照）を深く掘り下げ、競合の評価と戦略的意思決定のため
の枠組みを作れるようにする。

＊1　　Sonic Youth, "Death Valley '69," *Bad Moon Rising*, Iridescence, 1984.

ビジネス戦略

図4-1　基本要素1：ビジネス戦略

4.1 | 教訓の手痛い学び方

　しっかりとした競合調査は、たまねぎの皮を剥いていくようなものである。剥けば剥くほどわかることが増える。自分のプロダクトビジョンに独自性がないことがわかって、泣く羽目になるかもしれない。しかし、ライバルを倒すために何が必要かは、少しでも早くわかった方がよいのではないだろうか。自分が知らないことが何かを知らないままでいれば、手痛い形でそれを学ばされるリスクにさらされる。

　例として、愛する父のことを取り上げてみよう。父は、38歳だった1976年に勇気を奮って正社員の仕事を辞めた。辞めたのはカリフォルニアでは有名なレストランチェーンの統括エリアマネージャーというポストである。父は、カリフォルニア大学ロサンゼルス校で会計学の学位を取って以来、他人のために働いてきたが、どうしても起業したかった。親友がロサンゼルスとその周辺でホットドッグスタンドを数店舗開いて成功していたので、自分もそれまでの経営管理の経験を活かせば成功できるという自信があったのだ。

　彼はすぐにノースハリウッドの洗車場の隣に売りに出ているホットドッグスタンドがあるのを見つけた。営業の様子をちょっと見て、洗車待ちの人たちでさえ、ほとんどが店に入っていかないことに気付いた。店は荒れており、店主は客に関心がないように見えた。父は、利益の出るビジネスに変身させるチャンスがあると考えて、すぐにその店を買った。

　[図4-2] は、父が店全体を塗り替え、メニューも一新し、店の経営が変わったという大きな看板を掲げたときの写真である。

　しかし、開店日に売れたホットドッグは10個にも満たなかった。しかも、カウンター全体にゴキブリが潜んでおり、父は客がいてもそれを叩き潰そうとして客を逃していた。当時、弟と私（10歳と12歳）は週末になるとホットドッグスタンドに

図4-2　自身のホットドッグスタンドの前に立つアラン・レヴィのポラロイド写真（1978年）

遊びに行っていたが、私たちでさえ父が新しい事業に向いていないことはわかった。結局、父はどんなに頑張っても立て直せないと観念した。経営管理の専門能力があっても、毎日事業をまわしていくために必要な情熱と体力が足りなかったのだ。そこで、父は店を売りに出すことにした。

　ある朝、父の「ホットドッグスタンド売ります」の広告を見て連絡してきた人がいた。彼は昼頃にホットドッグスタンドに現れ、自己紹介をした。そしてホットドッグを買い、テーブルについて、ランチタイムの様子を観察した。最初の1時間に、近所の老人ホームに住む老婦人がやってきて、ホットドッグを買った。一口食べると、彼女は「味が変よ」と言って返金を要求した。

　男性は翌日もやってきて、もう一度ランチタイムの様子を観察した。父は、彼が帰る前に、どう思ったかを尋ねた。

　男性は、強いアルメニアなまりのアクセントで答えた。「正直に言って最悪だな」。

　父は、その感想に何日も落ち込んでしまった。父は運命を受け入れ、かなり損な

価格でホットドッグスタンドを売った。これは、私たち家族にとって本当に厳しい試練だった。しかし、この経験によって父（と子どもである私たち）は大きな教訓を学んだ。

ここで学んだこと

☐ 新しいビジネスを始めるときには、あらかじめビジネスの仕組みについてできる限り学ばなければならない。夢中になるあまり、論理的思考をおろそかにしてはならない。

☐ 競合をじっくり研究しなければならない。競合のどのような部分が正しく、どのような部分が間違っているか、顧客がこちらに来る理由は何か。

☐ どうすれば立て直せるかがわからなければ負けを認めなければならない。失敗上等！しかし、前進しよう、でなければピボットだ。

4.2 │ 競合を観察して珠玉の知恵を見つける

「意思があるだけでは戦略にはならない。業界トップになろうと思うことは出発点にはなるかもしれないが、業界固有の条件のもとでこの目標を達成することの難しさがわかっていなければ戦略にはたどり着けない」とJ・-C・スペンダーは言っている[2]。競争力をつけるためには、市場に出ているもの、市場に受け入れられたものとそうでないものについての知識が必要だ。そういった知識がなければ、世に出そうとしているプロダクトが、2章で触れたブルーオーシャン市場とレッドオーシャン市場のどちらに属するかわからないのではないだろうか。生き残れる確率を上げるには、現在のデジタルソリューションがターゲット顧客のニーズにどれだけ応えているかを研究しなければならない。マーケットでのポジショニングによって自分のプロダクトがカテゴリークリエイターになれるかどうかがわかる場合がある。

競合調査がビジネス戦略の不可欠の要素になっているのはそのためだ。競合のUXとビジネスモデルの良し悪しを自分で直接知るようにしよう。徹底的に調査すれば、業界の新しいトレンド、生まれようとしている新市場、古臭いメンタルモデルの残骸についての知見が詰まった宝箱を掘り出せる。デザインの標準や注目すべきマーケティング戦術を学ぶためにも役立つ。しかし、点をつないで線を引くため

---

[2]　J.-C. Spender, *Business Strategy: Managing Uncertainty, Opportunity, and Enterprise*, Oxford University Press, 2015.

には、まず点を集める必要がある。

　自社の現在、および将来のプロダクトと他社のプロダクトの比較評価は、複雑で面倒だが持続的に進めなければならない課題である。しかし、DIYに抵抗がなければ、高くつく市場調査アナリストを雇う必要はない。独創的なビジネス戦略家で多くの著作を持つヘンリー・ミンツバーグは、「本物の戦略家は自分の手を動かしてアイデアを手に入れる。本物の戦略は、このようにして見つけた小さな珠玉の知恵を集めて組み立てられる[*3]」と述べている。

　私の経験では、包括的な競合分析は、すべてのデータをマトリックス（表）にまとめるともっとも効率よく進められる。これは、ごく当たり前の相互比較の方法だ。スプレッドシートを使えば、重要なデータポイントを集め損なうことなく、体系的に情報を集められる。マトリックス形式は、比較しなければならないことすべてをきちんと管理するために役立つ。比較マトリックスが完成すれば、さまざまな定量、定性データポイントを適切に理解して自分の現在の位置を合理的に判断できるようになる。

　私は、できる限り多くの人々（チームメンバーやステークホルダー）が簡単にアクセスできる無料のクラウドツールの方がよいと思っているので、Excelではなくスプレッドシートを使っている。大切なのは全員が最新の表にアクセスできるようにすることだ。私はこのようにして資料が見られず重要な会議で議論に入れなくなるメンバーが出ないようにしている。

　[表4-1] は、競合調査のために私がGoogleスプレッドシートで作った競合分析マトリックスの一部を表にしたものである。結婚式のためのAirbnbのバリュープロポジションのために2020年に実施した競合調査の参考資料として作ったものだ。

　「はじめに」で触れたように、https://userexperiencestrategy.comに行けば、競合分析マトリックス（Competitive Analysis Matrix）を含むUX Strategy Toolkitを入手できる。

　究極の目標は、競争優位を生み出すソリューションを作ることだ。競合分析マトリックスで競合調査を進めると、チームメンバー全員が否応なしに競合のUXの優劣に注目しながら市場の勢力図を見渡すようになる。神は細部に宿るというが、そのような細部にこそ「基本要素2：バリューイノベーションを生み出す」素地がある（この点についての詳細は6章を参照）。

[*3]　Henry Mintzberg, "The Fall and Rise of Strategic Planning（戦略的プランニングの没落と再興）," *Harvard Business Review*, January 1994, https://oreil.ly/lmcVX

競合分析マトリックス			
結婚式のためのAirbnbは、プライベート物件を結婚式の会場として掲載、賃貸するためのオンラインマーケットプレイスです。	サイトまたはアプリストアプレビューページのURL	ログイン情報	
直接競合			
Wedding Spot	https://www.wedding-spot.com	Wonderfulwedding2020@gmail.com password: Wedding2020!	
Here Comes the Guide	https://www.herecomestheguide.com	Wonderfulwedding2020@gmail.com password: Wedding2020!	
Wedgewood Weddings	https://www.wedgewoodweddings.com	Wonderfulwedding2020@gmail.com password: Wedding2020!	
間接競合			
The Knot	https://www.theknot.com	Wonderfulwedding2020@gmail.com password: Wedding2020!	
Wedding Wire	https://www.weddingwire.com	Wonderfulwedding2020@gmail.com password: Wedding2020!	
HitchBird	https://www.hitchbird.com	Wonderfulwedding2020@gmail.com password: Wedding2020!	

表4-1　スプレッドシートによる競合分析マトリックスの例

	バリュープロポジション	設立年	資金調達ラウンド	収益ストリーム
	Wedding Spotは挙式予定者が結婚式会場の検索、費用見積もり、予約をすることができるオンラインマーケットプレイスです。	2013	リードインベスター3社から2ラウンドで320万ドル（約4億8000万円）を調達	リスティング掲載料/広告
	Here Comes the Guideは、挙式予定者の皆様のために全米のブライダル業者リスティングを提供します。	1989	創業者の自己資金のみ	広告
	Wedgewood Weddingは、挙式予定者の皆様に全米40箇所以上の提携結婚式場の結婚式サービスパッケージを提供します。	1986	不明	顧客向けのすべて込みの結婚式場パッケージの料金
	The Knotは結婚式の総合サイトで、プランニングツールのほか、挙式予定者とブライダル業者（会場提供者を含む）を結びつけるビジネスプラットフォームを提供します。	1996	2005年に新規上場、2018年に現在Wedding Wireに投資しているPermira Funds と Spectrum Equityの傘下に入り、上場廃止。1999年4月15日以前にリードインベスター3社から3ラウンドで1960万ドル（約30億円）を調達	ローカル広告（地域の業者が支払うリスティング掲載料が主要な収益ストリームになっている）。全国広告。
	Wedding Wireは、婚約しているカップルと地域のウェディングプランナーを結びつけるグローバルなマーケットプレイスです。	1996	5ラウンドで3億8110万ドル（約568億円）を調達	業者広告
	HitchBirdは、世界中の挙式予定者にアジア太平洋地域のブライダル業者リスティングを提供するウェディングサイトです。	2015	2018年にシードラウンド、額は不明	広告

インプットとしてしっかりとした調査をしなければ、確かな分析はできない。これは当然のことのように感じられるが、市場を表面的に眺めただけで、性急に意思決定してしまう企業が多いことには驚かされる。私たちは、ストラテジストとして、クライアントやステークホルダーが競合調査の結果を一口サイズのアクショナブルな（行動につながる）結論にまとめるのを助け、誰でも賢明で分析的な判断を下せるようにしなければならない。これからこの部分をじっくり説明したい。説明を最後まで読めば、「知識は力なり」を実感するだろう。

UXチーム主導の競合調査の進め方

UXリーダーやUXチームメンバーが競合調査を指揮することにはさまざまなメリットがある。

▶UXのイノベーション

UXデザイナーは、本能的にどれぐらい簡単に課題を達成できるかを考える。また、インタラクションデザインパターンの変更による改良のチャンスを見つけられる。Tinderの例を思い出してみよう。このプロダクトのキモになったのは、左右へのスワイプによって意思決定を下すというUXだ。

▶効率性とドメインの専門知識

同じUXデザイナーに調査とプロダクトの製作の両方を任せた方が仕事が早く進む。彼らは、競合の分析によってどのインタラクションデザイン技法（たとえば、「オンボーディング」）が機能するかも考えられる。分類法、コンテンツ、ビジネスモデルを調べるうちに、開発テーマと業務領域（たとえば医療やモビリティなど）についても学んでいく。

▶チーム力

若手メンバーに労働集約的な調査を任せれば、UXリーダーは分析に専念できる。若手メンバーは、実地体験とメンターシップによって成長できる。そして、UXチーム全体として、市場の勢力図が頭に叩き込まれる。

4.3 │ 競合とは何か

デジタルプロダクト製作者にとって、プロダクトを送り出したり競い合ったりする市場はインターネットだ。

インターネットは市場であるばかりでなく、流通媒体でもある。このデジタルハイウェイは、プロダクトを作って送り届け、相互に働きかけ、顧客として獲得できるユーザーの数がほかのどの媒体よりも多い。テレビやラジオなどの既存媒体よりもインターネットの方がはるかに強力なのはそのためだ。

この市場には、既存の顧客と将来の顧客がすべて含まれている。顧客には、有料顧客と無料顧客がいる。課題達成のためにデジタルな形でプロダクトを操作したり楽しんだりできる限り、年齢層は限定されない。この空間で自分のプロダクトと似ているプロダクト、いや似て非なるプロダクトも含めてそういったものを提供している会社はすべて競合である。それらの競合は、インターネットを使っている40億人以上の人々というプロダクトの潜在シェアをかすめ取っていく可能性があるのだ。

とは言え、これら40億人以上がすべて潜在顧客だとは限らない（いや全部だと思うなら、今すぐ3章を読み返していただきたい）。最初からこのことを理解していれば、競合を絞りやすくなる。

4.3.1　競合のタイプ

競合とは、こちらのプロダクトチームと同じ目標を持ち、同じ結果を求めて戦っているあらゆる個人、チーム、会社のことである。新しい市場を作ろうとしている場合には、自明な競合はいないかもしれない。それでも、超大手であれ、生まれたばかりのスタートアップであれ、まだ競合だとは思っていない会社が作ったニッチ市場が近くにあるかもしれない。

直接競合とは、こちらと同じか非常に近いバリュープロポジションを現在または将来の顧客に提供している企業のことだ。たとえば、LyftはUberの直接競合である。両社は、創業以来同じ顧客のために同じ問題を本質的に同じソリューションで解決していた。タクシー業界は、Uberの配車サービスとはビジネスモデルが異なるが、やはり直接競合になる。

3章で定義した結婚式のためのAirbnbの初期バリュープロポジションは、プライベート物件を結婚式の会場として掲載、賃貸するためのオンラインマーケットプレ

イスだが、私が調査を通じて見つけた最大の直接競合はWedding Spot（[**図4-3**]）である。

Wedding Spotが最大の直接競合だと考える理由は、彼らが結婚式会場を探している挙式予定者に100%フォーカスしており、掲載されているロサンゼルスの結婚式会場（現時点で730）がもっとも多いことである。

しかも、会場を左右に並べて比較する機能や費用見積もりの透明性など、ほかの競合が提供していない優れた機能を提供している。

間接競合（indirect competitor）とはバリュープロポジションこそ異なるが、そのソリューションがこちらのターゲット顧客のニーズを何らかの形で満たせるもののことである。たとえば、公共交通機関はUberの間接競合である。公共交通機関は、Uberとは異なるソリューションで顧客の問題を解決する。

結婚式のためのAirbnbの最大の間接競合は、結婚式関連の包括的なサービスとプランニングツールを提供しているThe Knot（[**図4-4**]参照）である。The Knotのサービスには、検索、予約できる結婚式会場の膨大なコレクションが含まれている。しかし、結婚式会場のリスティング（一覧）はソリューションのごく一部に過ぎないため、間接競合に分類される。

間接競合は、顧客セグメントの問題の一部しか解決しないか、逆にバリュープロポジションの届く範囲がずっと広い。Amazon、Craiglist、Yelpなどの水平（分野横断的）マーケットプレイス、アグリゲーター（情報収集比較サイト）は間接競合になることが多い。それは、これらのサイトが膨大な顧客セグメントに膨大なソリューションを提供しているからだ。あらゆるeコマース企業にとって、オンライ

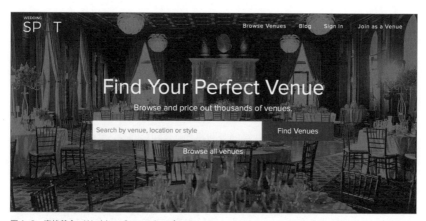

図4-3　直接競合、Wedding Spotのウェブサイト

ンショッピングの定番であるAmazonはもっとも手強い間接競合になり得る。しかし、ターゲット顧客が今ソリューションとしてAmazonを使っているからと言って、Amazonを直接競合だと思わないようにしたい。逆に、Amazonがこちらを直接競合と考えるだろうかということを自問自答しよう。おそらくそうではないはずだ。Amazonのマーケットプレイスの直接競合は、ウォルマートのようなほかの水平マーケットプレイス（多くの産業、商品を提供する市場）である。

　間接競合を探すときには、隣接する市場に注目するのもよい。こういった競合は、こちらの市場にも手を伸ばしてくることがある（たとえば、ストリーミングやコンテンツ製作に挑戦したNetflixや、食事の配達に乗り出したUberのように）。

　競合が直接か間接かがはっきりしない場合には、調査終了まで判断を保留しよう。競合の分析方法を学ぶ5章に進めば、改めて競合を正しく分類するチャンスが得られる。

　しかし、競合が直接的なものであれ間接的なものであれ、インターネットは競争の激しい市場である。調査からわかったことについて判断を下す前に、かならずすべての競合について考えるようにしよう（同じことは5章についても言える）。実際には、人々は製作者の予想を超える方法でプロダクトやプロダクトの組み合わせを使っていることが多い。あなたの仕事はそれを明らかにすることだ（エナがAirbnbで結婚式の会場を提供しているホストを発見したことを思い出そう）。

図4-4　間接競合、The Knotのウェブサイト

4.3.2　競合の見つけ方

　何が直接/間接競合になるかを知るための方法はいくつもある。顧客発見やその他の調査をしていると、ユーザーが使っているプロダクトの名前を言うことがある。ステークホルダーインタビューでは、クライアント、投資者、その他のプロダクトオーナーが意識しているプロダクトの名前を口にするだろう。彼らは、評価し、真似したいと思っているプロダクトに言及する場合もある。競合の名前を忘れないように、調査の最初の段階からそのようにして出てきた競合の名前を記録しておくことが大切だ。メモアプリ、Googleドキュメント、競合分析マトリックスなどのすぐに取り出せる場所に潜在競合のメモを残しておこう。

　ありがたいことに、今はGoogle、Bing、Yahooなど、競合調査を効果的に進めるためのウェブツールが無数にある。検索ツールのアルゴリズムは非常に複雑なので、検索結果の順序さえ、データ収集を始めるときのヒントになる場合がある。

　私は、競合を探すときにまずターゲット顧客セグメントの頭のなかについて考える。結婚式のためのAirbnbの場合なら、挙式予定者たちはどのようなキーワードで結婚式会場を探すかを考える。そして、使えるキーワードの組み合わせが見つかったら、競合分析マトリックス本体の下のセルに書き込むようにしている。

　キーワードの具体例を示そう。

- Venue booking（会場予約）
- Wedding venues（結婚式会場）
- Wedding venues near me（結婚式会場　近所）
- Wedding apps（結婚式 アプリ）
- Wedding planning apps（ウェディングプランニング アプリ）
- Wedding halls（結婚式場）

　しかし、それは手始めにやることに過ぎない。普通は、次のようなテクニックを使ってよく使われるキーワードの包括的なリストをすぐに完成させる。すると、そうでない場合よりも広い範囲の競合について考えられるようになる。

1. 自分で考え出したキーワードを出発点として、そのなかのひとつをGoogle検索してみる。キーワードを入力していくと、Googleの予測検索がそのキーワードを含むキーワード/フレーズでもっともよく使われているものを表示

する（[**図4-5**]参照）。バランスのよいキーワード/フレーズのリストが返って
くるようになるまで、さまざまなキーワードの並びを試してみる。入力する
「キーワード」が一語ではない場合には、かならずダブルクォート（"”）で囲む。
バリュープロポジションがスマホアプリ用のものでなくても、モバイルの競
合を見落とさないように、かならず「アプリ」というキーワードを入れた結
果も見てみるようにする。

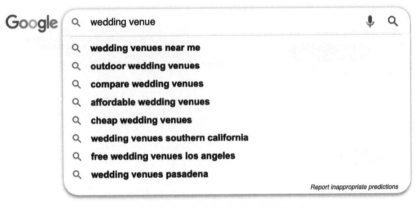

図4-5　入力されたキーワードからGoogleが提案してくるキーワード/フレーズ

2. 検索結果の最下部にある「他のキーワード」（[**図4-6**]参照）も試してみる。

図4-6　Google検索結果の最下部に表示される「他のキーワード」

3. 重要なキーワードを取りこぼさないように、Google広告の無料で使えるキーワードプランナー機能（**[図4-7]**参照）を使う。この機能は、一般にPPC（pay-per-click）広告[*4]をプランニングするときに新しい検索語を見つけるために使うものである。

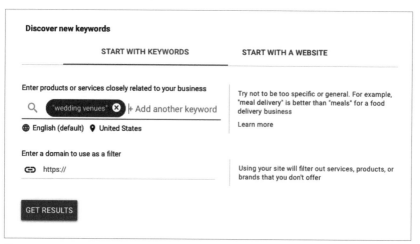

図4-7　Google広告のキーワードプランナー機能。Googleが持つキーワード/フレーズの人気度のデータにアクセスできる

　[図4-8]を見ると、Googleが関連性の高いほかのキーワードを生成していることがわかる。

　何十個ものキーワードのアイデアが得られたので（**[表4-2]**参照）、Google検索でさらに深く掘り下げて調査ができる。

4. Crunchbase Proという重量級の武器を引っ張り出すこともある。Crunchbaseは、私企業や公社のビジネス情報を調べるためのプラットフォームで、Proバージョンなら高度なツールが使え、アクセスできるデータが増える。**[図4-9]**は、"Wedding Venues"（結婚式会場）で検索して見つかった競合のリストである。

　私たちのバリュープロポジションとは関連性が低いものも含まれている。そこで、リストをざっと見て、本当の競合だと思われるものを拾いあげる。

---

*4　［監訳注］クリックされるごとに広告費が発生する広告のこと。

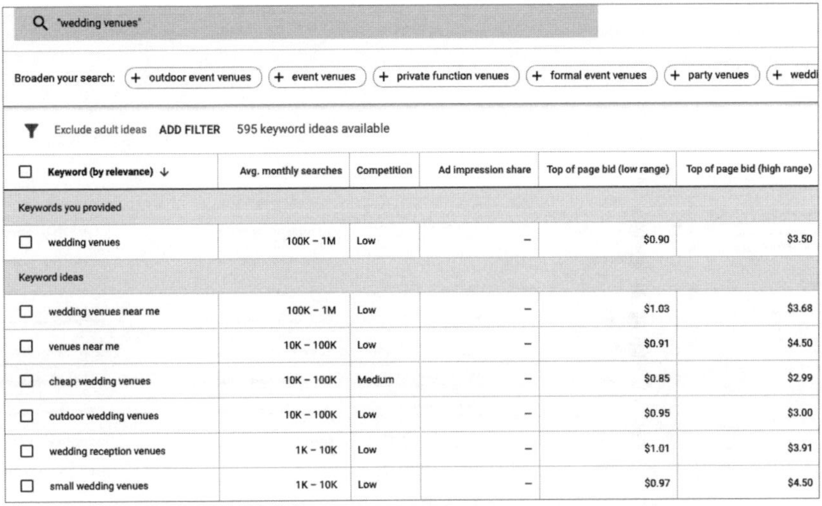

"wedding venues"

Broaden your search: + outdoor event venues + event venues + private function venues + formal event venues + party venues + weddi

Exclude adult ideas ADD FILTER 595 keyword ideas available

Keyword (by relevance)	Avg. monthly searches	Competition	Ad impression share	Top of page bid (low range)	Top of page bid (high range)
Keywords you provided					
wedding venues	100K – 1M	Low	–	$0.90	$3.50
Keyword ideas					
wedding venues near me	100K – 1M	Low	–	$1.03	$3.68
venues near me	10K – 100K	Low	–	$0.91	$4.50
cheap wedding venues	10K – 100K	Medium	–	$0.85	$2.99
outdoor wedding venues	10K – 100K	Low	–	$0.95	$3.00
wedding reception venues	1K – 10K	Low	–	$1.01	$3.91
small wedding venues	1K – 10K	Low	–	$0.97	$4.50

図4-8 Google広告の「新しいキーワードを見つける」機能が生成したキーワード候補画面の一部

Keyword Phrases Below	Keyword Phrases Below
wedding venues	wedding halls
wedding venue near me	venue booking
outdoor wedding venues	Veranstaltungsorte für Hochzeiten
affordable wedding venues	venues near me
wedding venues southern california	wedding reception venues
free wedding venues	Airbnb for Weddings
wedding venue websites	small wedding venues
wedding planning apps	Keyword phrase or word 18
wedding apps	Keyword phrase or word 19
cheap wedding venues	Keyword phrase or word 20

表4-2 競合分析マトリックスに書き込んだ結婚式のためのAirbnbの検索キーワード集

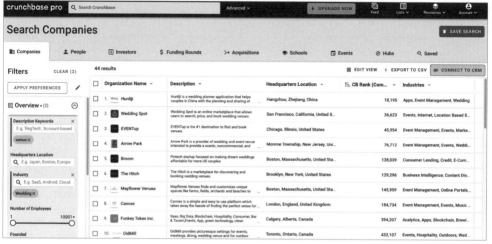

図4-9　Crunchbase Proで結婚式業界の企業を検索したときの結果画面

5. 世界の別の場所にもおそらく顧客セグメントがあり、そうするとあなたの競合もおそらくそこにいるということを忘れてはならない。これは「新しい」市場を作ろうとしていると思っているときには特に重要である。Google検索の地域と言語のフィルタを使えば、ほかの国や言語のプロダクトを見つけられるはずだ。見つからなければ、私が結婚式のためのAirbnbで使った方法を試してみるとよい。Google翻訳で「結婚式会場」(wedding venues)を外国語に翻訳させるのである(たとえば、ドイツ語なら"Veranstaltungsorte fur Hochzeiten"になる)。このキーフレーズをもとに、Google検索の基本テクニックを使ったり、このリストの先頭に戻ったりすれば、もっと多くの競合が見つかる。

　優れた検索結果からは、リスト上の潜在競合サイト以上の情報を引き出せることが多い。Mediumのようなメディアプラットフォームや専門的なブログに掲載されたエキスパートによる厳選サイト(ベスト10、トップ10など)の評価記事が見つかるはずだ。これらの記事も、競合を見つける手がかりとしてとても役に立つ。また、検索結果の先頭ページだけで満足しないようにすべきだ。少なくとも最初の5ページ(上位50個)には目を通して、埋もれているかもしれない宝を探そう。

　検索結果は、できる限り速く正確に読み取りたいところだ。ウェブ調査のプロと

アマチュアを分けるのは、プロダクトが自分の基準に合うかどうかの判断方法である。手を抜いてはならない。見落としがないように、すべてのリンクをきちんと見て評価しよう。

4.3.3　競合リストの絞り込み

　以上の作業をすると、競合リストの項目数は膨大なものになっているだろう。私が結婚式のためのAirbnbのためにさまざまなキーワードの組み合わせを検索したときには、おそらく40以上の競合が見つかった。しかし、それらがみなこちらのバリュープロポジションから見て重要な意味を持つわけではない。そこで、ここからは項目の絞り込みに入る。もう一度、競合を一つひとつチェックしよう。それぞれのリンクをクリックしてランディングページ/画面をチェックしよう。「このサイトについて」のページを読み、そのサイトのプロダクトを覗いてみよう。そして、それらが何らかの形で自分のバリュープロポジションに一致しているかどうかを判断するのである。一致する競合はリストに残し、そうでない競合は削除する。

　本物のブルーオーシャンを見つけて競合がごくわずかなら、上位5件の直接競合と間接競合を見つけよう。上位5件の競合も見つからないようであれば、多様性という観点から競合リストを組み立てよう。空間内に散らばるあらゆるタイプのプロダクトを俯瞰的に見られるようにしておきたい。

4.4 ｜ 競合分析マトリックスのデータポイントの埋め方

　競合のリストが固まったら、データ集めを始められる。まだならUX Strategy Toolkitを入手し、競合分析マトリックス（Competitive Analysis Matrix）を開こう。未入力の競合分析マトリックスは、[**表4-3**]に示すようなものになっている。

　ここからもわかるように、行はそれぞれの競合、列は競合の属性を表している（[**表4-4**]参照）。右端の「競合の立場からのSWOT」は、調査項目がすべて集まって5章に入るまで無視してよい。

競合分析マトリックス

あなたのバリュープロポジションをここに記入	サイトまたはアプリストアプレビューページのURL	ログイン情報	バリュープロポジション
直接競合			
競合会社1			
競合会社2			
競合会社3			
競合会社4			
競合会社5			
必要であれば、行を追加			
間接競合			
競合会社1			
競合会社2			
競合会社3			
競合会社4			
競合会社5			
必要であれば、行を追加			

表4-3　競合分析マトリックス（一部）

サイトまたはアプリストアプレビューページのURL	ログイン情報	バリュープロポジション	設立年	資金調達ラウンド	収益ストリーム
月間トラフィック数と順位/モバイルアプリダウンロード数	リスティング、商品、ユーザー、ポスト等の数		主要なカテゴリー		ソーシャルプラットフォーム
コンテンツの種類	パーソナライゼーション機能	コミュニティ/UGC機能	競争優位/最重要機能		地域
ヒューリスティック評価	顧客レビュー	一般的なメモ	チームまたは自分に対するメモ		競合の立場からのSWOT分析

表4-4　競合分析マトリックスの各列：競合の属性を列挙していく形になっている

これから、市場の大きさとUXの属性に基づいて個々の競合を評価し、各行を埋めていく。そのために、各列に書き込まなければならない属性について説明する。ここに挙げた属性のなかには、プロダクトによっては当てはまらないものや重要でないものもある。自分のバリュープロポジションやプロダクトに当てはまらないものは削除し、逆に必要な属性を追加しよう。大切なのは、UXとビジネスモデルの長所、短所を評価して明確にすることである。

4.4.1　競合の名前

[表4-5] に示すように、左端の列に自分のバリュープロポジションと競合他社のリストを書き込んでいこう（もしまだなら）。競合の直接、間接の分類には少し時間を使ってよい。ただし、調査を進めていくうちに、競合が直接か間接かについての評価は揺れることに注意しよう。特に、自分のバリュープロポジションが変わっていく場合はそうだ。リストは最終的に組み換えが必要になるだろうが、それについては分析に取り掛かる5章で説明する。さしあたり今は、右のデータ列を正しく集めることに力を注ぐようにしたい。

結婚式のためのAirbnbは、プライベート物件を結婚式の会場として掲載、賃貸するためのオンラインマーケットプレイスです。
直接競合
Wedding Spot
Here Comes the Guide
Wedgewood Weddings
間接競合
The Knot
Wedding Wire
HitchBird
Airbnb
Yelp（結婚式に関連するキーワードを検索できる）
WebShed
Peerspace（結婚式オプションがある）
Splacer（結婚式の受付オプションがある）
VenueBook

表4-5　行見出し：自分のバリュープロポジションの
　　　　下に競合名が並べられている

では、ここで深呼吸をしよう。これからは力仕事だ。しっかり素早くデータを転記できるようにコンディションを整えよう。調査は時間がかかることがある。入り組んだ洞窟を探検するときには、ときどき地上に戻って息を整えられるようにしておかなければならない。

1巡目は、1時間以内で各行のできる限り多くのセルに情報を書き込もう。30分のタイマーをかけて、中間点で自分の作業の状態をチェックしておきたい。調査結果は簡潔明瞭に書く。自分やほかの人がスプレッドシートを見返さなければならなくなったときに、無駄に多くの情報を読まなくても済むようにするのである。

作業中はオープンマインドを維持したい。このプロセスで自分の考えを入れてもよいのは、プロダクトが本当に競合かどうかを判断するときだけだ。

4.4.2 サイトまたはアプリストアプレビューページのURL

ここには、顧客がプロダクトへのアクセスまたは入手のために使うメインのURLを書き込む。サイトやプラットフォームの場合には、[**表4-6**]のようにサイトのアドレスを入れる。マルチプラットフォームプロダクトの場合には、サイトのURL、アプリストアのプレビューページURLなどのリストを書いてよい。情報は、どのタイプのデバイスを使っているかにかかわらず、チーム全員が簡単に参照できるようなものにしよう。次に示すのは、AppleとAndroidのWazeアプリプレビューページのリンクの例である。

▶ **Apple**
https://apps.apple.com/jp/app/id323229106

▶ **Android**
https://play.google.com/store/apps/details?id=com.waze&hl=jp

プロダクトが基本的にモバイルアプリで、デスクトップではマーケティングやサポートのためのページしかない場合、両方のプラットフォームを記入することにこだわる必要はない。スプレッドシートからサイトに簡単にアクセスできるように、URLはクリック可能なハイパーリンク形式で入れよう。

プロダクトのCXにとってウェブサイトとモバイルアプリの両方が重要なら、評価時にかならず両方が参照できるようにしたい。両者のURLを別々の行に書けば

ふたつあることがはっきりして効果的だ。

サイトまたはアプリストア プレビューページのURL
https://www.wedding-spot.com

表4-6　URLの記入例（Wedding Spot）

4.4.3　ログイン情報

　競合に勝つには、相手が何をしているのかを正確に知る必要がある。競合のUX
やセールスファネル（潜在顧客が購入に至るまでのルート）を学びたければ、自分自
身がユーザーになるのが一番だ。アカウントを作ったりアプリをダウンロードした
りしよう。[表4-7]は、情報の記入例である。

ログイン情報
wonderfulwedding2020@gmail.com password: Wedding2020!

表4-7　ログイン情報の記入例

　ログイン情報を記録しておくと、自分とチームの時間が節約できるという利点が
ある。いちいちアカウントを作ってそれらしいプロフィールを書かなくて済む。2
種類のアカウント（たとえば、買い手と売り手）が必要な二面市場を調査するとき
には特に役に立つ。しかし、新しくアカウントを作るときには、初歩的なミスを犯
さないようにしよう。チーム内で共有するID、パスワード、個人情報の選択には
細心の注意を払わなければならない。また、インターネットプロバイダーや調べた
いサイトやアプリのサービス提供契約、さらには勤務先の就労規則によっては、ソ
フトウェアを調べるためにフェイクアカウントを作ることが問題になる場合もあ
る。詳細は、SCIP Code of Ethics[5]を参照していただきたい。
　一部の企業環境や多くのB2Bプロダクトでは、連絡先を入力してセールスコー
ルできるようにしないとプロダクトにアクセスしたりデモアプリを入手したりでき
ない。また、一部の企業は、従業員がこの種の実地調査をすることを禁止していた

---

［5］　"The SCIP Code of Ethics," *SCIP*, https://oreil.ly/QpTa2

り、煩雑なリーガルチェック（法務確認）や監査プロセスを求めていたりすることがある。このような場合は、YouTubeやVimeoで一般公開されたデモ、チュートリアル、プロダクトレビューなどを探すとよいかもしれない。オンラインで入手できる以上の情報が必要なら、外部の代理店を使わなければならない場合もあるだろう。

4.4.4　バリュープロポジション

3章で説明したように、バリュープロポジションとは、企業が顧客に提供すると約束する内容のことだ。プロダクトや事業の簡単な説明である。そのため、競合が顧客や投資家にどのような説明をしているかを知ることは、チームにとってとても役に立つ。この説明には、最大の顧客セグメントを含めておくことが望ましい。

バリュープロポジション	バリュープロポジション
Wedgewood Weddingは、挙式予定者の皆様に全米40箇所以上の提携結婚式場の結婚式サービスパッケージを提供します。	Peerspaceは、プロフェッショナルと企業を結びつけてクリエイティブな空間を生み出すためのオンラインマーケットプレイスです。 Peerspaceには、挙式予定者が新しいタイプの結婚式会場を探せるようにウェディングのサブカテゴリーがあります。

表4-8　直接競合と間接競合のバリュープロポジションの記入例

この種の情報は、次のような箇所を見ると得られることが多い。

▶「企業情報」、「このサイト（アプリ）について」
競合はサイト、アプリのこの部分にバリュープロポジションを書いていることが多い。

▶ Crunchbase（場合によってはOwlerも利用）
「About（概要）」と「Details（詳細）」に会社の説明が書かれている。

▶ App StoreまたはGoogle Play
必要な情報は説明の冒頭に書かれている。

▶ **Facebook、Pinterest、Twitter、YouTubeなどのSNSのユーザー情報**
SNSのユーザー情報にも、バリュープロポジションについて記載が含まれていることがある。スタートアップを卒業した（または卒業しかかっている）企業について知りたいときには特に役に立つ。

▶ **オンライン年次報告書（株式公開企業とNPO）**
年次報告書は、株主に対する前会計年度の企業活動と財務状況の報告書である。一般に、冒頭に会社の説明が含まれている。競合の名前に「年次報告書」や「決算報告書」を付けてGoogleで検索すれば見つかる。EDGAR（Electronic Data Gathering, Analysis, and Retrieval）でも調べられる[6]。

[表4-8]は、私が見つけてきた直接競合のWedding Spotと間接競合のPeerspaceのバリュープロポジションである。目的に合わせた正確性と簡潔性を追求しているため、Wedding Spotのバリュープロポジションや発表の全体を単純にカットアンドペーストしたわけではない。関連する顧客セグメントなど、バリュープロポジションの本質的な要素を抽出している。Peerspaceなどの間接競合については、こちらのバリュープロポジションと関係がある部分を入れるようにした。このようにしなければ、一緒に作業する同僚やステークホルダーは、明らかな競合とは言えないものを調査対象に入れた理由がわからないだろう。

＊6　　James Chen, "Electronic Data Gathering, Analysis and Retrieval (EDGAR)," *Investopedia*, July 31, 2020, https://oreil.ly/rzrHv

テスト用アカウントの注意点

- 調査するすべてのプロダクトで同じID、パスワードを使うようにしよう。そうすれば、覚えるのも、チームに伝えるのもずっと楽になる。プロダクトのなかにはパスワードに大文字や数字を入れることを必須としているものがあるので、その条件に合ったパスワードを作ろう。

- 子どもの誕生日といった個人情報、自分で使っているパスワード、下品な言葉などを使ってはならない。クライアントや同僚と共有するかもしれない情報だということを考えよう。

- 個人用のFacebookその他のSNSアカウントによるシングルサインオンを使ってはならない。SNSに偽名のアカウントを作る場合、利用規約に違反していないかどうかを考えよう。違反していれば、そのアカウントはいつ削除されてもおかしくない。

- 調査対象がショッピングサイトなら、何かを買ってみよう。有料アプリと無料アプリがある場合は、有料版を買おう。ここでケチってはならない。通常は、あちこちに数百円程度をばらまくだけのことだ。チーム全体で1個のユーザーアカウントを共有する理由のひとつでもある。

- 競合についての情報は、合法、倫理的でセキュアな方法で集めるようにしよう[7]。二要素認証を必須とするなどして、セキュリティを強化してきているオンライン企業、サービスが増えてきている。仮想マシンなどの手段で隠密に競合の情報を集める方法の詳細については、セキュリティについてのブログやマイケル・バゼルの『Open Source Intelligence Techniques (オープンソースインテリジェンステクニック)』[8]などの本を参照していただきたい。

---

[7] "The Ethics of Competitive Intelligence: The Fine Line Between CI and Corporate Espionage," *LAC Group*, September 23, 2019, https://oreil.ly/F36KF

[8] Michael Bazzell, *Open Source Intelligence Techniques: Resources for Searching and Analyzing Online Information*, 7th ed., Independently published, 2019.

●設立年

競合企業の設立年またはプロダクトが発売された年である（**[表4-9]**参照）。「このサイト（アプリ）について」やCrunchbaseなど、バリュープロポジションを見つけた場所にこの情報も含まれているはずだ。市場に新しく参入してきた競合がどれで、ある程度前からの競合がどれかがわかり、分析で役に立つ。ここで例として挙げたThe Knotは、1990年代半ばからあることがわかる。つまり、ドットコムバブルの崩壊を乗り越え、このソリューションでは市場一番乗りだったわけだ。

設立年
1996年

表4-9　設立年の記入例（The Knot）

●資金調達ラウンド

資金調達ラウンドは、企業などが、営業、拡張、投資プロジェクト、買収、その他の事業上の目的で資金調達するときの個別の段階のことである（**[表4-10]**参照）[*9]。多額の資金を持つ競合には競争優位があるので、この情報は重要だ。株式公開企業は、新株発行によって増資できる。スタートアップは、家族、友人、クレジットカードなどの力を借りて自己資本で設立される場合がある。競合の資金調達や合併について疑問を感じたり情報の古さに気づいたりしたときには、会社の最近のプレスリリースをGoogle検索しよう。この情報は、Crunchbaseや競合自身のサイトでも見つかることがある。

資金調達ラウンド
リードインベスター3社から2ラウンドで 320万ドル（約4億8000万円）を調達している

表4-10　資金調達ラウンドと金額の記入例（Wedding Spot）

[*9]　"Securities Offering," *Wikipedia*, https://oreil.ly/aKEB6

●収益ストリーム

　収益ストリームは、プロダクトがどのようにして収益を生み出しているかで、ビジネスモデルの重要要素のひとつである（2章参照）。取引手数料、広告料、月額使用料、SaaS（Software as a Service）使用料、ユーザーデータとそのトレンドの他社への販売などがある。資金がなくなるまでに大企業（たとえばFAANG＝GAFA＋Netflix）に買収されることをあてにして収益ストリームを持たない会社さえある。はっきりしなくても、手がかりはかならずある。たとえば、サイトに広告が出ているか、「広告掲載のご案内」（Advertise with Us）リンクがあるかなどだ。年次報告書にこの種の情報が含まれていることもある。

　[表4-11] に示すように、The Knotにはさまざまな収益ストリームがあるが、業者がリスティングのために支払う掲載料が主要な収益ストリームだということがわかった。

収益ストリーム
ローカル広告（地域の業者が支払うリスティング掲載料が主要な収益ストリームになっている）。全国広告。レジストリー紹介手数料。eコマース（パーソナライズされたナプキン、グラスなど）

表4-11　収益ストリームの記入例（The Knot）

●月間トラフィック数/アプリダウンロード数

　競合のサイトやアプリに毎月どれだけのトラフィックがあるかという計測可能で、定量化できる属性である。

　これについての無料の情報源で現在もっとも優れているのはSimilarWeb（www.similarweb.com）だ。

　数十万ものサイト、アプリが直接計測、提供したデータ（増加中）をもとに比較情報を表示する。SimilarWebでは月間のユニークビュー数はわからないが、サイトでの平均滞在時間、訪問者がどの国からアクセスしてきたかなどがわかる。全世界、国内だけでなく、カテゴリー内でのサイトのトラフィックの状況を教えてくれるのは役に立つ。**[表4-12]** にも示したように、The Knotは月に1150万の訪問者を抱え、Weddingsカテゴリーで1位となっている。直接競合ですぐ後を追うのはWedding Wireだが、月に494万の訪問者を集めているだけであり、そもそもThe Knotの系列サイトである。

月間トラフィック数/アプリダウンロード数
月間トラフィック：1,150万ビュー カテゴリー：ライフスタイル>ウェディング 1位

表4-12　収益ストリームの記入例（The Knot）

　これよりも正確で詳しい分析が必要なら、Comscore、Alexa Internet、Ahrefs、Semrush、Quantcastが提供している有料サービスが必要になる。

　モバイルアプリでは、登録なしのSensor Towerで前月のダウンロード数がわかる。Crunchbase Proの1週間無料トライアルなら、前月のダウンロード数に加えて、月々の成長がわかる。App AnnieやSensor Towerの有料アカウントを取ればもっと詳しいデータが得られるが、会費がかなり高い。しかし、将来そういった詳細なデータを提供するマーケットインテリジェンス企業が出てくる可能性はある。

●リスティング、商品、ユーザー等の数

　このセルは、情報が入手できなかったり、バリュープロポジションから考えて不要であったりすることがあるので、オプションである。しかし、プロダクトが役に立つために必要なコア資産の状況を表すものなので、重要なセルでもある。Airbnbのリスティング、AmazonやeBayで買える商品、Tinderでマッチングの対象となるユーザープロフィール、The Knotで借りられる結婚式会場の数などがここに含まれる。間接競合の場合は、自分のプロダクトと関連性のある掲載数だけに絞り込もう（たとえば、Amazonの全商品数ではなく、Amazonで販売されている黒Tシャツ数）。競合が十分な数の商品、物件等を持っているかどうか、自分のプロダクトが市場に入り込む余地があるかどうかを評価するために役立つ。

　この数値を調べるときのポイントは、**[表4-13]**に示すように、自分のプロダクトの対象とぴったり合わせることだ。結婚式のためのAirbnbの調査では、すべての競合でロサンゼルス近郊の結婚式会場のリスティング数を調べた。それは、その方が比較評価しやすいからであり（詳細は5章で説明する）、私のバリュープロポジションが事業拡大前のパイロット都市としてロサンゼルスを使っているからでもある。

　動画共有、記事製作サイトの場合には、プラットフォーム上にある動画/記事の数を知りたい。このデータポイントは、無限スクロールのようなデザインテクニックが使われていて、次ページ以降の検索結果数のようなものが表示されない場合に

は、簡単に手に入らない。しかし、たとえ検索結果の末尾が表示されるまでクリックし続けなければならなかったとしても、この数値は調べるべきだ。

リスティング、商品、ユーザー等の数
50州の結婚式会場のリスティングあり。 ロサンゼルスは729件

表4-13　結婚式会場のリスティングの記入例

●主要なカテゴリー

　Etsyのような商品販売サイトやNetflixのようなコンテンツ提供サイトでは、それらが大きくどのように分類されているかを知る必要がある。そのような分類は（おそらく）すでにサイトがしているはずなので、ナビゲーションメニューをチェックしてみよう。The Knotのように、該当するカテゴリーがWedding planning tools（ウェディングプランニングツール）、Local vendors（地域の業者）、Wedding content（結婚関連コンテンツ）の3つで少ない場合には、**[表4-14]** のようにそれをそのままコピーすればよい。

　カテゴリーリストが長くなったり複雑になったりする場合には、AmazonやeBayのような水平マーケットプレイスかもしれない。水平マーケットプレイスでは、さまざまな市場セクターにまたがって製品、サービスを提供して広範囲の顧客のニーズを満たそうとする。それに対し、単一の市場分野（たとえば、電子機器）を対象とするのは垂直マーケットプレイスである。水平マーケットプレイスを対象とするときには、よく使われているカテゴリーを突き止める必要がある。ホームページをよく見よう。サイトが「人気」とか「ベストセラー」と宣伝しているものは何か。いずれにしても、自分と競合のバリュープロポジションとの関連性が高い重要なカテゴリーだけを入れるようにすることだ。「このサイトについて」とか「ヘルプ」のようなものを入れてはならない。

主要なカテゴリー
ウェディングプランニングツール 地域の業者 結婚関連コンテンツ

表4-14　主要なカテゴリーの記入例（The Knot）

● ソーシャルプラットフォーム

　競合ブランドはTwitter、Facebook、LinkedIn、その他のSNSに進出しているだろうか。今はほとんどの企業がアカウントを持っているが、フルに活用できているとは言えない。では、活発に使っている企業はどれで、そうでないのはどれか。[**表4-15**] は、個々の競合がソーシャルメディア戦略を持っているかどうかを判断するために調べられる定量データポイント値を示している。

ソーシャルプラットフォーム

Instagram：フォロワー16,100人、投稿1,511件、毎日更新
Pinterest：フォロワー7,000人、月間訪問者数540,400人
Facebook：フォロワー55,194人、毎日更新
Twitter：フォロワー1,266人、週に2回から4回の投稿

表4-15　ソーシャルプラットフォームの記入例（Wedding Spot）

　[**表4-15**] のWedding Spotの例に示すように、フォロワーやビューの数、認知やブランドロイヤルティを生み出すコンテンツや宣伝の投稿頻度がまとめられている。こういった情報は、Twitter、Facebook、Instagram、YouTube、Pinterest、LinkedInといった広く使われているソーシャルプラットフォームでプロダクト名を検索するだけで得られる。競合のサイトに貼ってあるSNSアイコンからクリックしてもよい。

　[**表4-15**] からは、Wedding Spotが触れられているプラットフォームでかなり活発に活動していることがわかるが、Twitterのフォロワー数は多くないことがわかる。

　競合のさまざまなソーシャルメディアアカウントをチェックしたときには、いい機会なのでフォローしてみよう。投稿をチェックしていれば、最新ニュースをすぐにキャッチできる。直接競合が頻繁に使っているハッシュタグに注目しよう。自分のプロダクトをリリースしたときに、これらのハッシュタグを使うことになるかもしれない。

● コンテンツの種類

　ここには、競合のサイトで目立っているのはどのタイプのコンテンツかを書く。テキスト、写真、動画のどれが主体になっているか、品質はどうか。リスティング、ユーザープロフィール、詳細/項目ページを保存しているなら、[**表4-16**] で私がし

ているようにそれぞれのコンテンツアセットを記録する。見やすい、読みやすいという場合にはそれも注記する。表示される情報はどの程度詳しく、わかりやすいか、統一が取れているか、ブログはあるかなども書く。

コンテンツの種類
写真、説明、地図、評価記事などが含まれた 会場提供者のリスティング
テーマ別のアドバイスブログ。テキストと写真は 会社サイト、YouTubeに数百本の動画

表4-16　コンテンツの種類の記入例 (The Knot)

●パーソナライゼーション機能

　パーソナライゼーションは、プロダクトに顧客を引き込むための機能で、プロダクトでもっとも重要な部分のひとつだ。パーソナライゼーション機能は、ユーザープロフィール、ニュースフィード、お気に入り、欲しいものリスト、保存されているショッピングカート、通知、おすすめなどである。この種の機能は顧客とのやり取りをスピードアップし、顧客満足度の向上やアクセス頻度の増加に効果がある。FacebookやLinkedInのようなソーシャルネットワークのように、パーソナライゼーションがバリューイノベーションだというプロダクトもある。

　ソーシャル/プロフェッショナルネットワーキングサイトは、現実世界のユーザーを仮想的に表現しているという立て前なので、特にパーソナライゼーション機能が

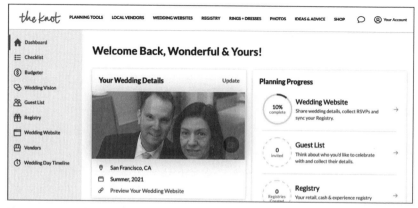

図4-10　The Knotのダッシュボード

充実している。LinkedInには、私のユーザープロフィール、職歴、直接のつながり、シェアしているアクティビティなどがある。これらは私だけのもので、私がLinkedInに留まる理由になっている。プロダクトのパーソナライゼーションに力を入れれば入れるほど、ユーザーはそのプロダクトに深入りしていく。

　パーソナライゼーション機能は、サイトの「アカウントサービス」とか「プロフィール」といった部分に行けば簡単にチェックできる。**[図4-10]** に示すように、The Knotの登録ユーザーが使える機能には、ダッシュボード、予算配分ツール、レジストリー*10、招待客リスト、ウェブサイト、業者からのメッセージ履歴などがある。

　The Knotが成功しているのは、充実したパーソナライゼーション機能のためだ。新しく婚約した人がThe Knotにアカウントを作るやいなや、ウェディングプランニングで必要なあれこれが目に飛び込んできて、The Knotのセールスファネルに引き込まれてしまう。The Knotのパーソナライゼーション機能をまとめると、**[表4-17]** のようになる。

パーソナライゼーション機能
プロフィールを作ると、パーソナライズされたウェディングダッシュボード、予算配分ツール、レジストリー、招待客リスト、ウェブサイト、業者からのメッセージ履歴といった機能を持つウェディングプランニングツールにアクセスできるようになる。

表4-17　パーソナライゼーションの記入例 (The Knot)

●ユーザー生成コンテンツ/クラウドソースデータ

　ユーザー生成コンテンツ（UGC：User Generated Contents）はユーザーが作成したコンテンツ、クラウドソースデータはユーザーアクションによって生成されたデータである。UGCもバリューイノベーションの大きな要素になり得る。Yelp、Waze、eBay、Airbnb、TinderなどのプロダクトはUGCがなければ無意味だ。

　それに対し、NetflixやTargetなどのプラットフォームは、エディトリアルコンテンツ*11、評価記事以外、UGCはほとんどない。

---

*10　[監訳注] ご祝儀やお祝いとして欲しいもののリストのこと。

*11　[監訳注] 非商業的使用目的であれば利用可能だが、商業用には使えないコンテンツ。配布元が商業目的での使用ライセンスを所有していないコンテンツであり、例えば報道用の写真に、企業のロゴや商品ロゴ、政治家など著名人物が写り込んでいる画像などがこれに相当する。

UGCとして、掲示板、オンライン会議室、レビュー、評点、プロフィール、コメント、その他プラットフォームにユーザーが投稿できるものを探そう。クラウドソースデータとしては、Twitterのハッシュタグ、Wazeの渋滞警告などがある。

[表4-18]に示すように、The Knotは複数の結婚式関連のテーマに分かれたオンライン会議室を提供している。すべての会場に対して顧客レビューが表示されるが、あまりメンテナンスされていない。何件の投稿があるか、新しい投稿があるかをチェックしよう。

コミュニティ/UGC機能

オンライン会議室は、複数の結婚式関連のテーマに分かれている。あまりメンテナンスされていない。

すべての会場に顧客レビューが表示される。

表4-18　コミュニティ/UGC機能の記入例（The Knot）

● 競争優位／最重要機能

差別化要素とは、競合にない独自性をプロダクトに与えるような際立ったUXやビジネスモデルのことである。

たとえば、オンライン靴販売のZapposは返品可というすばらしいCXを提供して名声を獲得した。

プロダクトを改良するための機能の組み合わせや、関連する機能を全部揃えたThe Knotのようなワンストップショップの提供が競争優位になることもある。また、オンラインエクスペリエンスによるオフラインエクスペリエンスの改善（およびその逆）も競争優位になる。たとえば、スターバックスはオンラインの事前注文によってリアル店舗で注文の順番待ちをしなくても済むようになり、Casperのマットレスはリアル店舗で寝心地を試した上でオンライン注文できるようになった。

[表4-19]のように、個々のプロダクトについて上位2件の差別化要素を選び、このセルに書き込もう（この例はWedding Spot）。

「このプロダクトが初めて市場に出して成功した機能はどれか」、「この独自機能は簡単にコピーできるか」、「このプロダクトの価値となっているのはアルゴリズムか、データセット（すなわち、大規模で多様なユーザーベース）か、それともその両方か」といったことを自問自答しよう。

Wedding Spotは、結婚式会場マーケットに特化した
ことが強みになっている。独自のSpot Estimate™
機能は、ユーザーが求める結婚式の情報と会場提供者
による会場情報をもとに、自動的に見積もりを生成で
きる。会場を横に並べて比較できる機能も便利だ。

表4-19　競争優位 / 最重要機能の記入例 (Wedding Spot)

●ヒューリスティック評価

　ヒューリスティック評価とは、インターフェイスデザインのユーザビリティ（使い
勝手）の問題を明らかにするための手法である。現時点では、徹底的な評価をする
時間はない。提供しようと思っているバリュープロポジションに関係のあるタスク
の達成が、どの程度楽か、あるいは面倒かに対象を絞ろう。取り入れるとよさそう
なフリクションレスのテクニック（これの詳細については6章参照）も書いておきた
い。

　[表4-20] のThe Knotの場合、プラットフォームのさまざまな機能のなかのひと
つに過ぎない会場の検索と予約だけを扱っている。

　自分のプロダクトで実現しようとしていることをするときに、競合サイトが使い
やすいかどうかをざっと評価しよう。評価したら“A”から“F”までの評点を与え、
それを最初に記入する。このテクニックが優れているのは、定性的な情報を比較可
能な値に変え、チームにとって重要なデータにできることだ。

評価＝A
披露宴会場の検索はとてもわかりやすく作られてい
る。会場リストは“Local Vendors（地域の業者）”か
らさらに移動した先に表示される。サイトは会場の位
置を自動検出し、近隣都市のリスティングも表示して
選択範囲を広げられるようになっている。フィルタの
選択肢に“Backyard（裏庭）”も含まれているが、返さ
れる結果はプライベートの別荘のような場所で、料金
は高めである。

表4-20　ヒューリスティック評価の記入例 (The Knot)

▶**企業のプレゼンテーション**

SlideShareで会社やプロダクトの名前を検索してみよう。企業情報やカンファレンスでのプレゼンテーションのパワポやPDFが入っていることがよくある。そのなかには、財務データ、新規プロジェクト、未発表のプロダクトとインターフェイスなどが含まれている可能性がある。

▶**Googleアラート**

Googleアラートでバリュープロポジションと非常に密接な関係のあるキーワードを指定してアラートを作る。結婚式のためのAirbnbの場合なら、"Affordable wedding venues in Los Angeles（ロサンゼルスのお手頃価格の結婚式会場）"になるだろう。たとえば、私は本書初版を執筆していた2014年に"Airbnb for Weddings"でアラートを設定しておいたところ、2年後に競合のWedShedのアラートが送られてきた。

▶**求人情報**

LinkedIn、CareerBuilder、Glassdoor、Indeedなどのサイトで、競合の求人情報、特にプロダクトチームとマーケティング部門のものを見てみよう。競合がミッション、企業文化、職責をどのように表現しているかを見ると役に立つことがある。

▶**有料レポート**

社内でDun&Bradstreet(D&B)、Gartner、Forrester Researchなどのデータベースへのアクセス権を持っている人を探そう。これらは、産業と企業についての調査レポートを発行している。

▶**ニュースレター、プレスリリース、新聞記事**

インターネットで一般紙と業界紙の最近の記事を検索しよう。競合のサイトで最近の開発についてのプレスリリースを探そう。また、競合のニュースレターを購読し、顧客とどのようなコミュニケーションをしているかを見てみよう。

▶**ソーシャルメディアのモニタリングツール**

競合のソーシャルメディアアカウント、ブランドイメージ、キーワード、ハッシュタグなどをまとめてモニタリングできるツールは、Hootsuite、Keyholeをはじめとして多数ある。これらのツールはあまり高価ではなく、多くが無料トライアルを提供している。

▶**Wayback Machine**

1996年にInternet Archiveが始めたウェブのデジタルアーカイブ（https://web.archive.org/）で、時間をさかのぼって過去のサイトの姿を探れる。企業、プロダクト、ブランドが時間とともにどのように発展してきたかを調べられる。

競合をスパイするずるい手段も無数にあるが、倫理的に問題があるので、私はお勧めしない。

●顧客のレビュー

プロダクト自身のサイト以外におけるプロダクトへの顧客レビューの数（数百、数千であっても）を記入する。モバイルアプリの場合は、App StoreとGoogle Playでの評価数と評点を記入する。

[**表4-21**]からもわかるように、The Knotのモバイル版は、4.8と4.7というきわめて高い評価を受けている。

しかし、ここで終わりにしてはならない。ウェブでThe Knotを検索すると、顧客サービスについての不満が無数に出てくる。ユーザーがプロダクトについて最近言っていること（良いことも悪いことも）は、読んでおいて損はない。特に、ユーザーの不満は、CXを差別化するためのアイデアの核になることがある。

競合サイトについて学べるレビューサイトは、Sitejabber.comやTrustpilot.comをはじめとして多数ある。Quora、Redditなど、ユーザーが一般に向けて意見や問題解決のアドバイスを書き込める掲示板プラットフォームにもレビューが載ることがある。最近投稿された競合のプロダクトに対するユーザーの不満を探そう。これらの潜在ペインポイントは、自分たちのチームで改善、解決できるかもしれない。ただし、ユーザーは不満のはけ口を必要としているので、良かったことよりも悪かったことを言いがちだということを忘れないようにしよう。また、競合や敵対している人々がフェイクのレビューを書くこともよくある。そこで、全部を読んで共通に言われている不満を抽出し、プロダクトを実際に最後まで使ってそれが再現、または確認されるかどうかをチェックするとよい。いずれにしても、これは競合が見落としたチャンスを発見できるよい方法である。

顧客レビュー

App Store　：評価数35,592、評点4.8/5
Google Play：評価数24,362、評点4.7/5

非常に多くの顧客と業者がSitejabber.comとTrustpilot.comで顧客サービスについて不満を書いている。

表4-21　顧客レビュー情報の記入例（The Knot）

●一般的なメモ

ここには、ほかの欄には合わない雑多な情報を書き込む。ほかに分析すべき役に立つ属性があるなら、名前ごと変えてよい。たとえば、追いかけておきたい関連ニュースのリンクや、ターゲット顧客セグメントがどのようなものかについての考えを書くというような場合である。B2Bプロダクトなら、大手のクライアント、顧客名を書くのもよい。広告やスポンサー記事がよく載るビジネス誌、業界誌を書くために使うのもよいだろう。

●チームまたは自分に対するメモ

このマトリックスは共同で作っていくドキュメントだということを忘れないようにしよう。あなたが記入したことをほかの人が読み、貴重な情報を提供してくれることがある。そこで、ここには「私の問題かもしれないが、このサイトはSafariでは動作しない」とか「スティーブ、靴を一足買って取引の流れがどうなっているかを調べてみない？」といったことを書くとよい。

●競合の立場からのSWOT分析

ここはすべての競合を調べてから書くので、今は空欄にしておく。競合を正確に比較するためには、すべてのデータを揃えておかなければならないからだ。分析のしかたは5章で説明する。

●最後にひとこと

プロダクトチームやステークホルダーは、調査プロセスから次に進むと市場から目を離してしまうことが多い。しかし、インターネットというターゲットは速いスピードで動いているので、それは大間違いだ。

市場の勢力図は絶えず変化していくので、競合調査に終わりはない。ひとつの競合が沈んでも、ふたつの新しい競合がのし上がってくる。モグラ叩きのようなものだ。たとえば、私は2020年に結婚式のためのAirbnbプラットフォームの競合調査をしたが、2022年以降の勢力図は、きっと大きく変わっているだろう。だから、あなたとチームは、いつでも競合の最新のアイデアを精査し、自分のプロダクトビジョンにどのような影響が及ぶかを即座に判断できる態勢を整えておかなければならない。

4.5 | まとめ

　開発のイテレーションを早く回し、徹底的な顧客インタビューをしたとしても、価値を生み出すプロダクトを作れる保証はない。独自性のあるものを作ろうと思うなら、競合を無視することはできない。この章では、市場を学ぶための競合調査の進め方を説明した。まず、直接競合と間接競合の見分け方を明らかにした。そして、インターネットを徹底的に検索して、参入しようとしている市場がどのようなものかを理解するために役立つさまざまな定量/定性データポイントを集めた。今度は集めたデータを分析し、UXデザインとビジネスモデルに命を吹き込む有用なインテリジェンスを抽出する番だ。複雑そうだが落ち着こう。章を改めて取り組んでいく。

5 章

競合分析

「分析」とは、科学的/非科学的な手法とプロセスを巧みに駆使して
データや情報を解釈し、意思決定者のために示唆に富んだインテリジェンスを
見つけ出した上で、彼らにアクショナブルな提案をすることである。[1]
　　　――バベット・ベンスーサン、クレイグ・フライシャー、2007年

　市場を徹底的に調査したら、断片的なミクロの情報からマクロなインテリジェン
ス、知見を引き出す作業に進む。この章では、4章で進めてきたあらゆる調査から
重要な発見を抽出するためのシステマティックなテクニックを示していく。章を読
み終える頃には、競合ベンチマーキングの進め方、業界動向の見極め方、考えたこ
ともなかったようなビジネスモデルの見つけ方がわかっているはずだ。あなたに
は、プロダクトの生き残りを第一に考える立場から、この先どのように進むべきか
を提案できるようになっていただきたい。つまり、「基本要素1：ビジネス戦略」を
立てられるようになるということだ（**[図5-1]**）。

---

[1]　Babette E. Bensoussan and Craig S. Fleisher, *Business and Competitive Analysis*, Pearson Education, 2007.

図 5-1　基本要素 1：ビジネス戦略

5.1 ｜ 大物プロデューサーのバリュープロポジション第 2 部

3 章で途中まで話したドラマに戻ろう。

我らが UX ストラテジスト、ジェイミーは、ハリウッドのある撮影所のバンガローで大物プロデューサーのポールと裕福で多忙な男性のためのショッピングサイトというアイデアについて話をしていた。

ちょうどポールがこのバリュープロポジションなら彼個人の問題も解決してくれると話していたところだ。

バンガローの中―朝

フレームにはジェイミーとポールが入っている。ポールは自信満々。ジェイミーはあれこれと聞きたいことがありそうだ。

ジェイミー　この分野に、すでに競合があるかどうかはご存知ですか？　もう同じことをしている人はいませんか？

ポールは参ったなあというように手を挙げる。彼は自分のアイデアで頭がいっぱいになっている。

ポール　妻と私でちょっと探してみましたが、このアイデアを潰せるようなものは全然見つかりませんでしたよ。

次の画面にゆっくり切り替わる。

バンガローの中―朝

2週間後、競合調査を終えたジェイミーが再びバンガローを訪れている。ポールは競合分析ブリーフを見つめている。彼は当惑し、苛立っているように見える。

ジェイミー　　私の調査と分析からもおわかりいただけるように、市場には、あなたと同じアイデアのプロダクトをすでに出していて資金もたっぷり持っている競合がすでに数社あります。

ポール　　　　ここに載っているような会社は聞いたこともないですけどね。
で、あなたはこういうのと直接競合するのはリスキーだと言いたいんですか？

ジェイミー　　いや、そうじゃなくてですね、あなたがターゲットとしてお考えの顧客についてもう少し調査すべきだと思うんですよ。そして、その人たちが今、この問題をどのように解決しているかも探ってみたいですね。

ポール　　　　私みたいにショッピングが面倒だという男がたくさんいることは、もうわかっているんですけどね。

ジェイミー　　そういう人たちに直接会って、あなたのバリュープロポジションのバリエーションをいくつか作って反応を試してみるというのはどうでしょう？

ポール　　　　まずはウェブサイトを作ってみて、なりゆきを見てみたらいいんじゃないかと思いますけどね。

ジェイミー　　競合調査で見つかったすべてのサイトをもっと詳細に見て、競合がどんな仕事をしているのかを理解してみようとは思いませんか？その作業は奥様にしていただいてもいいと思います。eコマースのビジネスモデルの問題に挑戦するほかの方法についてもいくつかご提案があるんですけど。

ポール　　　　最初のアイデアで充分行けると思うんだけどなあ。

シーン終了

ポールは明らかに競合分析の結果に満足していなかったが、満足した人もいる。誰だかわかるだろうか。ポールの奥さんだ。彼女はこのアイデアが金食い虫になるのではないかと本能的に感じていた。その不安の裏付けとなる強力なセカンドオピニオンが得られたわけだから、彼女は喜んだ。結局、映画プロデューサーのポールはこのアイデアを捨てて映画製作の仕事に戻っていった。その後、ポールからは何の連絡もない。

ここで学んだこと

☐ ステークホルダーやクライアントの競合に対する理解には常に疑いを持ち、彼らが断言したすべてのことは実証的な調査で完璧な裏付けを取るようにしなければならない。

☐ 特に当初のプロダクトビジョンやビジネスモデルにリスクがあるような場合には、分析作業の一部として推奨できる代替策も提案するようにすべきだ。結局のところ、あなたの仕事は、クライアントの夢を実現性のある戦略に転化させるためのサポートなのである。

☐ ステークホルダーやチームが言うことを額面通りに受け取ってはならない。潜在顧客が望むことを知るためには、実際に潜在顧客に当たってみることだ。

5.2 │ 分析とは何か

ポールをあきらめさせるためには、事実を示すことが必要だった。私のプレゼンテーションは、彼にとって有意義なものでなければならなかった。自分のプロダクトが市場で直面する現実を理解するために役立つものでなければならなかったのである。競合分析マトリックスの生データを見せていたら、ポールは膨大な情報をどのように消化すればよいかわからなかっただろうし、データから自分にとって都合のよい結論を導き出していただろう。4章で行った調査全体を分析し、消化しやすくアクショナブルな内容にまとめなければ、これらすべての課題をひとつの資料で達成することはできなかった。データを精査して異なるインプットの間の関係をつかむことにより、私はチームとして私たちが次に取り組むべきもっとも合理的なステップを導き出した。この場合は、顧客セグメントと問題を正しく評価するためのユーザー調査（3章参照）である。

4章で競合をていねいに精査したところなので、何がうまくいっているか、なぜうまくいっているか、成長する市場のなかで自分のプロダクトにどのようなチャン

スがあるかについてのインテリジェンスを生み出す準備はできている。すべての情報を精査し、最終的にバリューイノベーション（基本要素2）を生み出すような決定的な機能とチャンスを抽出してチームに提案するのは、UXストラテジストの仕事である。競合を大きく引き離すためには、ユーザーの選択肢を劇的に進化させる独自性のあるものを打ち出していかなければならない。スプレッドシートに飛び込み、生データを分析して、そのようなものを明らかにするのである。ただ多機能にしただけでは、顧客が最大の目標を達成するために望み、必要としている機能には到達できない。

さらに、この分析は単に機能を左右に並べて比較するようなものに留まっていてはならない。たとえば、「すべての競合がオンボーディングで行っているのがこれです」とか、「すべての競合がこの機能を持っているので、私たちも持つようにしなければなりません」といったものではいけないのである。スティーブ・ブランクは、"Death by Competitive Analysis"[2] で、「自社機能 vs. 他社機能」という形の資料を作っている会社はいずれ潰れると述べている。

単なる情報を意味のあるインテリジェンスに生まれ変わらせる作業は、競合インテリジェンス（competitive intelligence、CI）のワンステップである。『戦略と競争分析』[3] は、「競合インテリジェンスは、競合他社や競争環境についてのアクショナブルな情報を収集し、できればプランニングプロセスや意思決定に活用して、業績の向上に結びつけるためのプロセスである。CIは、兆候、事象、知覚、データをつなぎ合わせて、ビジネスと競争環境から読み取れるパターン、トレンドを明らかにする」としている。

5.3 | 競合分析のための4ステップ

競合調査が有意義な競合インテリジェンスに変化する過程を示すために、2020年に「結婚式のためのAirbnb」のために私が実施した競合調査をもう一度取り上げ、ここからどのようにして競合分析を組み立てていったかを見ていきたい。この力仕事が終わったら、主要な分析結果を競合分析ブリーフにまとめる方法を示す。完成した競合分析ブリーフは、映画プロデューサーのポールのようなクライアントに示

---

[2]　Steve Blank, "Death by Competitive Analysis（死因：競合分析），" *Steve Blank*, March 1, 2010, https://oreil.ly/_SuIP

[3]　Babette E. Bensoussan and Craig S. Fleisher, *Business and Competitive Analysis*, Pearson Education, 2007. 邦訳『戦略と競争分析：ビジネスの競争分析方法とテクニック』コロナ社、2005年。

すことになる。

次の4ステップの手順に従おう。ここからは一つひとつを詳しく説明する。

1. 各競合のデータをスキミング、スキャニング、マーキングする
2. 比較のために論理的にグループ分けをする
3. 競合のベンチマーキングとSWOT分析をする（競合分析マトリックスの最後の列の内容となる）
4. 競合分析ブリーフを作る

5.3.1　ステップ1：スキミング、スキャニング、最大値最小値などのマーキング

まず、スプレッドシートの生データの山を自分やチームにとって読みやすい形に加工し、もう一度見直すところから始めよう。できれば、加工してからいったん休憩を取って、新鮮な視点で情報を見るようにしたい。いずれにしても、分析に入る前に競合分析マトリックスの行（競合）と列（属性）を改めて頭に入れておくとよい。

●データのスキミングとスキャニング

私はそのためにスキミングとスキャニングのふたつの速読テクニックを使っている。**スキミング**とはテキストの上で素早く視線を動かしておおよその意味を読み取ることであり、**スキャニング**とは特定の対象を探しながら大量の資料に素早く目を通すことだ。私はデータ分析の過程でスキミング、スキャニングをたびたび行うが、ごまかしたり手を抜いたりするためではない。仕事の単純度、または複雑度がどの程度かを素早く見分けるためだ。スプレッドシートは5行5列か、それとも欠損値がたくさんある12行24列かのように、分析しようとしている対象の密度と網羅性を見積もり、分析にどれだけの時間がかかるかを判断する。この作業が大事なのは、分析にかけられる時間がおそらく限られるからだ。たった1行の分析のために迷路に入り込んでプロジェクトの貴重な時間を浪費するわけにはいかない。たとえば、分析すべき競合が20社あり、作業にかけられる時間が20時間しかなければ、1社の分析に使える時間は1時間だけだ。分析のための分析に陥らず、バランスの取れた全体像を得ることが目的なので、調査と分析にかける時間を制限することが大切である。

このとき不完全値や欠損値に注意しよう。あなたかどうかにかかわらず、調査者が、検討しなければならない明らかな競合を見落としていないか。月間トラフィック数とアプリのダウンロード数の列に空欄が含まれていないか。この属性は特に重要であり、分析を中断して頭を調査モードに切り替えなければならなくなれば大きな時間ロスになる。

● 未加工のデータポイントの種類

データポイントとは、個別の単位となる情報のことである。ひとつの事実、ひとつの観察結果がデータポイントになる。私たちの競合分析マトリックスでは、個々の列がデータポイントである。データポイントは、比較、評価に役立つ。データポイントは、定量データ、定性データ、その両方のいずれかから構成される（**[表5-1]**参照）。

定量データは、番号や統計データである。あるサイトにどれだけのトラフィックがあったか。取引はどれだけあったか。プラットフォームのリスティング掲載数はいくつか。数値には、計測値、取引高、有限個の選択肢などがある。定性データとは異なり、これらの数値には適用できる論理や順序がある。たとえば、スターバックスのカフェラテの定量データポイントとしては、カップのサイズ、コーヒーの温度、価格、バリスタが商品を用意する時間などがある。

定性データは、記述的、主観的なデータである。意見、反応、感情、美観、物理的形状などであり、興味深い洞察を組み立てるための素材となる。スターバックスのカフェラテの定性データポイントとしては、味、香り、クリームの泡立ちの度合い、コーヒーを作っている環境の美観、サービスの質などがある。

定量データ	定性データ
数値（計測値、データセット）	記述
計測できる	観察できるが計測できない
長さ、面積、体積、速度、時間など	意見、反応、味、外見など
客観的	主観的
構造化されている	構造化されていない

表5-1　定量データと定性データの比較

より客観的な比較のために、定性データポイントを定量データポイントに変換できることがよくある。競合に対するヒューリスティック評価に評点を加えて明確な評価システムを作るという4章で紹介した手法は重要だ。しかし、定性データの方がわかりやすいことが多いので、すべての定性データポイントを定量化する必要はない。

●マーキング

　[**表5-2**]のように重要なデータポイント、トレンド、その他のパターンがわかるように表をマーキングするのもよい。たとえば、良い属性（月間トラフィック最多など）は緑、悪い属性（月間トラフィック最少など）は赤で強調する。マーキングのルールを単純に保ち、効果的に色を使おう（本書では赤を一番濃い色、緑をやや薄い色で表現している）。このような初期段階でマーキングのルールを複雑にしても分析の役には立たない上に、データを調べたり新データを追加したりしようとして表を開いたほかのチームメンバーを混乱させることになる。分析でかならず考慮すべきことが強調されるように、マーキングは控えめに使おう。

月間トラフィック：53,5200ビュー	5州で41箇所の結婚式会場のリスティング 南カリフォルニアで14会場 カリフォルニアにフォーカスしているように見える
月間トラフィック：1,150万ビュー カテゴリー：ライフスタイル > ウェディング1位	50州の結婚式会場のリスティングあり。 ロサンゼルスは700件以上
結婚式会場	Instagram：フォロワー12,700人。 最終更新が2019年8月
ウェディングプランニングツール 地域の業者 結婚関連コンテンツ	Twitter　　：フォロワー23.3万人、毎日多数の投稿 Facebook　：フォロワー79.6万人、毎日更新 Instagram：フォロワー140万人、毎日更新 YouTube　：フォロワー18,900人、毎週動画投稿 Pinterest　：フォロワー39.7万人、ボード更新多数

表5-2　重要な調査項目をマーキングして強調する

5.3.2　ステップ2：比較のために論理的にグループ分けをする

　データの全体的な感じがつかめたら、分析の効率を上げるためにデータを少し整理する。分析対象のサイト、アプリは、論理的、関係的に共通性のあるもの同士で比較したい。つまり、りんごはりんごと、オレンジはオレンジと、生鮮食料品配達のモバイルアプリは生鮮食料品配達のモバイルアプリと比較すべきだということだ。そこで、間接競合と直接競合のカテゴリーのなかで、さらに手作業で競合をサブグループ（いわゆる「バケット」）に分類する必要がある。分類は、比較して論理的な意味があるようなものでなければならない。

　たとえば、「結婚式のためのAirbnb」には、結婚披露パーティーを含むイベントのために短期的に借りられる場所を探せるプラットフォームという同じバリュープロポジションを提供する複数の間接競合（Splacer、Peerspace、VenueBook）がある。[表5-3]は、サブグループとして使えそうなものの例である。

サブグループの例
デスクトップとモバイル
コンテンツタイプ（たとえば、eコマース、パブリッシャー、アグリゲーター）
水平マーケットプレイス（Craigslist、Amazon、eBay、Walmartなど）
垂直マーケットプレイス（ファッション、健康、銀行など）
ビジネスモデル

表5-3　サブグループの例

　直接競合か間接競合か以外に明快な分類の根拠が見つからない場合には、自分のバリュープロポジションに近い順に行を並べ替えるとよい。分類の目的は、競合に競争優位を与えているのは何かを見分けやすくすることである。共通点と差異を探すのは、特定の競合がほかの競合よりも成功している理由を正しく理解できるようにするためだ。

5.3.3 ステップ3：ベンチマーキングと競合のSWOT分析

ベンチマークという単語は、将来も標尺を同じ位置に正確に置けるようにするために測量技師が石像構造物に彫り込んだ水平線のマークに由来している[4]。**[図5-2]** に示すように、マークは水平の線の下に彫り込まれた矢印によって示されている。

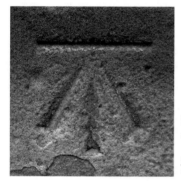

図5-2

ベンチマークの由来と言われているイギリス陸地測量部のカットマーク（BmEd. jpgファイル。クリエイティブ・コモンズ・ライセンスに基づき掲載）

ビジネスの世界の競合ベンチマーキングは、チームや企業がより正確に将来を予測できるように、他の会社、製品、サービスの主要な側面に着目して比較する。UX戦略では、競合分析マトリックスに含まれている競合同士で個々の属性を比較するところからベンチマーキングを始める。

ここで言う属性は競合分析マトリックスの各列のことであり、資金調達の状況であれ、ソーシャルプラットフォームでの活動、重要なユースケースにおけるユーザビリティであれ、個々の競合のデータポイントはすでに集めてある。これらの定量/定性データポイントがあれば、①最良のUXと劣ったUX、②成功しているビジネスモデル、③顕著な競争優位を計測、採点して明らかにすることができる。

直接競合のベンチマーキングでは、プロダクト間で互角の競争になっている属性を見つけたい。チームがバリュープロポジションを世に送り出すときに、未来の顧客が当然と考えている最低線を探すのである。たとえば、結婚式のためのAirbnbの競合分析では、決定的に重要な指標であるロサンゼルスで紹介できる会場数のベンチマーキングをした（The Knotが700以上、Wedding Spotが700以上、Here Comes the Guideが100以上）。

---

[4]　"Benchmark (surveying)," *Wikipedia*, https://oreil.ly/dQoDk. 日本語版記事はhttps://ja.wikipedia.org/wiki/水準点

しかし、もっと深く掘り下げよう。顧客たちは、商品/リスティングの詳細ページに写真、動画、透明性の高い価格、レビューがあるのを当然だと思っているか。もっとも人気の高い競合は、すべてをうまくこなしているのか、それともほかの理由で人気をつかんでいるのか。もっともイノベーティブでダウンロード/トラフィックが多いプラットフォーム/アプリを抱えている会社は、資金が豊富でもビジネスモデルが不明確だということはないか。シェアが大きい、自分たちのターゲット顧客のニーズにすでに応えている、プロダクトがよくできている、すぐに規模を拡大できるだけのふんだんな資金があるといった脅威となる競合を明らかにしよう。

間接競合のベンチマーキングでは、自分たちが解決しようとしている問題をそれらのプロダクトがどのような方法で解決しているかを分析する。たとえば、結婚式のためのAirbnbの競争分析では、結婚式会場だけの検索が簡単かどうか、結婚式会場として表示されるものが適切かどうかをベンチマーキングした。結婚式のためのAirbnbが式と披露宴の会場探しに特化するなら、特化しただけのメリットがなければならないだけに、これらのデータポイントは重要になる。

探すべきものは、市場のトレンド、標準、差異、ルックアンドフィールの全体的なセンスだ。ひとつの垂直市場に属する多くのサイトで、同じまずいデザインが共通に使われていることに気づくことがよくある。どのサイトも同じようにダメなのはなぜかと不思議に感じるかもしれない。これは、すべての競合が気づかないでいる特別に役立つ機能のことをあなたが気づいていて、それがあなたのバリューイノベーションのポイントになるかもしれないということだ（詳細は6章参照）。以前は明らかになっていなかった問題点について学べることもある。彼らはコンテンツ、トラフィック、パーソナライゼーションに現れた兆候を見落としたのだろうか。それとも、ブラウズや検索がしにくいのだろうか。原因を突き止めよう。競合をベンチマーキングすると、競合プロダクトの最良のUXやビジネスモデルを刷新または最適化して価値を生み出すチャンスが見つかる。競合分析ブリーフに提案として入れられるかもしれないので、こういった宝の山に化けそうなものはぜひ掘り出しておきたい。

●競合分析マトリックスのSWOT分析列の記入

　競合分析マトリックスのSWOT分析の列に今まで書き込むのを待っていたのは、バリュープロポジションが直面する市場の勢力図についてできる限り多くのデータを集めなければならなかったからだ。けれどもやっとこの列を書く準備が整った。

　SWOT分析は、企業の市場における地位を把握するために広く使われている戦略立案ツールである。SWOTは、Strength（強み）、Weakness（弱点）、Opportunity（チャンス）、Threat（脅威）の頭字語で、分析結果は一般に2×2のマトリックスにまとめられる（[**図5-4**]参照）。起源についてはまだ論争があるが、一般にこのテクニックはアルバート・ハンフリーが考え出したものだとされている。ハンフリーは、1960年代にスタンフォード研究所でアメリカのトップ企業のデータを分析していた人物である。

Strength（強み）	Weakness（弱点）
競合に対する競争優位となる 企業自身の特徴	競合と比べて不利な原因となる 企業自身の特徴

Opportunity（チャンス）	Threat（脅威）
収益性を引き上げる戦略の立案、 実現を可能にする外部環境の要素	事業の完全性、収益性を危機にさらす 恐れのある外部環境の要素

図5-3　SWOT分析

　この手法は、ステークホルダーたちがビジネス戦略について決定的な判断を下す前に、コラボレーティブにブレーンストーミングを行うという自己評価の枠組みだという点で、概念的には2章で取り上げたビジネスモデルキャンバスと似ている。とは言え、存在しないプロダクトや事業のSWOT分析をすれば、空想の世界に入ることになる。競合を競合の立場から評価するためにSWOT分析を使う方が有意義なのはそのためである。そうすれば、あなたとチームは自分たちのバリュープロポジションとの比較で、競合が市場で占める位置がどこなのかをよりよく理解できる。自分ひとりでするか、チームメンバーとコラボレーティブに進めるかにかかわらず、今ここでSWOT分析を使うのはそのためだ。

　では、一つひとつの競合について、競合分析マトリックスのSWOT分析列を書き込んでいこう。集めてきたすべてのデータポイントを評価し（特に緑と赤でマー

キングしたものに注目する)、一度に1行ずつ作業を進める。ステークホルダーが読む内容がこの列だけなら、調査、分析の成果のうち彼らが知るべきものはすべて取り込む必要がある。個々の競合の強み、弱点、活用してきたチャンス、潜在脅威になっている外部環境の要素(たとえば、政府による規制など)の有無をひとつにまとめるようにする。

競合のUXと自分のバリュープロポジションに関連した内容に重点を置こう。すると、間接競合では、事業とプロダクトの一部だけの分析になる場合がある。たとえば、家具販売のサイトを作っており、Amazonが間接競合になるとした場合、Amazon全体ではなく、家具販売の部分だけを分析することになる。

強みでは、競合がしていることのなかでも特に優れていることに重点を置くようにする。弱点では、自分たちのターゲット顧客が競合のソリューションではうまくできないことを示す。結婚式のためのAibnbの場合、直接競合(Wedding Spot)のSWOT分析([表5-4]参照)は、同サイトが会場の膨大なリスティングを蓄積するとともに、比較ツールを備え、費用の透明性を重視して予算内の会場を適切に絞り込める強固な検索メカニズムを持っていることを示している。

それに対し、The KnotのSWOT分析([表5-5]参照)を見ると、包括的なウェディングプランニングツールはあるのに、すべての関連業者に見積もりを問い合わせなければならないため、作業に時間がかかるという弱点がある。The KnotとWedding Spotは、プレミアムプランを提供するというビジネスチャンスを持っているが、今のところどちらもプレミアムプランの提供には乗り出していない。

そして、主要な収益ストリームがオンライン広告だということには、プライバシー上の懸念からオンライン広告をクリックしない消費者が多数派になりつつあるという脅威がある。以上からもわかるように、競合の強みとチャンスは、自分たちのバリュープロポジションの脅威になる場合がある。それに対し、競合の弱点と脅威は、自分たちのチャンスになる場合がある。

●強み

プロダクトの機能：

Spot Estimate(会場費用見積もり)機能は、結婚式費用の透明性を上げる。会場を左右に並べての比較は、会場調査の初期段階でのUXを上げる。Wedding Spotは、費用見積もりツールを提供することによって、ユーザーのプラットフォームに対する信頼を築き、会場側が費用面で折り合えない見込み顧客に応対するために浪費する時間を削減する。

●弱点

ユーザーエクスペリエンス：

Wedding Spotは二面市場であり、Wedding Spot自身が会場料金を決められるわけではないので、実際のニーズに基づいて最終的な見積額を知るためには、ユーザーが会場に問い合わせなければならない。その分、費用見積もりツールのUXは下がる。

ブランディング：

Wedding Spotのブランディングには、人間の手がかけられていないところがある。サイトの写真やコピーの選択を見ると、挙式予定者よりも会場側に合わせているような感じがする。

●チャンス

新しい顧客セグメント：

Wedding Spotには、蓄積した結婚式場資源を活用して、追加料金のことを心配せずに、行き届いたプロ品質の結婚式を望む顧客セグメントに結婚式のプレミアムプランを提供するチャンスがある。

●脅威

規制：

オンライン広告は規制強化の脅威に直面しており、消費者は広告と実際の検索結果の違いに気づき始めている。Wedding Spotは、現在のビジネスモデルに将来性があるかどうかを真剣に考えなければならないだろう。

表5-4　直接競合の分析例(Wedding Spot)

●競合リストの最後の並べ替え

　ここまで来れば、競合間の微妙な違いが見えてきているだろう。属性のベンチマーキングはした。各競合の強みと弱点も明らかにした。独自性のあるプロダクトを作っている競合と類似品を作ってレッドオーシャンを漂う競合の区別もつく。競合がしていないことが何かもわかっている。リチャード・ルメルト教授が言うように、「戦略は、組織が何をしているかと少なくとも同じ程度に何をしていないかを扱わなければならない[*5]」。ナンバーワン、ナンバーツーの競合がどれか、市場内での競争ではほかのプロダクトに大きく後れを取っているものの、見事な仕事をし

＊5　Richard Rumelt, *Good Strategy Bad Strategy: The Difference and Why It Matters*, Crown Business, 2011. 邦訳『良い戦略、悪い戦略』日本経済新聞出版、2012年。

The Knot

● 強み
プロダクトの機能：

The Knotは、これから挙式しようとしているカップル、特に新婦が、結婚準備で必要なあらゆるステップを網羅する包括的なウェディングプランニングツールを提供している。この包括性がユーザー確保の決定的な要因となっている。便利であるため、ユーザーはここから直接会場や業者を探して契約し、情報が自動的に1か所に集まるようにしようという気になる。また、ユーザーが会場と直接チャットできるようにしてあるので、ITに強いユーザーは効率よくコミュニケーションが取れる。

ビジネスモデル：

サイトへのトラフィックと顧客基盤が最大で広告を出してもらいやすい。広告収益というビジネスモデルは、成長を支える十分な収益をもたらしている。

● 弱点
提供していない顧客セグメント：

The Knotは、挙式予定者に包括的な顧客サービスを提供しておらず、ウェディングマネージャーを契約できるようになっていない。そのため、The Knotでサービスを選択すると、自分ですべてを管理し、すべての業者と交渉しなければならない。これでは面倒なことを考えたくないユーザーには向かない。しかも、会場を含むすべての業者にユーザーが自分で見積もりを問い合わせなければならない。

● チャンス
新しい顧客セグメント：

Wedding Spotには、蓄積した結婚式場情報を活用して、追加料金のことを心配せずに行き届いたプロ品質の結婚式を望む顧客セグメントに結婚式のプレミアムプランを提供するチャンスがある。

● 脅威
規制：

オンライン広告は規制強化の脅威に直面しており、消費者は広告と実際の検索結果の違いに気づき始めている。The Knotは、現在のビジネスモデルに将来性があるかどうかを真剣に考えなければならないだろう。

表5-5　間接競合の分析例（The Knot）

ている競合がどれかも言えるはずだ。そこで、最終ステップに移る前に、競合分析マトリックスの直接競合リストと間接競合リストのそれぞれについて、大きな脅威と言える競合ほど上位になるように並べ替えをしよう。

　分析欄では、競合についてはっきりと簡潔にまとめるようにしよう。チームやステークホルダーは、競合分析マトリックスの生データを見られる場合でも、時間がないとか、そもそもそんな気がないという理由でじっくり見ないかもしれないので、分析欄が重要になる。目標は、左側の列に含まれている重要なポイントをすべて抽出して分析欄に注ぎ込むことだ。そして、目立つようにこの列を黄色でマーキングしよう。

5.3.4　ステップ4：競合分析ブリーフを作る

　競合分析マトリックスによる分析の最終目標は、わかったことを抽出して、提案の根拠を説明するレポートやプレゼンテーションに盛り込むことだ。競合分析ブリーフは、あなたの競合分析の結果と今後の方向性についての提案を読みやすくまとめたものである。クライアントやステークホルダーがあなたの調査の結論として得るものがこれだ。

　競合分析ブリーフを作る前に、スプレッドシートから目を離す時間を作ろう。細部からズームアウトし、大局的な視野から全体構造をじっくりと考えるのである。まず第1に市場についての次の問いに答えられるようにしなければならない。

- 同じようなバリュープロポジションをすでに提供している競合はどこか。それらのプロダクトはどのように成功しているか。そして/またはどのようなところで失敗しているか。

- 自分たちの顧客セグメント（検証済みペルソナによるもの）に直接アピールしている競合はどこか。その競合は、ユーザーが気に入るような機能、表示、コンテンツとしてどのようなものを提供しているか。

- どのプロダクトがもっとも優れたUXとビジネスモデルを提供しているか。本物の独自性を持っているのはどれか。

　第2に、レポートでは、市場にあなたのプロダクトが入り込む十分な余地があるかどうかに触れる必要がある。どのようなチャンスがあるか。どのような隙間を埋められるか。競合の調査と分析によって、あなたとチームに起業というごくまれなチャンスがあることがわかった場合、あなたのプロダクトは次の3種類のなかのどれかに分類されるはずだ。

- 何か独自のものを市場に初めて持ち込んでいる。たとえば、Tinderはスワイプジェスチャーと位置情報でフィルタリングできる短いプロフィールでオンラインマッチングアプリのUXを一新した。

- 従来よりも時間やコスト（またはその両方）を節約できる方法を提供する。たとえば、Citymapperは、公共交通オープンデータを活用して最適な移動ルートを示し、車を運転しなくても済むようにしている。

- ふたつの異なる顧客セグメントに同時に価値を提供する。たとえば、Airbnbはホストとゲスト、Eventbriteはイベントの主催者と参加者という2種類の顧客に価値を提供している。

　どれに分類されたとしても、2章で取り上げたブルーオーシャンを見つけたということだ。W・チャン・キムとレネ・モボルニュの『ブルー・オーシャン戦略』[*6]の中心テーマは、競合がいないため、そもそも競争がない市場だ。ブルーオーシャンには、まだ満たされていないニーズを持つ顧客がたくさんいる。それに対し、レッドオーシャンは、魚を奪い合うサメがうようよしている市場である。競合分析ブリーフを書く前に、プロダクトがブルー、レッド、またはその間にあるパープルオーシャンのどれにいるのかを把握できていなければならない。つまり、UXストラテジストの目標は勝算があるかどうかを判定することであり、判定するときには調査でわかったチャンスに言及する必要がある。

図5-4　赤と青が混ざったパープルオーシャン

---

*6　W. Chan Kim, Renée Mauborgne, *Blue Ocean Strategy*, Harvard Business School Press, 2005. 邦訳『ブルー・オーシャン戦略：競争のない世界を創造する』ランダムハウス講談社、2005年。

競合分析ブリーフは、旧来のA4サイズで文章のみのレポートとして作られることがあるが、それでは難解で威圧的な感じがしてステークホルダーたちは読みたがらないことが多い。そこで、私はプレゼンテーション形式を使うようにしている。この形式にすると、ストラテジストは否応なしに話を簡潔にせざるを得なくなる。プレゼンテーション形式なら、リモート/オンサイト会議でまず見せてから、配布物として配ることもできる。

5.3.5　競合分析ブリーフの要素

何年も前からこの種のものを見たり配布したりしてきて感じたのだが、競合分析ブリーフには欠かせない構成要素がある。これから競合分析ブリーフの例を説明していくが、それを読めば何を入れるべきかの感じがつかめるだろう。会議でプレゼンテーションするため、文章を減らし、多数のスライドに分割すべきだ。

アウトラインは次のようになる。最初にそれぞれのセクションのために空のスライドを用意して基本構造を作り、作業の進行とともに内容を埋めていくとよいだろう。

1. タイトルスライド（1枚）
2. イントロダクション（1枚）
3. 最大の脅威となる競合（1枚）
4. 直接競合（2、3枚）
5. 間接競合（2、3枚）
6. 現在の市場の状況（1枚）
7. チャンスと提案（1枚）

これは発見したことをプレゼンテーションするための枠組みのひとつに過ぎない。自分が置かれた状況にもっとも合う枠組みでコンテンツを作るようにしていただきたい。

●スライド1：タイトル

　優れたタイトルスライドは、資金獲得を目指すスタートアップのピッチスライド
と同様に、情報を最小限に絞り込んで示す。**[図5-5]**のようにイメージを掻き立て
る写真を入れてもよい。

1. プロダクトの名前（またはコードネーム）
2. 「競合分析」または「オンライン市場競合分析」というタイトル
3. 日付
4. 作成者（企業または個人）の名前、ロゴ

図5-5　競合分析ブリーフのタイトルのスライド

●スライド2：イントロダクション

　イントロダクションではブリーフの目標を示して、（a）ブリーフを読み、（b）オー
プンマインドで評価する方向にステークホルダーたちを導きたい。このページは、
適切なものにするために何度か書き直さなければならないかもしれない。しかし、
これからの説明でフレームワークを示すので、ささっとまとめてあとで書き直すと
いうことに尻込みしないようにしよう。スペースがあってビジュアルを増やしたい
と思うなら、典型的な検証済みペルソナを表す写真を入れるとよい。

▶ 第1段落：話のお膳立てをする

参考のために先に[**図5-6**]を見ていただきたい。スライドの第1段落は次のように分解できる。

[**プロブレムステートメント**]。[当初のバリュープロポジション]が[肯定的形容詞]バリュープロポジションに感じられるのはそのためだ。[〜年〜月]、[自分の名前または所属社名]は、[ターゲット顧客セグメント]が[ソリューション]を見つけるために役立っているオンラインの競合を中心として、[市場またはセクター]の競合分析を行った。

何の話題かについて混乱を招かないように、プロブレムステートメントと当初のバリュープロポジションは明確に書くようにしよう。また、分析は時間の切片を取り出したものであり、市場の勢力図の変化とともに陳腐化するので、調査を実施した年月を入れることを忘れてはならない。

イントロダクション

ロサンゼルス在住の結婚を控えた女性たちは、挙式に使えるお手頃価格の会場探しに苦労している。「結婚式のためのAirbnb」というコンセプトが興味をそそられるバリュープロポジションに感じられるのはそのためだ。2020年11月、JaimeLevy.comは、さまざまなウェディングプランや結婚式会場を見つけるために挙式を控えた女性たちの役に立っているオンラインの競合をを中心として、ブライダル産業の競合分析を行った。

直接競合の**Wedding Spot**、**Wedgewood Weddings**、**Here Comes The Guide**は、結婚式会場の探索と予約にフォーカスしている。間接競合は、ブライダル業者探し（**Yelp**）、短期間のイベントスペース探し（**Peerspace**、**Splacer**、**VenuBook**）、ウェディングプランニングサービス提供（**The Knot**）のプラットフォームになっている。

図5-6 競合分析ブリーフのイントロダクションのスライド

▶ 第2段落：現在の市場の状況について、一般的な説明をする

ここで論述の基調を確立する。つまり競合分析から明らかになった市場の現況を述べる。「結婚式の会場探しができるオンラインの競合は無数にある」とか「ブライダルセクターはこれらのグループに大きく分かれている」といったことを言えばよい。サブグループがある場合には、グループ分けの論理的根拠の説明も入れたい。少なくとも、調査したすべての競合の名前を挙げ、それらを直接競合と間接競合に分類すべきだ。ここで言ってはならないのは、調査から得た主要な発見と提案である。結論は、これから作る証拠のスライドを積み上げていく形で示さなければならない。

● スライド3：最大の脅威となる競合

このスライドからは、提案の論拠を築いていく。チャンスがどこにあるかをブレインストーミングするために、ここですべてのSWOT分析をしっかりと見直すべきだ。

耳の痛い話から始めよう。ここでは、直接競合か間接競合かにかかわらず、2、3社以内の競合にスポットライトを当てる。このスライドに競合のバリュープロポジションをそのままコピペしてはならない。自分たちのバリュープロポジションに関連して競合の競争優位が明らかになる内容を2文以下で書く。脅威はそこにあるのだ。内容としてはさまざまなものが考えられる。豊富な資金、大きな市場占有率、高度にイノベーティブな機能、成功しているビジネスモデルなどだ。この情報はすべて競合分析マトリックスに含まれているはずなので、それをまとめてここに書けばよい。

結婚式のためのAirbnbでは、トラフィックが最多でブランド認知度がもっとも高く、最良の会場検索機能を持っている2社を選んだ（[図5-7]参照）。

説明の上か下に会社のロゴやアプリのアイコン（競合がすべてモバイルアプリなら）を入れてよい。競合のスクリーンショットは画面が散らかるのでこのスライドに入れてはならない。スクリーンショットは、競合の詳細を説明するスライドに載せる。

直接競合のWedding Spotは、
挙式予定者が結婚式会場の検索、
費用見積もり、予約を簡単にできる
最強の発見、比較メカニズムを備えている。

間接競合のThe Knotは、
もっとも知名度が高く、よくできた
ウェディングプランニングツールを持っている。
このツールにより、ユーザーは、
このプラットフォームの数千の業者を抱える
エコシステムで式場探しもしようという方向に
誘導される。

図5-7　脅威となる競合の概要のスライド

●スライド4a、b、c…：直接競合の詳細

　次のスライドでは、直接競合について詳しく説明する。どの競合を選ぶかは、そのバリュープロポジションのどの部分がブリーフの末尾で示す主要な発見と提案の重要な論拠になるかによって決める。この情報も、競合分析マトリックス、特にSWOT分析列に含まれているはずだ。最大の脅威となる競合から始め、それほどでもないものに続けていく。

　個々の競合について、以下の詳細情報を入れるようにする（[**図5-8**]参照）。

1. タイトルかロゴ。両方でもよい。
2. バリュープロポジション
3. 競合分析マトリックスのSWOT分析列の「強み」の部分か緑でマーキングされたUX/ビジネス戦略の列からまとめた3個の長所。
4. 競合分析マトリックスのSWOT分析列の「弱点」の部分か赤でマーキングされたUX/ビジネス戦略の列からまとめた3個の短所。
5. 長所、短所を具体的に示すプロダクトのスクリーンショット（1、2枚）。可能なら、長所、短所の説明と該当箇所を線で結びたい。自分たちのソリューションでも採用を検討すべきだと考える機能やレイアウトを強調表示しよう。自分たちのソリューションで改良できるチャンスだと思う競合の弱点も

図5-8　直接競合の詳細のスライド（Wedding Spot）

強調表示してよい。

6. 競合ベンチマーキングとして少なくとも2、3個の重要なデータポイント。結婚式のためのAirbnbでは、獲得資金、ロサンゼルスでのリスティング数、月間トラフィックを示した。これらのデータポイントは、読者が比較しやすいように、同じような位置に配置したり、アイコンを使ったりして示そう。

結婚式のためのAirbnbでは、個々の直接競合を独立したスライドで取り上げた。どのスライドも同じレイアウトになっている。3つの直接競合として選んだのは、Wedding Spot、Here Comes the Guide、Wedgewood Weddingである。

● スライド5a、b、c…：間接競合の詳細

次のスライドでは、間接競合から学んだことを伝える。間接競合が多数ある場合には、論理的なグループ分けで絞り込もう（ステップ2参照）。ほかのプロダクトが自分たちの顧客のニーズを満足させている方法の違いに重点を置いて、多くても3枚以内のスライドにまとめることを目指す。

詳細情報の内容は、直接競合のスライドに入れたものから考えればよいが、大切なのは、自分たちのバリュープロポジションから見て間接競合がしていることの是非をはっきり示すことだ。だから、特に水平マーケットプレイスやアグリゲーター

図5-9　間接競合の詳細のスライド（Yelp）

では、獲得資金、リスティング数、トラフィックといったデータポイントはいらないかもしれない。プロダクトチームが間接競合を意識し、場合によっては触発されるように、競合のあれこれの関連画面と属性を示すようにしよう。

　このブリーフでは、間接競合のスライドは、顧客のニーズを満たせていない重要なポイントを話題にするために使っている。先ほども触れたが、私はブリーフの最後で示す私の結論の論拠を明らかにするためにスライドを構成している。Yelpに専用のスライドを用意したのもそのためだ。私たちの顧客セグメントは、結婚式会場やその他の関連業者を探すために、まず誰もが考えるこのYelpというプラットフォームに行くだろう。[**図5-9**]では、Yelpの弱点の指摘のしかたに注目していただきたい。なぜこれが重要なのかは、スライドが進んで私の提案にたどり着いたときにわかるだろう。

　その次のスライドでは、会場レンタルを専門としている間接競合サブグループとしてVenueBook、Peerspace、Splacerをまとめて扱っている（[**図5-10**]参照）。これらはどれもAirbnb的な二面市場のビジネスモデルを共有しているが、結婚式関連でフィルタリングできるようになっている。検索、リスティングの詳細情報ページといった重要な機能はもとより、ホストへのオンボードのエクスペリエンスといったものまで比較した結果、私はこれらのプロダクトに共通するフリクションレスなUXの重要なポイントを指摘することができた。

間接競合: 会場レンタルプラットフォーム

バリュープロポジション
VenueBook、Peerspace、Splacerは、イベント企画者と会場やスペースの
管理者を結びつけるオンラインマーケットプレイスである。
どれも、挙式を控えた女性のためのウェディングという
サブカテゴリーを持っている。

長所
ユニークな会場として使える多種多様なスペースが
掲載されている。
一部の会場には結婚式特有の備品、サービスが多数記載されている。
VenueBookには、パッケージをカスタマイズするための質問票がある。

短所
ロサンゼルスの会場は数が少ない。
料金が通常の結婚式場と大差ない。
多くの会場は、大規模でフォーマルな式に対応できない。

図5-10　間接競合の詳細のスライド（VenueBook、Peerspace、Splacer）

　これも先ほど触れたことだが、スライドを一つひとつ順番に作ることができなかったり、1枚のスライドを作っている途中で後戻りして作成済みのスライドに手を入れなければならなくなることがあっても驚くことはない。スライドを作っているときに、最終的な提案をどうすべきかについてひらめきが起きることもある。これは私が実際に経験したことだ。

　結婚式会場として使えるプライベート物件のリスティングを示すだけでは、お手頃価格の結婚式は保証されないことに気づいたときに、The Knotは特に注意すべき競合になった。全体コストを引き上げる要素はほかにも無数にある。The Knotのバリューイノベーションは、ウェディングプランニング/予算見積もりツールだったのだ。

　この時点では、市場が満たしていないニーズが何かはっきりわからなかった。そこで、私は知り合いに頼ることにした。最近私の兄と12,000ドルの予算で結婚式をプランニングした義姉に電話したのである。双方とも再婚だったので招待客は60人ほどと少なく、新郎新婦ともビーチで式を挙げたいと思っていた。義姉は、The Knotのような包括的なプラットフォームでも、多すぎるオプションに圧倒されて予算がいくらになるかわからなかったので、スプレッドシートを使って自分で全部計算しなければならなかったと言った。

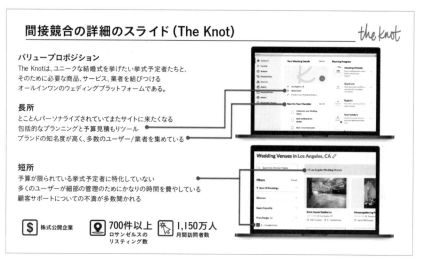

図5-11　間接競合の詳細のスライド (The Knot)

　結婚式のためのAirbnbのバリュープロポジションをどうすべきについてのアイデアが具体化したのはそのときだった。それについてはチャンスと提案のスライドで示す（[図5-13] 参照）。

　バリュープロポジションを変更したあと、チャンスと提案スライドから逆戻りしながら修正を加えていった。そして、新しい方向に進むことにした場合、The Knotはおそらく直接競合になると思った。しかし、話の組み立ての都合から、The Knotは競合スライドの最後にすることにした。The Knotはもっとも重要な競合であり、打倒しなければならない巨人兵士ゴリアテとして描くことにしたのである。

● 大きな種明かしとしての結論

　結論は、競合分析ブリーフの中でもっとも重要なセクションであり、1 + 1 + 1 = 3のようにそれまでのスライドを積み上げると結論が得られるようにしなければならない。満たされていないニーズがあり、プロダクトチームがイノベーティブなUXかビジネスモデル、またはその両方で独自の価値を生み出せる機会空間について、事実に基づき明確に説明する必要がある。表現は簡潔で説得力のあるものでなければならない。そこで、この部分は2枚のスライドに分割する。

現在の市場の状況

結婚式会場を探しているだけの挙式予定者たちを対象とする
市場規模7,200万ドルのブライダル産業はかなり飽和状態になっている。
ロサンゼルスだけでも**数百ものリスティング**を提供する
直接/間接競合が複数ある。
しかし、それらのリスティングのうち、**料金が2,000ドル以下**で、
パッケージの一部として**食事と飲み物の購入ができるもの**はごく一部である。

競合のなかでもっとも広く利用されているThe Knotは、
プランニングと予算見積もりのためのツールなど、
強力な機能を提供している。
しかし、**ロサンゼルスでアメリカの結婚式費用の平均である
32,000ドル未満でエレガントな結婚式のプランを
立てるのはきわめて難しい。**

図5-12　現在の市場の状況のスライド

●スライド6：現在の市場の状況

　このスライドでは、市場の勢力図についての主要な発見とそれらすべてから得られる結論をまとめる。ブルーオーシャンかレッドオーシャンかその中間のどこかか。最大の脅威となる直接/間接競合がどれで、自分たちの潜在顧客はソリューションとして今それらをどのように使っているかを説明する（再説になるかもしれない）。しかし、競合の大きな欠点を強調しよう。そして、市場規模はどれだけかを説明する。オンラインや公開レポートで産業とその購買力についての統計を見つけられる場合もあるし、自分で市場規模を推計するためのアプローチも多数ある。詳細については、Forbesの記事「実質的な市場規模の判定方法」を参照していただきたい[7]。

●スライド7：チャンスと提案

　チャンスとは、何らかのことを実現可能にする条件がいくつも揃っていることである。プロダクト戦略はこれに基づいて展開しなければならない。その場合、ターゲット顧客を使ってテストするMVP（Minimum Viable Product）やベータバージョンという形で最初に構築すべき部分にフォーカスすることになる（これは7章で行う）。私のように市場がレッドオーシャンであることがわかったら、初期ビジョンの

＊7　Alejandro Cremades, "How to Effectively Determine Your Market Size," *Forbes*, September 23, 2018, https://oreil.ly/nm8dF

どの部分にまだ実現可能性が残っているかを示す必要がある。クライアントを行き場がない状態に放置してはならない。

　脅威となる競合との差別化を実現し、それらのUXを乗り越えるためにプロダクトにとって必須の最重要機能を見つけよう。もっともイノベーティブな機能をうまく噛み合わせる方法を熟考するために、6章で説明するストーリーボードを作ることを検討すべきかもしれない。最後に、自分たちの顧客セグメントにとってもっとも理想的で、もっとも期待できるビジネスモデルを提案する。市場の荒波をかぶっても期待できる論理的な根拠を示さなければならない。

　私は、結婚式会場レンタルの市場がレッドオーシャンだとわかってからは、The Knotの欠点を克服するものを作る方にピボットする必要があると考えた。人は、機能が多すぎる選択肢やプロダクトを前にすると、どうしたらよいかわからなくなることがある。アメリカでファーストフードチェーンのIn-N-Out Burgerが成功している目に見えない理由がここに隠されている。メニューに並んでいるのが、ごく少数のお手頃価格の良品だけなのだ。ニーズが十分満たされていないと私が考えた顧客セグメントは、必要な判断が少なく低予算で質素な結婚式を挙げたいと思っている人々である。スライドで触れたAIや一括契約方式については、6章で説明する。

チャンスと提案

当初の私たちは、結婚式のコスト全体を引き下げたければ、豪邸の裏庭を会場として借りられれば十分だと考えていた。
しかし、10,000ドルの予算で**もっと打ち解けた結婚式を挙げたい**挙式予定者たちは、食事、お酒、装飾品などの判断次第で予算オーバーになってしまう危険を抱えている。

こういった挙式予定者たちが必要としているのは、これら面倒な判断に対して低コストの選択肢を示しながらカスタムパッケージを作り出せる**包括的なウェディングプランニングプラットフォーム**である。
このプラットフォームの軸となるのは、式を挙げる人々にとって何が大切かに基づいて限られた予算を適切に配分する**AIによる予算策定ツールとレコメンデーションエンジン**だ。
このコンセプトの最良のビジネスモデルは、1年で199ドルの**サブスクリプションプラン**だと考える。

図5-13　チャンスと提案のスライド

クライアントは、競合分析マトリックスのスプレッドシートをちらっと見て、UXストラテジストが宿題をしてきたことに満足するだけに終わることがよくある。そこで、スプレッドシートを付録に組み込み、必要に応じて生データを参照できるようにしておくとよい。私のお勧めは、GoogleスプレッドシートをExcelバージョンでダウンロードして、クライアントがオフラインで見たり、関係者にスプレッドシートのリンクなしでシェアしたりできるようにすることだ。さらに、競合分析を継続させ、あわよくばコラボレーティブなものにしたいと思うなら、スプレッドシートのリンクも入れておくとよいだろう。

5.4 | 態度を明確にすべきとき

あなたは、ストラテジストとして、プロダクトに可能性があるかどうかについて態度を明確にしなければならない。映画プロデューサーのポールの場合のように、提案内容がクライアントの意に沿わないものになることもある。それが現実であり、そうすることが正しい場合もある。しかし、ストラテジストが調査してデータを分析するのは、プロダクトの本当のポテンシャルを知り、クライアントの反応に左右されずに事実に基づくアクショナブルな提案をするためだ。

調査、分析の結果、クライアントの初期ビジョンには多くの難点があることがわかる場合がある。もとのプロダクト案よりも優れた代替案があることが分かる場合もある。ストラテジストの仕事は、データを分析し、得られたインテリジェンスをしっかりとした証拠とともに提示することだ。

分析結果がバリュープロポジションを支持するものになる場合、あなたは、市場に残されているチャンスと隙間を最大限に活用するための具体的な方法（UXやビジネスモデル）を提案することになる。あなたの提案は、次の問いに答えるものになるだろう。

- 既存の複雑過ぎたり時間がかかり過ぎたりする方法で苦しんでいるユーザーを助けるために、特定の機能を大きく改善したり、新技術を取り入れたりすることができるか。

- ユーザーに浸透し、愛されるようにするために、プロダクトのUXをパーソナライズ（スマート化）するにはどうすべきか。

- 新しい収益ストリームや破壊的なビジネスモデルで試せるものはあるか。

- 競合が簡単に真似られない形で競争優位を確立するにはどうすればよいか。

- （ウェブサイトではなく、アプリを提案する場合）ウェブで検索やリンクから生まれるトラフィックを手放し、顧客に新たなアプリのダウンロードを強いる合理的な根拠は何か。

　分析によって当初のバリュープロポジションが何らかのリスクに直面していることがわかった場合、ターゲット顧客セグメントや解決すべき問題のピボットを提案しなければならない場合がある。チームやステークホルダーに、別バージョンのバリュープロポジションやビジネスモデル（またはその両方）を追求しようと提案するということだ。その場合、次の点についてどちらのシナリオになるのかが明らかになるように努力しよう。

- このプロジェクトはどうしても高くつくのか、それともラピッドプロトタイピングでMVPを作って試せばビジョンのリスクを軽減できるのか（7、8章参照）。

- ステークホルダーのビジョンのさまざまな側面を活かせる別の方向性があるのか、それともターゲット顧客や解決する問題をピボットすることを提案するのか（3章、8章参照）。

- バリュープロポジションに将来性があるかどうかを知るために、ユーザー調査（8章参照）やランディングページのA/Bテスト（9章参照）などの調査を追加で実施するか。

あなたは競合分析を終えようとしており、プロダクトのコンセプトが直面している市場がどのようなタイプのものかを理解している。

- レッドオーシャンにいることがわかったら、「飽和している市場でなぜものを作ろうとしているのか」を考える必要がある。以前の章に戻り、分析で学んだことに基づいて、顧客セグメントや当初のバリュープロポジションをピボットすべきかもしれない。

- パープルオーシャンかブルーオーシャンにいることがわかったら、6章に進もう。あなたは、イノベーティブなプロダクトを作れるかもしれない稀有な位置にいる。チャンスを最大限にふくらませるUXの構想を練る作業を始めよう。

5.5 | まとめ

しっかりと調査、分析したあとであっても、難しい決断を下すときには神経を使う。データに矛盾やあいまいさがある場合には、直感が大きな役割を果たす。ヘンリー・ミンツバーグが『戦略サファリ』で言っているように、「意思決定は、合理的であろうという無駄な努力と比べて合理的ではないものになる」[8]。

プロダクト戦略は、企業のビジネスゴールや組織としての能力だけでなく、市場環境のシステマティックな理解に基づいたものでなければならない。この章では、市場についての情報を総合的に集めてプロダクトのデザインパターンや可能なビジネスモデルを明らかにする競合分析の方法を学んだ。分析が優れていれば、市場のチャンスや隙間が明らかになり、プロダクト戦略について妥当な判断を下せるようになる。知らなかったことを知れば、競合の過ちを繰り返さず、よいアイデアを偉大なアイデアに変えられる。

6章では、UXとビジネスモデルにフォーカスした差別化とイノベーションを通じて新しい価値を生み出すために、今までに学んだことを活用していく。

---

[8]   Henry Mintzberg, Bruce Ahlstrand and Joseph Lampel, *Strategy Safari: A Guided Tour Through the Wilds of Strategic Management*, Free Press, 1998. 邦訳『戦略サファリ 第2版—戦略マネジメント・コンプリート・ガイドブック』東洋経済新報社、2012年。

6 章

バリューイノベーションの
ストーリーボードへの展開

従来以上の需要を喚起することが、
バリューイノベーション達成の重要な要素のひとつとなる。
——W・チャン・キム、レネ・モボルニュ『ブルー・オーシャン戦略』[*1]

　独自性の高いものの発明を目標とするなら、ユーザーがプロダクトを手放せなく
なるような利点を生み出す必要がある。今までの章で明らかになったチャンスを形
として見えるものにしなければならないということだ。

　そのためには、「基本要素2：バリューイノベーション」と「基本要素4：フリクショ
ンレスなUXデザイン」をマッシュアップする[*2]必要がある（**[図6-1]**参照）。

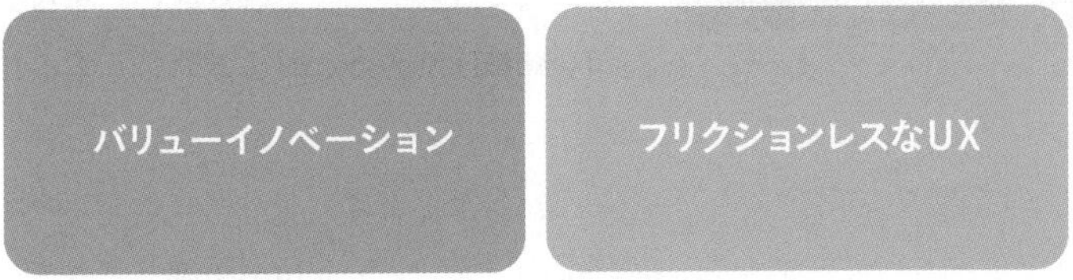

図6-1　基本要素2と基本要素4：バリューイノベーションとフリクションレスなUX

---

*1　W. Chan Kim, Renée Mauborgne, *Blue Ocean Strategy*, Harvard Business School Press, 2005. 邦
　　訳『ブルー・オーシャン戦略：競争のない世界を創造する』ランダムハウス講談社、2005年。本書訳文は独
　　自訳。

*2　[監訳注]「混ぜ合わせる」という意味で使われる音楽DJ用語。2種類以上の音楽をミックスして新しい楽曲
　　に仕立てること。単なるミックスではなく、1つの楽曲からはボーカル、1つの楽曲からはリズムトラックを
　　取り出して混ぜるなど、元の楽曲の雰囲気を残しつつも新しい楽曲を作ること。転じて、複数のWebサー
　　ビスのAPIや入力/出力を混ぜ合わせて新しいサービスとして仕立てること。

6.1 | とにかくタイミングがすべて

私はニューヨーク大学インタラクティブテレコミュニケーションプログラムの修士論文として、ソフトウェアデザインのスキルと実験的なアートや音楽への情熱を融合させてインタラクティブなアニメーションを作った。1990年のことだ。それは、HyperCardとVideoWorksで作られたMacintosh用のエレクトロニクス体験で、テクノロジーとアートのマッシュアップを800KBのフロッピーディスクに詰め込んだものだった。目次はインタラクティブで、工場の騒音をサウンドトラックとして詩、ゲーム、悪口雑言のアニメーションを入れたものがリンクされていた。何度も徹夜を重ねた結果、私は世界初の動く電子マガジンを作るという目標を達成した。絵が動いて鳴るものが1枚のディスクに収まっていたのである。これが「Cyber Rag #1」だ（[図6-2]参照）[3]。

図6-2　フロッピーディスクに収められたCyber Rag電子マガジン（1990年）

確かに、市場には競合がいくつかあった。たとえば、アニメーションのない技術者向けのコンテンツを収めたHyperCardスタック、Macintoshほど売れていなかったコモドールのAmigaで動作し、BBS（掲示板サービス）からダウンロードできたインタラクティブアートのディスクなどだ。しかし、Cyber Ragのようなデジタルプロダクトはほかにはなかった。私は、Mac用のフロッピーディスクにコンテンツを収めたことにより、デジタルコンテンツをもっと主流に押し上げ、多くの一般の人々にアピールできるビッグチャンスをつかんだと思った。

---

[3]　［監訳注］「Cyber Rag」を操作する様子が著者の手でYouTubeにアップロードされている。https://youtu.be/Orzdl8V0qBc

しかし、完全オリジナルの電子マガジンを作ってディスクに収めたからといって、普通の人々の手が届くところに電子マガジンを置き、オリジナリティを認めてもらい、買ってもらえるようになったわけではなかった。

　3章の話と同じように、若かった頃の私は自分の顧客が誰なのかを学ばなければならなかった。そしてわかったのは、ナード（技術オタク）は客ではないことだった。1990年代にBBSから無料で電子マガジンをダウンロードできたのはナードだけで、私でさえ（まだ）モデムを持っていなかった。Cyber Rag #1は新しい電子出版媒体のエクスペリエンスからずれていたのである。もっとも、Cyber Rag #1は、ポップカルチャーのファン雑誌を自前で出版していたジェネレーションX（1965年から1980年生まれの世代）のDIY志向には合っていた。ただ、彼らはまだデジタルに手を出していなかった。だから、私は独立系の書店、レコード店でものを買っていた同じジェネレーションXの人々にリーチしなければならなかったのだ。そこで、物理的なプロダクトを作るだけではなく、パッケージング、マーケティング、流通の作業が必要になった。

　私の20代中頃の土曜日は、数百枚のフロッピーディスクにCyber Ragをコピーすることに明け暮れていた。

　ラベルを貼り付け、チラシにスタンプを押し、パッケージに封をして、ニューヨークやロサンゼルスの独立系の書店に飛び込みで売り込んだ。たいていの店主たちは、当時の私のバリュープロポジションがわからず、当惑していた。自分でプロダクトを確かめようにも、当のMacがないことさえあった。それでは、ディスクが空っぽだったり、壊れていたり、中身がハードコアポルノだったりしないことを確かめようがない。そこで、最初に店主にプロダクトの中身を見せ、見慣れない媒体を売る恐怖心を消してもらうのが最良の戦術だということを学んだ。

　しかし、ディスクはよく売れた。客たちは、コンピューターの画面で見る最初の電子マガジンというものを体験するために、喜んで6ドルを出した。たいていの店は、最初に商品を持ち込んでから1か月以内に、もっと商品を持ってきてくれと電話してきた。雑誌で悪評が立ちだした頃には、ディスクの売れ行きは数千枚以上になっていた（Cyber Rag #1、#2、#3とElectronic HollywoodI、II）。ディスクは独立系の書店、画廊とメールオーダーで売れた。なんと世界中の人々にだ。私には、「ある事件」が起きるまで、ディスクを作り続けるという以外にビジネスモデルはなかった。

　そして、ついに「ある事件」が起きた。2年経って、組版の仕事から家に帰って

くると、留守電にメッセージが入っていた。

　「こんにちは、ジェイミーさん。EMIレコードのヘンリーと申します。あなたのディスクマガジンを1枚買ったばかりのビリー・アイドルの代理としてお電話しています。彼の新しいプロジェクトに参加していただけないか確かめてほしいと言われています。**御社**の御担当の方から**弊社**の人間に電話していただいて、会議の日程を調整していただけませんか。よろしくお願いいたします」。

　すごくうれしかったが、当惑もした。「うちの」担当って誰？　お母さんにビリー・アイドルの会社に電話してって頼まないといけないのかしら。

　母には頼まず、私が電話した。そして仕事を手に入れた。

　EMIレコードは1993年にビリー・アイドルの新作『Cyberpunk』をリリースした。このCDアルバムには、【図6-3】のように特別仕様のデジパックでフロッピーディスクが同梱されていた。

図6-3　ビリー・アイドルのフロッピーディスク付きアルバム『Cyberpunk』(1993年)

　そのフロッピーディスクは、世界初の商用リリースされたインタラクティブプレスキット（IPK）だった。基本的に私のソフトウェアのカスタムバージョン（Macromedia Directorからの「別名で保存」）で、私のイノベーションのスコアは1から2に上がった。私はハイになって、この快挙が自分のキャリアを築いてくれると思った。ここが出発点になって、インターフェイスデザイナー、電子出版のプロとして経済的に自立できるだろう。すぐにデビッド・ボウイからマイケル・ジャクソンまでのあらゆるミュージシャンが、新アルバムのためにディスクマガジンを作ってくれと電話してくるはずだ。アーリーアダプター[*4]だけでなく世界中が、この新しい電子出版媒体の良さを理解してくれるに違いない。そのオーシャンは限り

＊4　　[監訳注] イノベーター理論における5つのグループの最も先進的なグループ。流行に敏感で、リスクや費用を度外視し、新しいものをいち早く取り入れる層。

図6-4　私が作ったサイバーパンクフロッピーディスクのUIの前でポーズを取るビリー・アイドル(Ed Bailey/ aP/Shutterstock)

なくブルーに見えた。

　だが、私はここでけつまずいてしまった。確かに、新しいデジタル媒体のイノベーションに成功し、そこにブルーオーシャンを見つけ、ふたつのユーザーグループ（独立系書店の顧客とロックミュージシャン）に気に入ってもらえた。しかし、ビリー・アイドル（[**図6-4**]参照）自体が以前のような大物セレブではなくなってしまった。批評家たちは彼を酷評し、サイバーカルチャーの時流に乗るためのもったいぶったアルバムだとまで言う人がいた[*5]。新曲はMTVやラジオでかけてもらえず、アルバムは失敗に終わった。パッケージングにも大きな問題があった。デジパックは普通のCDの3倍ものスペースを占領するほどかさばったため、レコード店の在庫には置いてもらいづらかった。ビリー・アイドルの『Cyberpunk』は、文字通りプロダクトマーケット「フィット」に失敗したのである。

　その後、私がインタラクティブプレスキットやカスタムディスクのプロジェクトに呼ばれることはなかった。

　しかし、私自身は貴重な教訓を得た。

[*5]　"Cyberpunk (album)," *Wikipedia*, https://oreil.ly/1SSa0

ここで学んだこと

☐ タイミングがすべてだ。破壊的イノベーションを手にして市場に一番乗りしても、成功する保証はない。電子出版の場合、デジタルメディアなのだから本来なら電子的に流通させるべきだったが、1993年の時点では不可能だった。最初のウェブブラウザは、まだ開発途上だった。

☐ コンテキストが重要だ。私のフロッピーディスクマガジンは、単に新技術を使ったから支持されたたわけではない。アンチシリコンバレーの悪口雑言や入場料のバカ高いIT展示会の潜入記のようなコンテンツも、バリューイノベーションの重要な一部だったのである。それに対し、ビリー・アイドルのアルバムに入れたプレスキットはそもそも宣材的なものであり、宣伝のための小道具のように見られてしまったのだ。

☐ 成功するデジタルプロダクトの製作にはさまざまな側面がある。ものを作ること自体は、そのなかの小さな側面のひとつに過ぎない。そのほかにも、顧客からの持続的な支持、スケーラビリティ、幅広い流通、収益ストリーム、ひとりではない大きなチームも必要だ。

6.2 │ バリューイノベーションを発見するためのテクニック

　競合調査により、自分たちのバリュープロポジションのターゲット市場にどのようなデジタルプロダクトやサービスがあるかについての戦略的知見が得られることはすでに学んだ通りだ。しかし、この調査は単にほかのプロダクトを真似たり、ちょっとだけ改良したりするために行っているわけではない。新しい価値を持ち、優越的で長持ちする発明を生み出したい。

　このような市場性のあるプロダクトを作るためには、ビジネスゴールとユーザー価値のバランスが取れたUX戦略が必要だ。世界初の電子マガジンやウェブサイトを作るわけではないにしても、今までとは異なる新しい形で顧客に働きかける独自な何かを持ったプロダクトを押し出していかなければならない。そのためには、(a) 今あるものよりもずっと効率がよい、(b) 顧客たちが今まで気付いてもいなかったペインポイントを解決してくれる、(c) 今までなかったのに、作り出されてしまうとこれがなくては困ると思うような願望を作り出す、のいずれか、または全部が必要だ。つまり、バリューイノベーションを通じて、競合がいないブルーオーシャン市場を生み出すのである。

　バリューイノベーションは、独自性のある機能セットという形で姿を表す。機能

は、プロダクトのなかのユーザーに利益を与える部分である。私がデジタルプロダクトの世界を観察しているなかで発見した、機能セットによるバリューイノベーションの秘訣と言うべき上位4つのパターンを見てみよう。

- 競合のよい機能をつまみ食いして、それらの新しいマッシュアップを作っている。そして、そのハイブリッド機能が、既存の方法よりも課題達成の手段としてはるかに優れている（Googleマップ＋大都市の公共交通オープンデータ＝Citymapper）。

- 既存の大きなプラットフォームのバリュープロポジションからイノベーティブに「スライス」を切り出したり、ひねりを加えたものを作り出したりしている（Googleマップ＋クラウドソーシング＝Waze）。

- 以前はまったく異質だったUXやテクノロジーを、ひとつのエレガントでシンプルで強力なソリューションに統合し、課題達成の何でも屋的な存在になる（動画のライブ配信＋オンラインコミュニティ＋ゲーミング＝Twitch）。

- ふたつの別々のユーザーセグメントに契約交渉の場を提供するという今まで不可能だったことを実現し、両ユーザーの世界を一新する（部屋の貸し手＋旅行者＝Airbnb）。

どのパターンも既存のプロダクトのレプリカを作るようなものではない。既存の概念モデルをもとに、機能を次のレベルに引き上げることが求められている。偉大なアイデアは、実は予想外、想定外の場所で発見されるのを待っている。獲物を探すハンターのように、目を皿のようにしてネットと実生活の経験を観察すれば見つかるはずだ。

　既存プロダクトの完全なコピーは違法行為であり、特許権か商標権、またはその両方の侵害と考えられている。たとえば、Tinderは、特許侵害で同じようなデートアプリのBumbleを提訴している（特にスワイプと相互Likeが指摘されている）[6]。

＊6　Andrew Liptak, "Tinder's Parent Company Is Suing Bumble for Patent Infringement (Tinderの親会社が特許侵害でBumbleを提訴)." The Verge, March 18, 2018, https://oreil.ly/sSTZ0

しかし、ユーザーの課題や目標の達成を支援する一般的な機能やインタラクションパターンの真似は違法ではない。別々の場所からこういった部品を借りてきてまったく新しいコンテキストで組み合わせてバリューイノベーションを生み出すのである。

ここからは、次の4つのテクニックを学んでいく。

- 最重要機能の見極め
- UXインフルエンサーの利用
- 機能比較
- バリューイノベーションのストーリーボードへの展開

これらのテクニックは、あなた個人やチームが身につけるべきものだ。かならずしもクライアントに提出する成果物ではないことに注意しよう。

6.2.1　最重要機能の見極め

最重要機能とは、バリューイノベーションを可視化するプロダクト独自の利点と言えるもののことである（2章でも触れたように、最重要と言っているがかならずしもひとつに絞られるわけではない）。プロダクトが競争優位に立つためには、そういう機能がなければならない。自分たちのプロダクトを競合から引き離すUXは、この機能によって決まる。最重要機能がビジネスモデルと関連している場合もある（たとえば、Metromileの走行距離に応じた料金体系）。先ほどのパターンが示すように、最重要機能はさまざまな機能の独自配列という形になることもあれば、単一の突出した機能という形になることもある。

顧客インタビュー（3章）と競合分析（5章）から学んだことについてじっくりと考えるようにしたい。豊かなアイデアを最重要機能に結実させるために、次のことを自問自答しよう。

- 自分たちの暫定ペルソナ（仮説的な顧客）がこのプロダクトを気に入るためには何が必要か。
- このプロダクトが独自なものになるのは、ユーザーのオンライン/オフライン作業におけるどの**アハ体験**[*7]か。

- 現在競合が解決できていないが自分たちのプロダクトで解決しようとしている大きなペインポイントは何か。
- 自分たちの潜在顧客は、目標達成のために今どのような回り道を強いられているか。
- 自分たちの独自アルゴリズム/データセットの出力/操作から顧客が得る重要なメリットは何か。
- ほかのデジタルプロダクトに参考になるものがないため、0からデザインしなければならない機能やページ/画面レイアウトは何か。

これらの問いに対する答えから最重要機能が見つかり、最終的にフリクションレスなUXデザインでそれをユーザーに届けることになるかもしれない。

しかし、さまざまなビジネス要件から作り出される全体的な機能リストは、最重要機能とは異なることに注意しなければならない。完成したバージョン1.0のプロダクトには、ユーザーの目標達成のために必要な機能をすべて組み込むことが大切だ。[表6-1]に示すように、機能番号2は支払いシステムとの連携になっている。ユーザーがクレジットカードで料金を支払えるようにする機能は重要なビジネス要件だが、バリュープロポジションを差別化する最重要機能にはならない。

Twitterを見てそのすべての機能を思い浮かべてみよう。ダイレクトメッセージ、ニュースフィード、リツイートなどだ。しかし、ダン・サファーが『マイクロインタラクション』で指摘している**最重要機能**は、「140字でひとつのことだけを伝えるメッセージ」である[8]。この短さ、簡潔性の重視がInstagram、Snapchatなどのほかのアプリに影響を与えていることは明らかだ。

私たちの場合、このような形で最重要機能を挙げるなら、わかりやすく項目が少ないリストである。結婚式のためのAirbnbの競合調査でわかった私たちのターゲット顧客の大きなペインポイントは、関係業者の管理だった。結婚式は一度限りのイベントだと考えられるので、挙式予定者の学習ハードルは高い。The Knotの予算見積もりツールは、この問題に対処するものだ。しかし、挙式予定者が管理しなければならない細目が50以上もある（たとえば、ウェディングケーキ、ブライズメイ

---

*7　[監訳注] ドイツの心理学者カール・ビューラーが提唱した概念。ある瞬間ひらめきがあって、いままで理解できなかったことが突然わかるようになる体験のこと。

*8　Dan Saffer, *Microinteractions*, O'Reilly, 2013. 邦訳『マイクロインタラクション：UI/UXデザインの神が宿る細部』オライリー・ジャパン、2014年。

結婚式のためのAirbnb─機能リスト

番号	機能名	機能の詳細
1	会場リスティング検索	都市名または郵便番号＋希望日（複数可）＋招待客数を指定して検索をかけると、該当する会場の検索結果一覧が返されるようにする。
2	支払いシステム	既存のオンライン支払いシステムと連携して、会費とウェディングパッケージ料の両方をすべての大手クレジットカードとPayPalから選んで支払えるようにする。
3	フォトギャラリー	会場提供者が会場の写真を16枚まで投稿できるようにするとともに、ユーザーがスワイプや矢印のクリックで写真をブラウズし、個々の写真をフルスクリーン表示できるようにする。
4	FAQとサポートセンター	ユーザーがよくある疑問への回答を読むとともに、新たな疑問を投稿できるコーナーを作る。
5	チャットボット	よくある疑問にAI（人工知能）を使って答えてもらえるテキストチャットボットを作り、世界中のユーザーがアクセスできるようにする。
6	登録/アカウント作成	メールアドレス（による認証）とパスワードだけでユーザーと業者が簡単にアカウントを作れるようにする。
7	リアルタイムアラート	ユーザーや業者に次のタスクを知らせたり、確認メッセージを送ったりするための通知システムを作る。

表6-1　結婚式のためのAirbnbの機能リスト（部分）

結婚式のためのAirbnbの最重要機能

1. 検索結果はお手頃価格だがすばらしい会場ばかりである。
2. AI搭載エンジンが結婚式で判断が求められるポイントをシームレスに案内し、カスタムウェディングパッケージとより安い別案を出力する。
3. 業者ややることの順番をタイムリーに知らせてウェディングプランニングの進行を助けるコーディネーションシステム

表6-2　結婚式のためのAirbnbの最重要機能

ドへのお礼、写真撮影ブースなど)。The Knotのツールは個々の細目の意味を説明してくれるが、コストの削減方法は教えてくれない。そのため、予算を3万ドル未満に抑えるのは難しい。

　お手軽価格の選択肢や優先すべき重要項目のアドバイスがないため、ツール操作全体が骨折り損になってしまっている。費用が上下するすべての項目と個別の費用が最初にわかっていなければ、式全体の予算は簡単に超過してしまうだろう。最重要機能として打ち出すべきは、AIの利用と低価格の選択肢の表示によるコスト削減という差別化要素である(【表6-2】参照)。

　このように、最重要機能は絶対だ。プロダクトの絶対に妥協できない特長のために、チームとリソースの力を惜しみなく注がなければならない。「小は大を制す」というミニマリスティックなアプローチの方がグッとくる迫力がある。

6.2.2　UXインフルエンサーの利用

　UXインフルエンサーとは、ひとことで言えば、自分たちのバリュープロポジションで使えるよい機能を持つプロダクトのことだ。UXインフルエンサーは、競合である必要さえない。UXインフルエンサーのバリュープロポジションは自分たちのバリュープロポジションとまったく関係がないかもしれない。しかし、そのUXと機能は、自分たちのプロダクトのバリューイノベーションのヒントになる。大切なのは、既成観念にとらわれないことだ。バリューイノベーションの成功パターンのなかに、異質な機能セットを統合するというものがあったのを思い出そう。うまく融合するとはとても思えないようなものをひとつのところにむりやり押し込むと、見事に破壊的な効果が生まれることがある。競合しないプロダクトやサービスをねじ曲げて自分たちのニーズに応えられるようにする方法がきっとあると信じて突き進めばよい。

　私は、1、2章で取り上げた保険会社のMetromileからヒントをもらった。この会社は結婚式のためのAirbnbのバリュープロポジションとはまったく無関係だが、事故受付プロセスのUXは大変な優れものだ。

　事故受付は無数の要素が絡み合う複雑なプロセスで、被保険者も感情がたかぶっている。そのような条件のもとでMetromileが顧客から必要な情報を集めていく

フリクションレスなUXとフィーチャークリープ(機能の氾濫)の両立は絶対にない。機能を多くではなく良くすることを目指せ!

プロセスは、まさにUXのイノベーションである。これが私たちのAI利用のウェディングプランニングのヒントになった。

まず、事故受付画面でのユーザーの作業フローを見て、Metromileの事故受付プロセスを分解していった。

この作業では、判断が必要な要所要所を顧客に示していくという私たちの最重要機能にとって、Metromileが想定しているユーザーのメンタルモデルのどの部分が参考になるかに特に注目した。ここからは、Metromileのプロセスとデザインがどのようなものかをつかんでいただくために、画面の一部を示していく。画面が示している作業手順は次の通りだ。

1. 画面1（**[図6-5]**）は最初のステップで、何が発生したかを顧客に選んでもらう。
2. 画面2（**[図6-6]**）は、Metromile側でどうしても必要な情報を集める。
3. 画面3（**[図6-7]**）は、位置情報を示し、事故発生箇所を顧客に正確に指定してもらう。
4. 画面4（**[図6-8]**）は、破損箇所の指定方法である。
5. 画面5（**[図6-9]**）は、顧客に車の破損状況を示す適切な写真を撮ってもらうためにイラストで指示をしている。
6. 画面6（**[図6-10]**）は、顧客が希望する場所に基づいて検索した修理工場のリストを示している。
7. 画面7（**[図6-11]**）は、保障範囲を説明して顧客にレンタカーを選んでもらう。
8. 画面8（**[図6-12]**）は、修理の日程を確認し、迎えに行くのは修理工場かほかの場所かを尋ねている。

Metromileのデータの構成とプレゼンテーションを見ると、AI搭載機能により、事故が起きてからレンタカーを手に入れるまでのジャーニー全体が単純化されていることがわかる。

[図6-5] から **[図6-12]** までの画面を見て、Metromileのバリューイノベーションの実際を感じていただきたい。

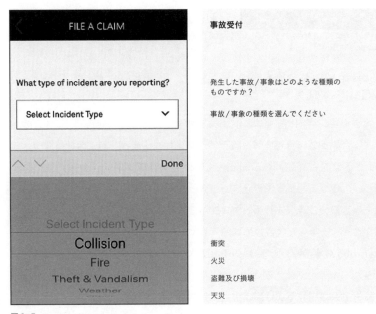

	事故受付
What type of incident are you reporting?	発生した事故／事象はどのような種類のものですか？
Select Incident Type	事故／事象の種類を選んでください
Collision	衝突
Fire	火災
Theft & Vandalism	盗難及び損壊
Weather	天災

図6-5
顧客が事象の種類を選択する

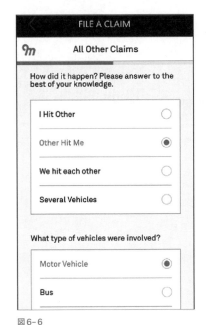
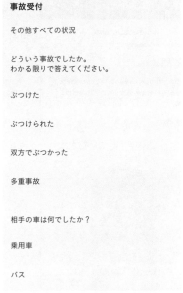

	事故受付
All Other Claims	その他すべての状況
How did it happen? Please answer to the best of your knowledge.	どういう事故でしたか。 わかる限りで答えてください。
I Hit Other	ぶつけた
Other Hit Me	ぶつけられた
We hit each other	双方でぶつかった
Several Vehicles	多重事故
What type of vehicles were involved?	相手の車は何でしたか？
Motor Vehicle	乗用車
Bus	バス

図6-6
顧客がMetromileにとって重要な情報を選択する

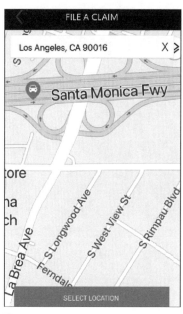

事故発生箇所を選んでください

図 6-7

顧客が地図で事故発生箇所を正確に指定する

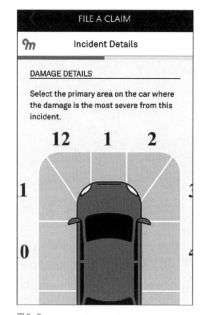

事故受付

事故詳細

今回の事故でもっとも損傷が激しい部分を
選択してください。

図 6-8

顧客が車の破損箇所を指定する

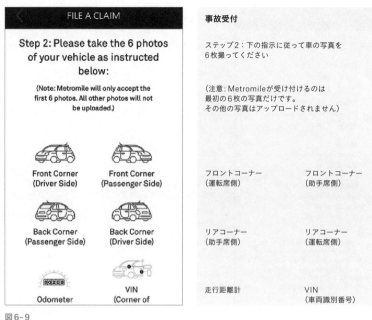

事故受付	
ステップ2：下の指示に従って車の写真を 6枚撮ってください	
（注意：Metromileが受け付けるのは 最初の6枚の写真だけです。 その他の写真はアップロードされません）	
フロントコーナー （運転席側）	フロントコーナー （助手席側）
リアコーナー （助手席側）	リアコーナー （運転席側）
走行距離計	VIN （車両識別番号）

図6-9

顧客に写真の撮り方を指示する

修理工場

距離 1.1マイル（1.8km）

距離 1.7マイル（2.7km）

図6-10

修理工場の検索結果

図6-11

レンタカーの選択画面

レンタカーの種類

レンタカーの種類

コンパクトカー

スタンダードカー
費用の自己負担が発生します

ミニバン
費用の自己負担が発生します

フルサイズSUV
費用の自己負担が発生します

保障範囲

お客様の契約では、1日30ドル、合計900ドルまでのレンタカー代金を保障します。この額を越える場合、自己負担となり、お迎えに上がったときに、Enterprise Rent-a-carで契約していただくことになります。
レンタカー代金のお見積りは、www.enterprise.com（ウェブ）か1-855-266-9289（電話）にお願いします。

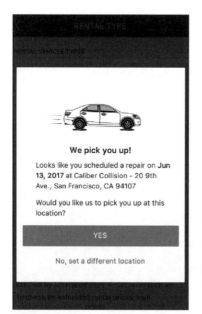

図6-12

次の選択画面に続くプロンプト画面

レンタカーの種類

レンタカーの種類

お迎えに上がります

2017年6月13日にCaliber Collisionで修理されるようですね。

現地まであなたをお迎えに参りましょうか？

はい

いいえ、別の場所を指定します

では、もう一度画面を見て、どうすれば結婚式のためのAirbnbに流用できるかを考えてみよう。私の案は次の通りだ。

1. 画面1は、顧客が結婚式の招待客の上限を選択する最初の画面に流用できる（招待客数は選べる会場がどこかを大きく左右するため）。
2. 画面2は、おおよその条件（予算、希望日など）を選択してもらう画面に流用できる。
3. 画面3は、希望する会場の位置をピンポイントで指定できる画面に流用できる。
4. （画面4は特になし）
5. （画面5は特になし）
6. 画面6は、顧客が希望する位置、予算、日付、招待客数に基づいて検索した会場のリストを表示する画面に流用できる。
7. 画面7は、選択した会場の結婚式場パッケージを示す画面に流用できる。
8. 画面8は、選んだ結婚式場パッケージの確認と、新婚旅行のスケジュール作成を希望するかどうかの質問の画面に流用できる。

　細部を隅々まで見て、自分のプロダクトのためにそれらをどう使うかを考えれば、手がかりがつかめる。コンセプトをさらに改良して自分のプロダクトデザインの水準を一段引き上げられる場合もある。最良のアイデアを引き抜きたい。そういったアイデアが集まったら、それらをストーリーボードにまとめることになる。

6.2.3　機能比較

　5章では、機能比較の資料を作って機能リストを膨れ上がらせるといずれ会社が潰れるというスティーブ・ブランクの議論を紹介した。しかし、発見のためのツールとして使い、クライアントに決して見せないつもりであれば、機能比較はバリューイノベーションのチャンスを見つけるために役立つことがある。基本的に、パズルの箱からすべてのピースを取り出し、よく見えるようにテーブルに並べ、新しいインタラクションパターンを組み立てるためのピースとして最良のものを選ぶということだ。ほかのプロダクトの部品を抜き取り、それらを融合してフリクションレスなUXにまとめるのである。

　たとえば、私は数年前にある多国籍企業のためにiPhone用電子ブックリーダー

のUXデザインを担当したことがある。市場にはすでに複数のリーダーが出回っていたので（Stanza、eReader、Kindle、NOOK）、私は競合を調査、分析した。そのために、リーダーアプリをダウンロードし、データを取っていった。全体の斜め読みのしかた、ホーム画面のUI、目次のナビゲーション、強調表示とコメントの追加方法といったさまざまな機能、表示、UXのスクリーンショットを集めたのである。自分がデザインしなければならない最重要機能に関係のあるものはすべてドキュメントし、相互の関係性に基づいてスクリーンショットをまとめ、それぞれについてメモを書いた。[図6-13]は、そのようなドキュメントの例である。

eBookリーダーの強調表示とコメントを記入する機能の比較

Kindle
・複数箇所をハイライトできる
・複数のコメントを入れられる
・ハイライトの重ね合わせを認めない

Stanza
・1ページで1箇所しかハイライトできない
・新しい箇所をハイライトすると、以前のハイライトが取り消される
・ハイライトとコメントの区別がなく、どちらも「注釈」とされている

Barnes and Nobles
・複数箇所をハイライトできる
・ハイライトの重ね合わせを認める
・コメント追加とハイライトは同じ黄色で表現される

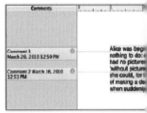

Microsoft Word
・ハイライトの範囲内でのさらなるハイライト

Apple Pages
・ハイライトの範囲内でのさらなるハイライト

この作業には少なくとも4時間かかったが、最良なもの、だめなもの、巧妙なアプローチを観察して、定量化することができた。車輪を改めて発明し直す必要がなくなったので、デザインに延々と時間を費やす必要もなくなった。何よりも、私の仕事の最良のやり方を自分が知っているとうぬぼれている図々しいステークホルダーをあしらうために、十分な調査に基づく証拠資料が役に立ってくれた。

　機能比較をするときには、参考になる3つから5つのプロダクトを見つけてドキュメント化するようにしよう。

　こうすれば、共通のインタラクションに対する異なるアプローチを比較できる。

Aji Annotate PDF
・フリーフォームのコメントを入れられる
・ユーザーがハイライトを取り除ける

Aji Annotate PDF（続き）
・複数の書き込み機能がある

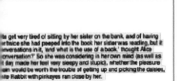

分析
・ハイライトやコメントの重なり合いを
　認めるべきではない
・ある範囲のテキストのなかでは、
　メモ、コメントのどちらかを
　一度だけ認めるようにすべき

図6-13

eBookリーダーの強調表示と
コメントを記入する機能の比較

比較からひらめきが生まれるかもしれないし、役に立つものが何も出てこないかもしれないが、少なくとも、すでに世に出ているものを批判的に評価し、価値を生むより最適な方法を探す作業はしている。

機能比較がきっかけで、すでに持っているものを深く研究することになる場合もある。たとえば、競合調査をしたときに、既存プロダクトのさまざまな機能や特徴を把握した。そのときのメモ（**[表6-3]**）に戻れば、ひらめきが生まれることがある。

競合やUXインフルエンサー（たとえば、Metromile）の間で機能比較をすると、ビジュアルデザインからインタラクティブデザイン、機能セット、コンテンツの表示方法に至るまで、あらゆることを比較できる。機能比較の目的は、競争環境について手がかりのない状態になることを避けることだ。必要なiPhone、Androidのスクリーンショットは、Google PlayやApp Storeから入手できる場合もあるが、そうでなければアプリを買おう。その分は、クライアントに費用請求するか、自分で買っておいて顧問料の請求書を1時間分割増にしておけばよい。機能比較をしておくと、最終的にはあなたとクライアントの時間と費用を節約できる。特に、4章、

パーソナライゼーション機能	コミュニティ/UGCを機能	競争優位/最重要機能
プロフィールを作ると、パーソナライズされたウェディング用ダッシュボード、予算配分ツール、レジストリ、招待客リスト、ウェブサイト、業者からのメッセージ履歴といった機能を持つウェディングプランニングツールにアクセスできるようになる。	会議室は、複数の結婚式関連のテーマに分かれている。あまりメンテナンスされていない。 すべての会場で顧客レビューが表示される。	The Knotは結婚式に関する包括的なリソースとプランニングのあらゆる段階でのニーズに応えるプランニングツールを提供している。そのため、ユーザーはウェディングプランニングのあらゆる側面でThe Knotに頼ろうという気持ちになる。 親会社は、消費者と事業者の顧客基盤と人生「初」をめぐるエコシステムにおける成熟した広告ビジネスを確立している。
プロフィールを作ると、気に入ったリスティングと料金の検索結果を保存し、保存した会場料金を比較できるようになる。また、自分の検索の履歴や会場に対するメッセージの履歴も見られる。	よくメンテナンスされ、活発に投稿のあるフォーラムがあり、上部のナビゲーションバーからアクセスできる。 少なくとも1件のレビューがある会場については顧客レビューが表示される。	Wedding Wireは姉妹企業であるThe Knotのものと同じウェディングプランニングツールを提供している。The Knotと比べ、ユーザー数、登録業者数は少ないが、Wedding Wireにサービスや広告を掲載している業者に対するビジネスマネジメントソリューションの提供ではThe Knotよりも力が入っている。

表6-3　競合調査で得た競合の特徴

5章の作業を集中してじっくりと行ったあとなら、オープンマインドで比較できるはずだ。

6.2.4 バリューイノベーションのストーリーボードへの展開

プロダクトの最重要機能を突き止めたら、ナラティブ（物語）の筋という糸でそれらを縫い合わせ、コンテキストを与えよう。ビジュアルで直線的に進むストーリーボードは、チームメンバーとステークホルダーの両方に対して効果的なコミュニケーションツールだ。プロダクトを必要とする状況に検証済みペルソナを放り込み、プロダクトが彼らの目標達成にどのように役立つかを描くことができる。

ロッテ・ライニガーがアニメーション映画『アクメッド王子の冒険』（1926年）のために、絵と色を使ったストーリーボードを初めて作って以来[*9]、この手法はかなりの歴史を持っており、広告キャンペーン、マンガ、映画、ソフトウェアデザイン、その他さまざまなビジネスで柔軟性の高いツールとして使われている。映画監督は、さまざまなアングルから見て各シーンの重要なインタラクション（絡み）は何かを撮影スタッフに伝えるためにストーリーボードを使う。映画のこのテクニックをプロダクトデザインに応用すると、重要な機能（たとえば、結婚式会場のウェブ検索）をクローズアップするアングルや、顧客が活動をしている場面（たとえば、ビーチでの挙式）を広く捉えるアングルが使えるようになる。このようにして捉えられた瞬間は、デジタルエクスペリエンスの一部かもしれないし、そうでないかもしれないが、カスタマージャーニー全体の1シーンであることは間違いない。

オリジナリティは、機能、データ、インターフェイスの新しい組み合わせから生まれる。

プロダクト製作では、ストーリーボードはアイディエーションフェーズの産物である。UXチームは、たびたびエクスペリエンス/ジャーニーマップを作ってシナリオを抽出していく。それらを展開してストーリーボードを作ると、そのストーリーボードがワイヤーフレームフェーズの原型になる。プロダクトの製作中、エンドツーエンドのエクスペリエンスに含まれるインタラクションの細部を全部具体化しなければならなくなったときに、これが役に立つ。

しかし、ここではストーリーボードを別の目的のために使う方法について話したい。ソリューション検証用のプロトタイプで必要な要素についてのアイデア出しの

---

*9　"The Adventures of Prince Achmed," *Wikipedia*, https://oreil.ly/gaJ8U

ために、バリューイノベーションとビジネスモデルをストーリーボード化すること
をお勧めしたいのである。

この場合、エンドツーエンドのエクスペリエンスを6枚程度のパネルに圧縮した
ストーリーボードを作る。個々のパネルはタイトルとシーンから構成される。目標
は、最重要機能を織り込んだナラティブを作って、プロブレムステートメントから
ソリューションまでの進展の過程を示すことだ。これは、UXインフルエンサーと
の比較から学んだことやUXインフルエンサーから得た機能、メンタルモデル（私
の場合はMetromileのAIによる事故受付プロセス）について熟考するよい機会にな
る。

6.2.5 最重要機能をストーリーボードに展開するための3つのステップ

主目標は、バリューイノベーションをビジュアルに伝えるものをスピーディに作
ることだ。この形式を使って、エクスペリエンスのもっとも重要な部分に注目を集
めたい。言葉を減らしてより多くのことを語り、顧客の問題が解決されたという
ハッピーエンドで終わる。ストーリーボードを製作、プレゼンテーションするとき
のお勧めの手順を説明しよう。

●ステップ1：パネルのキャプション（ナラティブ）を書く

ここではストーリーボードパネルの各イメージの下に入るキャプションを書くと
いうことである。最重要機能にフォーカスした短いストーリーになっていなければ
ならない。Uberの乗車のように20分で終わろうが、Airbnbによるホームステイ
のように2か月かかろうが、カスタマージャーニー全体をよく考えよう。デジタル
インタラクションとオフラインのエクスペリエンスの両方を考えることが必要だ。
一文で簡潔に書くようにしよう。

結婚式のためのAirbnbの場合、アカウント登録がどうなるかとかフォトギャラ
リーがどういう仕組みになっているかではなく、夢の結婚式を実現するために挙式
しようとしている花嫁がどのようなことを体験していくかを示すことになる。私が
書いたパネルのキャプションは次のようなものだ。

1. 挙式予定者は素敵だがあまり贅沢にならないウェディングプランニングのた
   めに苦労している（これが問題またはニーズである）。
2. 挙式予定者は理想の結婚式の条件を入力している。

3. 挙式予定者は使える結婚式会場の検索結果を見ている（これが最重要機能1
   である）。
4. 挙式予定者はカスタムウェディングパッケージから気に入ったものを選んで
   いる（これが最重要機能2である）。
5. 挙式予定者は必要な作業をタイムリーに教えてくれる通知を受け取る（これ
   が最重要機能3である）。
6. ふたりは予算をオーバーせずに素敵な結婚式を挙げた（これがソリューショ
   ンである）。

●ステップ2：イメージを作るか集めてくる

ビジュアルの形式を決めよう。絵がうまい人もいれば、私のように棒人間すらま
ともに描けない人もいる。大切なのは、あなたとチームがストーリーボードを手っ
取り早く簡単に完成させられる方法を選ぶことだ。Photoshop、Keynote、ワイヤー
フレーミング/プロトタイピングツール（Adobe XD、Figma、Sketchなど）が得意
なら、インターフェイスのアイデアをささっとグラフィックスの形でマッシュアッ
プすればよい。

　細かいワイヤーフレーム作りで時間を浪費してはならない。Googleの画像検索
で見つけた写真を使ったり、ほかのサイトのスクリーンショットに少し手を入れた
りしてもよい。画像は作っても描いても集めてもよいが、アスペクト比がだいたい
同じになるようにしよう。この段階で完全なユーザーインターフェイスをデザイン
しても無意味だ。それよりも、インターフェイスのなかのコンセプトをもっともよ
く伝えられる部分を強調しよう。

●ステップ3：キャンバスにストーリーボードをレイアウトする

　まず、各パネルの下に番号を振ったキャプションを書いていこう。読みやすくす
るために小文字を使って左揃えにしよう。それからイメージを貼っていく。

　[図6-14]に示したように、私はGoogle画像検索から拾った写真、The Knotの入
力フォームのスクリーンショット、適当に作ったグラフィックス、でっち上げたテ
キストメッセージを組み合わせて使った。

　この章の冒頭で触れたように、ストーリーボードはかならずしもクライアントに
提出する成果物ではない。業種によってはストーリーボードがアイデアの説明のた
めに役立つ場合もあるが、ここでは、チーム内の意思を統一してナラティブのコン

挙式予定者のためのバリューイノベーションを説明するストーリーボード

1. 挙式予定者は素敵だがあまり贅沢にならないウェディングプランニングのために苦労している。

2. 挙式予定者は理想の結婚式の条件を入力している。

3. 挙式予定者は使える結婚式会場の検索結果を見ている。

4. 挙式予定者はカスタムウェディングパッケージから気に入ったものを選んでいる。

5. 挙式予定者は必要な作業をタイムリーに教えてくれる通知を受け取る。

6. ふたりは予算をオーバーせずにすてきな結婚式を挙げた。

図6-14　挙式予定者のためのバリューイノベーションを説明するストーリーボード

テキストに最重要機能をはめ込み、次のプロトタイピングフェーズに進めるようにするためにストーリーボードを使っている。

6.3 ｜ ビジネスモデル、バリューイノベーション、オンラインデート

　私にとって個人的に経験を深めたくなかった市場についても見てみよう。マッチングサービスのことだ。eHarmony、OkCupid、Tinderの3つのプラットフォームを例として取り上げる。

　eHarmonyのビジネスモデルのベースは、月額課金サービスである。そのバリュープロポジションを大きく支えているのは、同調性、信条、外向性といったユーザーの性格を重視するマッチングアルゴリズムだ。オンボーディングで数百もの質問に答えなければ、交際相手候補のリスト（アルゴリズムによって厳選されている）を送ってもらえない。そして、ほかの候補リストがほしければ、今のリストを放棄しなければならない。マッチングアルゴリズムを使わずに誰かのプロフィールを見ることはできない。「結婚を考えている人々」を対象として設計されているため、コミュニケーションの取り方をアドバイスしてくれるツールさえ提供している。

　OkCupidは、同じ市場にありながら、eHarmonyとは正反対である。そのビジネスモデルに顧客からのサービス使用料はなく、収益ストリームは有料広告からス

タートしてあとから有料会員が追加された。しかし、ユーザーが定性/定量データポイントに基づいてマッチングの相手を選別できる強力なUXを提供しているため、バリュープロポジションは本質的なところでeHarmonyと重なり合っている。また、ユーザーは、高度にパーソナライズされた問いに答えることによってアルゴリズムをカスタマイズすることもできる。ユーザーはマッチングの相手を多く広げるか少なく絞るかを無制限で自由に決められるが、OkCupidは詳細なユーザーデータを売って利益を得ている。

　マッチングサービスの新たなイノベーターとして登場したのがスワイプを活用するアプリで、それらのなかでもっとも有名なのがTinderである。Tinderの特徴と言えば、とにかく使いやすく話が早いことだ。ユーザーはFacebookのアカウントでサインインし、写真を数枚アップロードし、自己紹介を書いたら（書かなくてもよい）、15分後にはもうマッチングに参加している。これがTinderのバリューイノベーションだ。両方が相手に関心を示さない限りユーザーはマッチングの相手と会うことができないという以前のマッチングアプリのメンタルモデルをひっくり返したのである。Tinderのユーザーには、地理的な距離、年齢、ジェンダーだけで選ばれたプロフィールカードが絶えず送られてくる。これが第1の最重要機能だ。ユーザーはプロフィールが気に入ったら右、気に入らなければ左にスワイプする。双方が右にスワイプしたら、専用のメッセージシステムで相手にメッセージを送れるようになる。ほかのマッチングサービスとは異なり、Tinderは、半径1マイル（1.6km）以内の相手を紹介できる。これが第2の最重要機能だ。ニューヨークやベルリンのような過密都市に住んでいる場合、歩いて行ける距離に住んでいる人だけに相手を絞り込める。そのため、最初はミレニアル世代が相手を見つけるアプリだったものが、交際相手をすぐに見つけたいあらゆる世代の人々が集まってくる場所に急速に進化したのである。

　Tinderのビジネスモデルは大規模なユーザーの参加が大前提になっていたので、最初のローンチのときには明確な収益ストリームがなかった。しかし、それを達成してからは、ターゲット広告やより高度な機能が提供される有料会員制度といったものを試すようになっている。Tinderはモバイル専用ながら、今や5千万人を超えるユーザーを抱え、OkCupidのバリュープロポジションを侵食した。そこでOkCupidは、双方が相手を気に入らない限りユーザーが自由にメッセージを送れないようにするという機能を2017年までに大幅に変更した。

　スワイプを使っているマッチングアプリとしては、Bumbleも広く使われている。

すでに触れたように、BumbleはTinderによく似ている。しかし、最大の違いは、マッチング後最初のメッセージは女性が送らなければならないことだ。この「ファーストムーブ」という最重要機能こそ、Bumbleの創業者がBumbleを「フェミニストのTinder」と呼んでいる理由である[*10]。Bumbleは、「生涯アクセスプラン」というユニークな収益ストリームも持っている（[**図6-15**]）。名前の通り、このコースを選ぶと、生きている限りBumbleにアクセスできる（少なくともBumbleのサービスが生きている限り）。このコースは、相手を次々に変えたい人や、とことん悲観的な人という顧客セグメントをターゲットとしているように感じる。

　ここで言いたかったことは、次のふたつだ。

- これらのプロダクトは、どれもまったく異なる最重要機能とビジネスモデルを持っている。
- これらのプロダクトは、どれも同じ業界のなかで競い合いながら、素晴らしい成功を収めている。

　これらのプロダクトは、どれも機能とビジネスモデルの構成要素を絶妙な形で配置してユーザーを引きつける独自の方法を生み出すことによって、イノベーティブになっている。

6.4 ｜ まとめ

　この章では、バリューイノベーションを強烈に打ち出すという最終目標のために、アイデアを生み出し、つなぎ合わせていくためのさまざまな中間成果物とコンセプトについて説明した。デジタルプロダクトのバリューイノベーションは、プロダクトの主用途にフォーカスすることによって実現される。まず、バリュープロポジションを形にする最重要機能の見極めが大切だということを学んだ。競合と同じかわずかばかりよい程度のプロダクトを作っても時間の無駄だ。そこで、UXインフルエンサーからヒントをもらう方法を学んだ。ほかのプロダクトから機能、インタラクションパターン、ビジネスモデルのアイデアを抜き出し、それらをマッシュアップして、まったく新しいものを作るのである。最後に、ストーリーボードでバリュー

[*10] Edwina Langley, "Bumble Partners with Spotify（BumbleがSpotifyと提携）," *Grazia*, June 16, 2016, [編集注] 2022年9月現在、本記事の掲載は終了している。

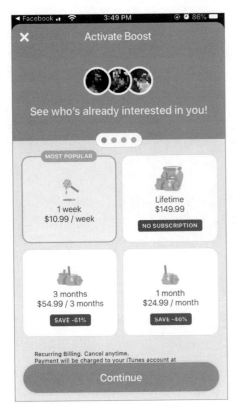

図6-15　Bumbleの生涯アクセスプラン＊11

イノベーションと新しいカスタマージャーニーを結びつけるストーリーを紡ぐ方法を学んだ。

　空想の世界はこれで終わりだ。次章では、実験のためにプロトタイプを作り、イノベーションを起こせるのかどうかを現実のなかで確かめよう。

＊11　[監訳注]日本語版のBoostプラン（サブスクリプション）は、1週間700円、1か月1,600円、3か月3,800円、6か月6,000円となっている。ほかPremiumプランもある（2022年9月時点）。

7章

プロトタイプによる実験

誤った戦略を追求して準備不足なのに多額の資金をつぎ込んではならない。
実験で確かめるというマインドセットが必要だ。[1]

——クレイトン・クリステンセン

　リーンスタートアップは、正しい路線を進んでいることを確認するために、早い
段階から頻繁にフィードバックを得ることを前提としており、これは基本要素3の
検証をともなうユーザー調査の基礎でもある。エリック・リースとスティーブ・ブラ
ンクは、できるだけ早くプロダクトの実験をすることが大切だと強調している。こ
のような「早い段階で学ぶ」という考え方は、今では既存の大企業でも見られるも
のだ。チームに5営業日を与えてソリューション案のプロトタイプを作成、テスト
させるGoogleデザインスプリントが広く導入されているのがその証拠である。

　UX戦略を成功させるためには、時間をかけない実験により、人々が本当にほし
がっているソリューションを届けているという確証を得る必要がある。そこで、ス
トーリーボードからMVP（Minimal Viable Product）やプロトタイプに急いで
乗り換えなければならない。これからの章の実験では、それらを使う。そうすれば、
チームの最新の推測が正しいかどうかを可能な限り早く知ることができ、実世界で
ビジネスモデルを機能させるために何が必要なのかという現実に否応なしに直面さ
せられる。プロトタイプの準備に入るここからは、UX戦略の4つの基本要素をす
べて同時に扱うことになる（**[図7-1]**参照）。

---

[1] Christian Sarkar, "RIP, Professor Christensen," *Christian Sarkar*, January 25, 2020, https://oreil.ly/mdLKA

ビジネス戦略	バリューイノベーション
検証をともなうユーザー調査	フリクションレスなUX

図7-1　UX戦略の4つの基本要素

7.1 ｜ 全力を尽くすこと

　4章で取り上げた父の失敗に終わったホットドッグスタンド購入よりも前に、私は母がサンフェルナンドバレーの自宅ベッドルームのクローゼットからビジネスを起こして成功させたところを見ていた。1970年代始めのことで、35歳だった母はテニスに恋をした。70年代のアメリカはテニスの時代だった。ジョン・ニューカム、ケン・ローズウォール、クリス・エバートといった選手がウィンブルドン、全米オープン、全仏オープンのテレビ中継に登場し、人気が加熱した。全米各地で裏庭にテニスコートが作られ、市民教室に本格的なテニスの講座が加わり、トーナメント試合が次々に新設された。晴れの日が多い南カリフォルニアでは、テニスはアッパーミドルクラスの人々のライフスタイルに欠かせないものになった。私は小学校に通っていたが、母はまだよちよち歩きの弟の手を引いて地元の公園にレッスンを受けに行っていた。彼女には天性の才能があり、強烈なスライスリターンを身につけて、レッスン開始6か月後には、女子ダブルスのトーナメントで最初のトロフィーを勝ち取った（**【図7-2】**参照）。

　母が試合の先を考えるようになるまでそれほど時間はかからなかった。ある日、ダブルスのパートナーであるリー・クレイマーとランチをしていたときに、インスピレーションがやってきた。ふたりはコートの内外を問わず、テニスのことは何でも大好きだった。しかし、手頃な価格のテニスウェアを見つけるのはほぼ不可能だということで意見が一致した。そこでロサンゼルスでテニスウェアのディスカウントショップの競合調査をしてみると、思いがけずブルーオーシャンに行き当たった。

FIRST TENNIS TROPHY FALL/72

図7-2　テニスで取った最初のトロフィーを持つロナ・レヴィの写真（1972年）

彼女たち自身が、バリュープロポジションだったのである。

　ふたりはそれぞれ投資できる資金を500ドルずつ持っていた。どちらもリテールの経験はなかったが、リーには簿記の知識があった。母は弁護士の秘書として働いたことがあるだけで大学には行っていないが、なかなかのやり手だった。彼女は、試験操業をして、自分たちのバリュープロポジションを試してみようと提案した。彼女は家族ぐるみで付き合いのある友人のひとりに接触し、商品の仕入れを手伝ってもらえるかを探った。彼は低価格衣料業界で働いており、ロサンゼルスのダウンタウンにある衣料メーカーには詳しかった。彼は映画女優のエルケ・ソマーとも知り合いで、エルケはテニスウェアの新ラインアップをわずかな利幅で母たちに卸してくれることになった。母とリーは、テニスドレス4点、パステルスカート10点、スポーツブラ12点を仕入れ、あとは顧客を見つけるだけというところまで漕ぎ着けた。

　ふたりはまず、テニスコートで顧客を獲得しようとした。母のシボレーのトランクからテニスウェアを出してきて見せたのである。しかし、外から見えないところで試着できないと買ってもらえないことがわかった。そこで、ふたりは地元のテニ

スクラブ参加メンバーの名前と電話番号のリストを手に入れた。おしゃべりからの流れで自宅に呼び込んだのである。学校から家に帰ると、母のベッドルームで何十人もの半裸の女性たちがうろうろしているのを見かけたものだ。彼女らは、母に別のウェアも試してみたらと言われていたのである。その後、ふたりはビバリーヒルズの豪邸で開催されたチャリティーイベント（売上の10%を寄付する）にも招かれた。豪邸のガレージに仮設の試着室を作り、大量の商品を持ち込んで、この裕福な顧客セグメントに売りさばいた。こういった実験は、最終的にふたりに大成功をもたらした。『LAマガジン』で「ロスのお買い得トップ10」として取り上げられたこともあった[2]。初年度のうちに1万ドル分もの在庫資産を築き、ビバリーヒルズ、オーハイ、パシフィックパリセーズを含むロサンゼルス近郊全域で顧客基盤を確保した。そこで、ベッドルームのクローゼットから飛び出し、ベンチュラ大通りにリアル店舗を構えた。ラブマッチ・テニスショップ（**[図7-3]**）が正式に誕生したのである。

図7-3 リー・クレイマー（左）とロナ・レヴィ（右）。
ラブマッチ・テニスショップの前で（1974年）

---

[2]　Rena LeBlanc, "The Ten Biggest Bargains in L.A.," *LA Magazine*, July 1973.

ビジネスは最初から好調で、ふたりは基本的に利益を在庫の充実化のために再投資した。自由に使える収入と柔軟なスケジュールに恵まれて子育ては順調で、テニスも続けられた。3年後、ふたりは新しいショッピングモールに店を移転した。広さは3倍になった。ラブマッチ・テニスショップは好調を維持し続けたが、10年ほどたったところで母は別のことにチャレンジすることにした。ふたりが適正だと思う価格でリーが母の株式を買い上げた。テニスの公式試合の終了時に見せるマナーに従い、ふたりは握手してビジネスパートナーシップを解消した。

ここで学んだこと

- [ ] 起業して成功を収めるためにMBAは不要であり、大学教育さえいらないが、ビジネスパーソンとしてやり手でなければならない。

- [ ] 最初は小規模に。大きなアイデアがある場合には、何とかしてプロトタイプを作ろう。行動を起こすことによってリスクマネジメントをする。小さな賭けを素早く繰り返そう。

- [ ] 自分の仕事をこなすスタミナがある限り、パートナーであり続けよう。しかし、そのような時期が終わったら、握手をして静かに会社を去ろう。

7.2 | 私が実験中毒になったいきさつ

2011年の始め、私はシスコシステムズのUX戦略コンサルタントとして在宅勤務でフルタイムで働いていたが、それと同時に、自分の手を動かす小規模な仕事ができる技術系スタートアップを地元ロサンゼルスで探していた。3月になって、ものごとをはっきりと言う陽気で強気な起業家で、ニューヨーク大学の同窓生でもあるジャレッド・クラウスが起業すると聞いて会うことにした。彼は、人々があらゆるタイプのものやサービスを簡単に交換できる画期的なオンラインプラットフォームの作成という壮大な計画を抱えていた。しかも、最初の出資者も確保できていたのだ。確かに、物々交換のためのプラットフォームはほかにもあったが、AIを活用し、共通の興味や地理的な近さに基づいてユーザーをマッチングするものはなかった。

私は大企業のフルタイムの仕事、離婚、幼稚園に通い出した息子を抱えながら、すぐにこのプロジェクトの仕事も始めた。約6か月後には、ビジネス要件、プロジェクトのロードマップ、情報設計が完成し、ユーザーの操作を描いたワイヤーフレー

ムも半分ぐらいできていた。私たちのバリュープロポジションは、基本的に「物々交換のためのOkCupid」と言うべきものであり、ジャレッドの言葉を借りれば「あげていいもののマッチングサイト」だった。このシステムには、顧客に他人にあげられるものと欲しいものを全部まとめたリストを作ってもらうという壮大な前提があった。バックエンドのアルゴリズムがそれを使って適切な人同士をマッチングするのである。プロジェクトは意欲的で複雑だった。

しばらくたったある日のこと、ワイヤーフレームのレビューの冒頭で、ジャレッドは私にUX関連の作業の中断を指示した。代わりに、ニューヨークタイムズでベストセラーとして紹介されている『リーンスタートアップ』[*3]を読めというのである。それからの2日間、私はパサデナのアロヨセコ公園にハイキングに行きながら、その本の音声版を聞いた。

この本からは何度も大きな衝撃を受けたが、リースがプロダクト戦略に単純な構築‐計測‐学習のフィードバックループ（[図7-4]参照）を応用しているのもそのひとつだった。2章で説明したように、最初は1個以上のMVPにすぐに組み込めるようなアイデアから始まる。MVPを作って潜在顧客に見せると、フィードバックという形で計測可能なデータが得られる。このフィードバックから学習し、アイデアを改良する。これを繰り返すのである。

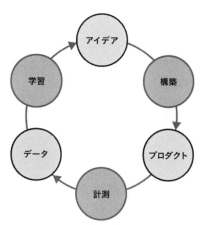

図7-4 エリック・リース『リーンスタートアップ』に書かれている
構築‐計測‐学習のフィードバックループ

*3 Eric Ries, *Lean Startup*, Harper Business, 2011. 邦訳『リーンスタートアップ—ムダのない起業プロセスでイノベーションを生みだす』日経BP、2012年。

私は『リーンスタートアップ』の原則に揺り起こされ、ふたつの恐ろしい現実に直面することになった。ひとつは、ジャレッドと私のプロダクト開発の行動指針を根本的に変えなければならないことだ。それにより、私はUXに注いできた膨大なハードワークを投げ捨てるか中断しなければならなくなる。もうひとつは、伝統的な「ウォーターフォール型」開発モデルに基づく私のUX戦略とデザインメソドロジーの実践が完全に時代遅れになっていることだ。作業のルールは完全に変わった。

- バージョン1.0の大々的なローンチに向けたUX戦略フェーズは止める。プロダクト戦略のさまざまな側面をきっちりと表現する小さな事前リリースバージョン（MVP）を作り、段階的に改良していくための計画を立てなければならない。

- ひとりで仕事をしてチーム（ステークホルダー、開発者、デザイナー）にはドキュメントを渡すだけという作業スタイルを止める。できる限り早くプロダクトがリリースされるように、彼らとの継続的な共同作業で戦略を練っていくようにする。

- プロダクトを作ったあとで顧客がそのプロダクトを気に入ってくれますようにと祈るのはもう止める。これからは開発の過程でバリュープロポジションのエッセンスである最重要機能を検証するために、クライアントを巻き込んだ実験をさせてくれと主張しなければならない。

　プロジェクトの半ばでやり方を変えたため、ストレスがとても溜まった。それに加え、出資者たちが不満を溜めてきており、私たちのプロダクトが成功する根拠を示す具体的な証拠を求めてきた。そして私たちは、「古いノートパソコンなんてCraigslistですぐに売れて、手に入れた現金で欲しいものが買えるのに、満足できる交換ができるまで待とうと思う人間がいるのだろうか」という疑問を絶えず浴びていた。ジャレッドと私は、MVPですぐに実験を始め、私たちのお花畑的なビジョンがお花畑星のおとぎ話ではないことを示さなければならなかった。
　難しかったのは、バリュープロポジションを正しく検証してくれるはずのUXの断面を切り出してくることだった。ジャレッドは、自分の並外れたマーケティング能力があれば十分な数の人々をランディングページに連れて来られると自信満々

だった。それでも、すぐにわかる情報が掲載され、空っぽのショッピングモールのようには感じないランディングページがなければ話にならない。

　最初の実験は、交換に出したいものを持っている人に交換でもらってもよい同等のものが多数あるか、欲しいものが特定の何かに決まっているかで、交換が実現しやすいのはどちらなのかのテストだ。これを知るためには、すぐに交換を実現させなければならなかった。そこで、ジャレッドがあるアイデアを出してきた。予想される顧客セグメントにとって非常に魅力的なものを毎日ひとつずつ選び、交換対象としてスポットライトを当てるというものだ。こうすれば、交換への入札が増える可能性が高くなり、取引成功にもつながるだろう。

　判断がもっとも難しかったのは、バックエンドのコードやデータベースを開発せずに、フロントエンドで初歩的な物々交換を実現するためには、プロトタイプに何が必要かについての見極めである。そのため、私たちはバリューイノベーションそのものにフォーカスしなければならなかった。TradeYa[*4]のバリューイノベーションとは、お金を払わずに欲しいものを手に入れられるようにすることだ。見知らぬ他人との交換に積極的に参加する人々が必要になる。議論に議論を重ねた結果、ジャレッドと私は、Craiglistがアカウントなしでも完璧に機能しているのだから、TradeYaプロトタイプでもそうだろうと判断した。その結果、私はパーソナライゼーションとトランザクション関連のワイヤーフレームをすべて切り捨てた。プロフィールもカートもレビューもすべてなしだ。単純にMVPにそういったものは不要だったのである。

　週末をまるまる潰してジャレッドと私は机を並べ、開発者が必要とするUX関連のドキュメントをすべて用意した。「今日の交換」は、翌週の水曜日に完成した。

　[図7-5]は、リーン前のオリジナルのTradeYaとリーン後最初のMVPのサイトマップだ。

　[図7-6]は、リーン前後のホームページのワイヤーフレームを示している。

　UXのドキュメントをちらっと見ただけでも、ファットだったプロダクトがどれだけリーンになったかは明らかだろう。ジャレッドが手作業で一つひとつの交換を支援したのも、私たちがこのようなことをできた大きな理由のひとつだ。彼は、関係者間のメールで交換の手順を固めたり、直接交換の日時を調整したりした。交換が円滑に進むようにコンビニの前まで行って仲介者的な役割を演じるようなことさ

＊4　［監訳注］これまでに説明されているプロジェクトの物々交換プラットフォームのこと。

リーン前のTradeYa 1.0（2011年）

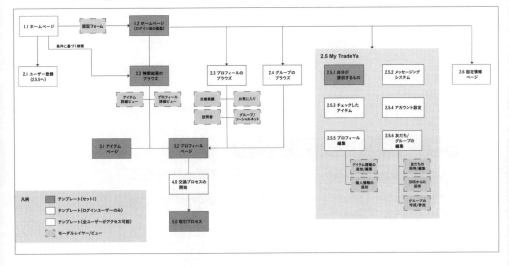

リーン後のTradeYa MVP（2012年）

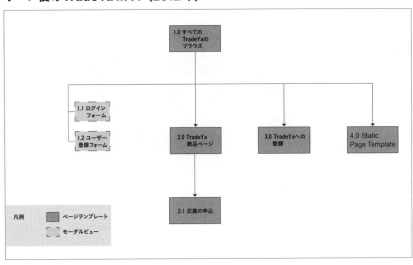

図7-5　リーン前と後のTradeYaのサイトマップ

リーン前のTradeYa 1.0 (2011年)

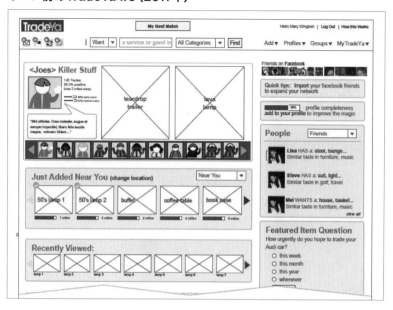

リーン後のTradeYa MVP (2012年)

図7-6　リーン前と後のTradeYaのホームページ

えした。

　しかし、その後ジャレッドは実験をさらにハードなものにした。チームの全員（出資者、開発者、デザイナー、その他も含めた全員）が商品やサービスを持ち寄って、交換を成功させるまでテストをしなければならないと強く主張したのである。それまで私は交換に手を突っ込むつもりなどなかった。交換に出したい（あるいは交換で欲しい）古いソファーやパソコンなどなかった。そこで、私は自分のUXスキルを交換に出すことにした（[**図7-7**]参照）。私が「今日の交換」に出品したのは、Skypeで2時間のUXコンサルティングを受ける権利だった。交換対象に大きなこだわりはなかったが、古いFlash動画数本をYouTube動画に変換するという作業を手伝ってくれる人がいればという個別具体的な思いもあった。

　それは恐ろしい経験だったが面白いものでもあった。それ以上に、「あげていいもののマッチングサイト」というもともとのバリュープロポジションがぴったり合う取引だった。ポートランドのデジタルコンサルタント、エドワードからの申し込みを受け入れるまで24時間もかからなかった。点と点がつながったということを心の底から感じた。TradeYaのバリュープロポジションとUXは、eBayよりもむしろOkCupidにずっと近いことを直接体験した。私たちの交換は成功だった。エドワードは私のアニメ動画シリーズをYouTubeに投稿し、私はポートランドでUXの仕事を手に入れる方法を教えた。就職面接の紹介さえした。ユーザージャーニー全体が魔法のようだった。ふたりとも相手のスキルから非常に大きな満足を得た上

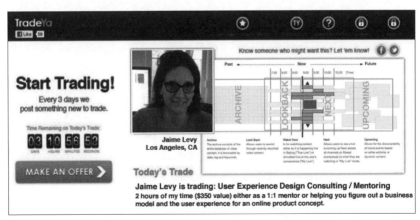

図7-7　私自身の「今日の交換」

出品物は「ユーザーエクスペリエンスデザインのコンサルティング/メンタリング」で、「一対一のメンタリングか、オンラインプロダクトのビジネスモデルとUXのコンサルティングのために2時間（350ドル相当）を提供する」と説明している。

に、W-9（納税申告書）を書かずに済ませられたので、スキル交換には額面以上の価値があった。出資者たちも自分が見たものに満足した。おかげで、私たちはバリュープロポジションの検証という究極の目標のために実験を続けられた。

7.3 │ 実験の今日的な定義

ジャレッドとTradeYaプロジェクトの仕事をしたおかげで、この章冒頭の引用でクレイトン・クリステンセンが言っている「実験で確かめるというマインドセット」がどういうものかをよく知ることができた。必要なコーディングを最小限に抑えてビジネスアイデアを検証できることも気に入った。荒削りなコンセプトをぽんと置いて爆発させ、人々がどのように反応するかを観察するやり方には、パンクロックの精神に通じるところさえある。スプリットテスト（A/Bテスト）は、ステークホルダーやチームメンバーとの議論を中止させる真っ当な方法だということも学んだ。「正しいのは私かもしれないし、あなたかもしれない。両方のアイデアを試して白黒つけましょう」と言うだけで論争は終わる。

しかし、ここで一歩下がって、実験とは一体何なのかを正確に思い出そう。実験の目的は、仮説を検証し、計測可能な結果に基づいて仮説が正しいかどうかを判断することである。実験は多様であり、実験室で行われるものも現場で行われるものもある。比較のための対照群を設けることも設けないこともある。予算次第で大規模にも小規模にもなる。しかし、どのようなタイプのものであれ、実験とは変数の検証のことである。変数とは、制御、変更できる項目、要素、条件などのことである。実験における変数の観察では、因果関係を探す。変数を変えたときに何が起きるかについての観察可能な証拠を計測し、実証的につかむことが目的なので、実験にかかる時間は有限になる。

ずいぶん科学っぽい話だと感じるのではないか。ここで「基本要素1：ビジネス戦略」と「基本要素3：検証をともなうユーザー調査」に立ち返ろう。バリュープロポジションの実験は仮説から始まる。推測と仮説はとかく混同されがちだ。3章でも述べたように、推測とは、「ブルックリンに住むほとんどのミレニアム世代は、ヴィーガンのアイスクリームを好む」のように自分が正しいと思うことである。仮説も正しいと思うことではあるが、曖昧なところが残らない形で述べられているため検証できる。エリック・リース『THE LEADER'S GUIDE』[*5]の説明を引用するなら、たとえば、「ブルックリンに住むミレニアム世代の75%は、その方が環境

に優しいと考えているのでヴィーガンのアイスクリームを食べている」のような「反証可能な仮説は、誤っていれば論理的に指摘できるぐらい個別具体的な予言」である。この仮説は、ブルックリンに住むミレニアム世代で、ヴィーガンのアイスクリームを食べている100人に理由を尋ねれば検証できる。仮説を立てたら、その仮説が正しいかどうかを証明するデータを獲得できるもっとも経済的で効率的な方法を考えることになる。

7.3.1　実験を表す業界用語集

さまざまなタイプの実験が業界用語で呼ばれており、すでに名前があるものにも新しい名前が次々に付けられている。なかにはちょっと意味が違う場合もあり、混乱に拍車をかけている。しかし、一部の用語には根強い人気があり、いつまでも使われ続けている。ここでは、バリュープロポジションの実験についてのそのような業界用語を紹介する。

▶ **コンシェルジュ**

コンシェルジュは、基本的に門番という意味のフランス語の単語である。ホテルやマンションのコンシェルジュの仕事は、顧客（借主、宿泊客など）が建物に入った瞬間から、フリクションレスなエクスペリエンスを楽しめるようにすることだ。コンシェルジュ型のMVP、プロトタイプは、インターフェイスなしで顧客のエクスペリエンスをシミュレートしようとする。また、ユーザーがプロトタイプを操作しているときにできる限りフリクションを感じないようにすることを目指す。バックエンドを構築する時間やリソースがない場合には、そこを人力でカバーする、これは、まさにジャレッドがTradeYaの取引を促進するためにしたことである。

▶ **オズの魔法使い**

デジタルサービスのシミュレーションは、実際には1983年にJ・F・ケリーがIBMで行ったAIの実験までさかのぼる。彼は、オズパラダイムと呼んだものについて、「参加者に、まるで人間のように英語がわかるプログラムと話をしているような印象を与える実験シミュレーション」であり、「実験者が必

要に応じて〈魔法使い〉の役回りを演じ、参加者に気づかれないようにしながら会話に割り込んで、返答したり新しい話題を振ったりする」[*6] と説明している。これがのちにオズの魔法使い手法と呼ばれるようになった。参加者は話し相手のプロダクトが完全に機能すると思っているが、概念検証の段階では、実際には目に見えない人間のオペレーターに操られている。コンシェルジュとは異なり、顧客は人間が介在していることを知らない。

▶ スモークテスト

この手法は、バリュープロポジションに顧客の需要が十分あるかどうかを明らかにするもので、製作者が実際のプロダクトやサービスの構築に進んでもよいかどうかを判断するために使われる。もともとこの用語は、初めて電源を入れたときに回路基板から煙が出ないかどうかをチェックするという意味でハードウェア開発の現場で使われていたものである。要するに、スモークテストは、プロダクトやそのコンセプトの明らかな欠陥を見つけて、かならず失敗するものをリリースするのを避けようということだ。スモークテストには、顧客体験の完全なシミュレートはしないというユニークな特徴がある。ボタンが何回クリックされたかを計測したり、サインアップ情報を集めたりして顧客の関心度を測る。しかし、サインアップ情報を入力しても、先に進まなかったり、「近日公開」ページに連れていかれるだけだったりして、顧客は実際のプロダクトやサービスを手に入れるわけではない。9章で取り上げるランディングページ実験もスモークテストの一種である。

▶ サービス紹介動画

プロダクトのメリットを説明する短編の動画、アニメである。企業のランディングページ、YouTube、KickstarterやIndiegogoのようなクラウドファンディングサイトで見かけるものだ。投資家を引きつけたり、資金を調達したり、プロダクトの訴求力を検証したり、ユーザーを獲得したりするために使われる。メールアドレスなどの個人情報を提供してくれた潜在顧客の数によって、プロジェクトを先に進めるかどうかを判断する。

---

*6 J. F. Kelley, "An Empirical Methodology for Writing User-Friendly Natural Language Computer Applications（ユーザーフレンドリーな自然言語アプリケーションを書くための実証的メソドロジー）," Proceedings of ACM SIG-CHI '83 Human Factors in Computing Systems, December 12-15, 1983.

▶ 機械仕掛けのトルコ人

1770年のこと、ヴォルフガング・フォン・ケンペレンという発明家が、オーストリア皇妃のために自動チェス指し機のデモンストレーションを行った[7]。この機械は、「機械仕掛けのトルコ人」とか「ターク」と呼ばれ、数十年にわたってヨーロッパの各地を巡回し、チェスを指して、ナポレオンやフランクリンといった政治家を含む挑戦者たちを打ち負かしてきた。しかし、挑戦者たちは、実際には機械のなかにチェスの名人が隠れていたことを知らなかった。機械ではなく、名人と指し合っていたのである。今日、プロダクトについてメカニカルターキングする（機械仕掛けのトルコ人をする）と言う場合、複雑なデジタルプロダクトをシミュレートするために、人力のバックエンドでフロントエンドを作るという意味になる。多様な人々の労働力を自在に増減できる形で提供して、細かい作業のアウトソーシングを実現するAmazon Mechanical Turkを使えばそういうことが可能になる。クラウドソーシング版のオズの魔法使い手法のようなものだ。

7.4 | バリュープロポジションを検証するためのラピッドプロトタイピング

バリュープロポジションを検証するための実験は時間をかけてすべきものではなく、完全に機能するサイトやアプリは不要だ。ここでプロトタイプの出番がやってくる。プロトタイピングについては、エキスパートやエキスパートもどきがさまざまな意見を言っている。私がここで話そうとしているのは、プロダクト戦略の検証のために過去30年プロトタイプを使って成功してきた私の方法である。まず、基本概念から説明していこう。

オックスフォード英語辞典（OED）によれば、英語のprototypeという単語には500年近い歴史があり、ラテン語の**prototypum**が語源だという[8]。技術の発展とともに言葉の定義も変化し、今では「評価用に少数作られる、あるいはそこから改良、変更されたバージョンを開発するための予備的なバージョン」という意味になっている。

---

[7]　"Mechanical Turk," *Wikipedia*, https://oreil.ly/LZlj2

[8]　OED Online, s.v. "prototype," accessed January 14, 2021, https://oreil.ly/Kjztk

デジタルプロトタイプは、ソリューションの本格的な構築の前にコンセプトを検証するための概念実証バージョン（PoC）である。自分たちが最終的に生み出そうとしているエクスペリエンスに馴染んでもらえるようなものでなければならない。動いたり、やり取りしたりできなくてもかまわない。コストをかけてもかけなくても、急いで作ってもゆっくり作ってもかまわない。経営陣の支持を取り付けるためとか、未来の顧客からのフィードバックを得るためといったさまざまな目的のために使える。

　プロトタイプは、プロダクトの全般的な実現可能性やユーザビリティの検証に使える。プロトタイプを作れば、大小さまざまなアイデアを反復的に開発、評価、改良できるようになる。プロトタイピングの詳細については、キャスリン・マッケルロイの『デザイナーのためのプロトタイピング入門』を読むとよい[9]。

7.4.1　ラピッドプロトタイピングとは何か

　ラピッドプロトタイピングという用語は、製造業で生まれたものである。製造業では、大量生産に入る前にプロダクトをテストするためにラピッドプロトタイピングを使っている。同様に、デジタルプロダクトのデザイナーたちも、プロダクトの動作バージョンを構築、検証するための手っ取り早くコスト効果の高い方法としてラピッドプロトタイピングを採用している。

　ラピッドプロトタイピングの「ラピッド」の部分は、このタイプのプロトタイピングのスピードの速さを表している。ラピッドプロトタイプの構築にかかる時間の単位（つまり、単位が日、週、月のどれか）は、実際にはプロジェクトの範囲とチームの規模というふたつの要因によって決まる。ラピッドプロトタイプは、かならずしもコーディングを必要としない。ポイントは習得しやすいプロトタイピングツールを活用し、新しいツールの習熟に時間をかけるのではなく、プロトタイプの作成のために時間を使うことだ。また、所要期間を計算し、最重要機能のプロトタイピングに集中するため

> プロトタイプはこれからそのプロダクトをデザインする人々に情報を与え、彼らをインスパイアし、悩ませるかもしれないが、最終製品ではない。

---

[9]　Kathryn McElroy, *Prototyping for Designers*, O'Reilly, 2017. 邦訳『デザイナーのためのプロトタイピング入門』ビー・エヌ・エヌ新社、2019年。

に、ストーリーボード（6章で作ったもの）とプロトタイプのアウトライン（このあとすぐ説明する）を用意しておくことがとても大切になる。2021年現在で広く使われているプロトタイピングツールについては、下記コラムを参照していただきたい。

ラピッドプロトタイピングの人気ツール

このリストは、ワイヤーフレーム作成機能があり、習得しやすく、代理店や大企業で広く使われている低価格、または無料のツールに特化しているので注意していただきたい。

▶ **Adobe XD (www.adobe.com/products/xd.html)**
サイト、モバイルアプリ、ボイスインターフェイス、ゲームなどの高忠実度デザインを作るために役立つコラボレーションツール。初心者の学習に役立つ多数のUIキット（UI要素や画面の部品を集めたもの）にオンラインでアクセスできる。

▶ **Figma (www.figma.com)**
ブラウザベースで、インストール、保存、エクスポートに煩わされずにデザイン、プロトタイピング、コード生成できるオンラインのコラボレーションツールで、デスクトップアプリケーションとしても動作する。複雑なアイコンやデザインを簡単に作れるベクターネットワークを活用している。

▶ **Sketch (www.sketch.com)**
macOS用のベクターグラフィックスによるデザインツールで、オンライン上の数千ものツールキット、プラグインを利用できる。高忠実度モックアップの作成、プロトタイプの構築、チームによるコラボレーション、成果物の顧客との共有などができる。

▶ **InVision Cloud (www.invisionapp.com)**
既存の高忠実度のデザインカンプをプロトタイプに変えるためのツール。イメージをアップロードし、ホットスポットでイメージをつなぎ、顧客による評価のためにモバイルデバイスにそれらをシェアできる。コメントの追加やバージョン管理も簡単にできる。

▶ **Balsamiq (https://balsamiq.com)**
スピーディに仕事を進められる低忠実度のワイヤーフレーミングツールで、ノートやホワイトボードにスケッチを描く体験を再現している。数百ものインタラクションパターン、アイコンを持っており、モックアップサイト、デスクトップアプリ、モバイルアプリを素早く作れる。

7.4.2 バリュープロポジションを検証するための
ラピッドプロトタイピングとは何か

　3章で説明したように、バリュープロポジションの主目的は、顧客がプロダクトに期待できるメリットは何かを伝えることである。たとえば、Airbnbのバリュープロポジションは、「世界中の宿泊施設を登録、検索、予約できるオンラインのコミュニティマーケットプレイス」だ。自室のエアマットレスを貸し出しますと宣伝する骨組みだけのサイトを使って、人々がそういうものに価値を感じるかどうかを試したとき、Airbnbの創業者たちは自分たちの最初のバリュープロポジションを検証していたのである。

　プロダクト戦略を練るために、バリュープロポジションの最重要機能にフォーカスしたプロトタイプを用意することが欠かせないのはそのためだ。自分たちのプロダクトはこれがあるために独自性があると考えている機能が、本当に潜在顧客に価値を提供しているかどうかを学ぼうということである。これは、デザインがいいかどうかとかプロダクトが使いやすいかどうかといったことよりもはるかに重要なことだ。ターゲット顧客がプロトタイプを見て、そんなものはいらないと言うなら、いいデザインや使いやすさは何の意味もない。そこで、プロトタイプを使って答えなければならない死活的に重要な問いは、次のようなものになる。

1. ソリューションはターゲット顧客が訴えている問題や大きなペインポイントを解決しているか。
2. ターゲット顧客は最重要機能に価値を感じるか。
3. ターゲット顧客はプロダクトにお金を出すか、そうでなくても収益につながるような形でプロダクトを使ってくれるか。

　1と2に対する答えは、バリュープロポジションの検証に役立つ。3に対する答えは、ビジネスモデルの検証に役立つ。このプロセスは、**概念検証**とか**ビジネスモデル検証**と呼ばれることがある。答えを得るためには、顧客から正確なフィードバックが得られる程度にリアルなMVPを使った実験が必要だ。

　プロダクト戦略を形作るために高忠実度プロトタイプを使うことを強く勧めたいのはそのためだ。**忠実度**とは、ビジュアルのディテールや機能の度合いのことである。低忠実度プロトタイプには、実験参加者が想像力を駆使しなければならなくなるという問題がある。実物のコンテンツなどの重要なディテールを省略すると、

参加者によっては何を見せられているのかわからなくて否定的な反応をする危険がある。

7.4.3　4ステップで進めるバリュープロポジションの ラピッドプロトタイピング

　6章では、最重要機能にフォーカスしてユーザーの視点からのナラティブを作り出さなければならない理由を説明した。実験のために使えるプロトタイプの作るための出発点として、ストーリーボードを使おう。次に、このプロトタイプを使って、定性/定量調査を実施する。8章では、ビデオ会議システムを使って、オンラインの参加者とプロトタイプを共有する。9章では、プロトタイプの画面を使ってランディングページ実験のアートワークを作る。

　経験を積んだデザイナーでなくても、ラピッドプロトタイピングは学べる。私は何年も前から南カリフォルニア大学（USC）で大学院レベルのUX戦略の講座を持っている。デザインの経験ゼロの学生でも、素晴らしいプロトタイプを作れる。実際、このあとの2章では、100時間もかけずに作ったラピッドプロトタイプがユーザー調査実験で使えることを示すために、学生たちが作ったものを使っていくつもりだ。

　私の学生のひとりで、UXデザイン界のスーパースターの卵であるジェシカを紹介しよう。彼女のバリュープロポジションは、自動運転エアタクシーを予約するためのモバイルアプリである。「ブレードランナー」*10 とCitymapperが合体したものだと考えればよい。ジェシカは、この段階に達するまでに、顧客発見プロセスでロサンゼルスに通勤する20代から30代の正社員が顧客セグメントだということを確認し、競合調査と分析でUber Airが最大の競合だということを明らかにしている。【図7-8】は彼女の手書きのストーリーボードで、顧客が彼女のソリューションからどのようにして利益を引き出すかを示している。

　このプロセスを「ラピッド」にするために、概念的な価値がほとんどないもののために時間を浪費したくない。

　ジェシカのストーリーボードは、ラッシュアワーに通勤しようとしている人が描かれている。そして、自動運転エアタクシーとほかのタイプの移動手段の組み合わせとか、手軽でスピーディな搭乗のためのQRコードの活用といった最重要機能の一つひとつに触れていく。ジェシカは、このようなインタラクションを絵にするこ

＊10　　[監訳注] 未来の空飛ぶ車が登場する1982年公開のSF映画。

①ジェンは職場に行かなければならないが、渋滞のために遅刻しそうだ。

②彼女は目的地と希望する到着時間を入力する。

③特徴別にルートの選択肢が表示される。彼女はエアタクシーを使う最速ルートを選ぶ。

④エアタクシー停留所までの道順が表示される。

⑤彼女はエアタクシーの1か月定期券を持っているので、搭乗時にQRコードをスキャンする。

⑥ジェンは遅刻しないで出勤できた。

図7-8　ジェシカの手書きストーリーボード

とにより、どのような画面が必要になるかをコンピューターの電源を入れることなく素早く把握できた。ジェシカは、このストーリーボードを出発点としてプロトタイプを作った。

　ジェシカは次の4ステップでプロトタイプを作った。ここからはその4ステップを詳しく説明する。

1. プロトタイプのアウトラインを書く。
2. プロトタイピングツールを起動し、UIキットを揃える。
3. プロトタイプのすべての画面を完成させる。
4. 流れを作る。

それでは、作業を開始しよう。

●ステップ1：プロトタイプのアウトラインを書く

　最初のステップは、ストーリーボードのナラティブに肉付けをしていく。ストーリーボードのキャプションを見て、インターフェイスに何らかの操作を加えていくところを書き写していこう。次のパネルに移るために複数の機能や新たなインターフェイスを作らなければならない場合もあるはずだ。だから、複数の画面に必要な操作を分割しなければならなくなっても驚くには当たらない。最重要機能がどのようなものか、いつも連続的に進むかそうでないかによって、ナラティブは直線的になることもそうでないこともある。機能、バリュープロポジション、ビジネスモデルに関して決定的な意味を持つ質問ができるような画面をユーザーに見せることが大切だ。

　プロトタイプの画面の一般的な枠組みを示しておこう。画面遷移の順序と数は、最重要機能をいくつ見せなければならないかによって柔軟に変えてよい。

▶ セットアップ
　一般に、ランディングページ、ホーム画面、ユーザーダッシュボードなど。

▶ 最重要機能1
　一般に1枚から3枚の画面を使って、バリューイノベーションを生み出す重要なインタラクションを打ち出す。

▶ 最重要機能2
　一般に1枚から3枚の画面を使って、バリューイノベーションを生み出す重要なインタラクションを打ち出す。

▶ 結果
　プロダクトがユーザーの問題を解決した結果や解決方法のメリットを表現する画面（複数でもよい）。

▶ 料金体系（該当する場合）
　アプリの月額使用料、パッケージ代金などを表示する。プロダクトの収益ストリームが広告なら、適切なプロトタイプ画面に広告がどのように表示されるかの例を入れることを検討すべきだ。

この枠組みに基づいて、ユーザーのインタラクションのアウトラインを書き、操作が発生する画面やページに名前を付けていこう。このアウトラインによって、何枚の画面が必要か、どのようなオリジナルコンテンツを作らなければならないかといったプロトタイプの大枠が決まる。あなたがユーザーフローをよく作っているなら、これは同じようなものだ。今書いているのは、ユーザーが私たちのプロダクトをどのように通り抜けていくかというジャーニーの有り様である。しかし、プロトタイプは機能が限られているので、最重要機能をつなぎ合わせただけの短い経路を作らなければならないところが異なる。

　ジェシカが書いたプロトタイプのアウトラインは次のようなものだ。

1. ホーム：ユーザーがアプリを起動すると、目的地の入力を求められる。
2. 目的地詳細情報：職場の住所、午前8時45分という到着時間の制限を入力してから、「ルートの選択」をクリックする。
3. ルート選択：制限時間までに目的地に到着するルートのうち、最速ルート、景色がよいルート、その他のルートを選ぶ。ユーザーは最速ルートを選ぶ。
4. ルートの概要：行程内の徒歩、飛行、その他の輸送機関の内訳と料金情報が表示される。ユーザーは「出発」をタップする。
5. 徒歩のコース：もっとも近い駅/停留所までの徒歩の道順を地図で細かく説明する。
6. エアタクシー搭乗案内：エアタクシーの搭乗方法を細かく説明する。
7. エアタクシー料金支払い：すでに1か月定期券を持っているので、それを使うために、この画面で「定期券を使う」をタップする。
8. エアタクシーコース：次に到着したエアタクシーに搭乗するためにスキャナーにQRコードを示す。搭乗手続きが終了すると、現在位置と出発時間が表示される。
9. バスコース：ユーザーはバス停の近くにあるエアタクシー停留所に到着する。最寄りのバス停までの徒歩の道順が示され、次のバスの発車時間、下車する停留所と到着時間が表示される。

●ステップ2：プロトタイピングツールを起動し、UIキットを揃える

選んだプロトタイピングツールを起動し、アウトラインの各画面のために空白の
アートボードを作る。プロトタイプを表示する予定のデバイス（デスクトップ、タ
ブレット、スマホ）に合った画面比率を使うこと。ジェシカは出先でアプリを使う
通勤者のために、スマホの画面比率を選んだ。

次に、プロトタイピングの作業時間を短縮するために、エレメントや全体画面を
集めた無償UIキットをオンラインで探す。プロらしいリアルな感じのプロトタイ
プを作るために、評価が確かなUX/UIデザインパターンを採用しているものを選
ぼう。自分のプロトタイプのアウトラインを頭に置きながら、個々のUIキットを
ざっと見て、役に立ちそうなエレメントや画面があるものをチェックする。使えそ
うなUIキットをできる限り多くダウンロードしよう。そして、ステップ3に入った
ときにアクセスしやすいようにそれらを整理しておこう。

ジェシカは、輸送機関の予約に特化したものを含め、複数のUIキットを見つけ
た（[図7-9]参照）。

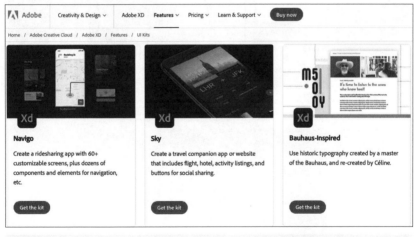

Navigo
ライドシェアリングアプリ作成用。
60種以上のカスタマイズできる画面
と数十種のナビゲーション用コン
ポーネント、エレメントを備えてい
ます。

Sky
旅行支援アプリ、サイト作成用。フ
ライト、ホテル、アクティビティの
リスティング、SNSシェア用ボタン
を備えています。

Bauhaus-inspired
バウハウスの巨匠がデザインし、セ
リーヌ・フルカが復刻した歴史的な
フォント。

図7-9　ジェシカが使ったAdobe XDのUIキットの例

●ステップ3：プロトタイプのすべての画面を完成させる

　個々のアートボード画面に、集めてきたUIキットのなかから使えるUIエレメントを置いていく。次に、プロトタイプアウトラインの説明通りに操作できるようにUIエレメントをアレンジし、画像などの要素を追加する。調和の取れたデザインにするために、色、フォント、体裁を調整しよう。そして、競合やUXインフルエンサーの関連画面やページと自分のデザインを比較し、重要な要素を入れ損なわないようにする。かならず対象デバイスの画面で表示して、グラフィックスとテキストの縦横比が正しいことを確認しよう。アウトラインに含まれているすべての画面が完成するまで、この作業を繰り返していく（[**図7-10**] 参照）。

　ジェシカは、UIキットのエレメントを配置して修正を加え、さらに地図（Google Earthのものを使っている）などの足りないコンテンツを補った。また、自分で選んだカラースキームとフォントにUIエレメントを合わせて、借り物感を消した。

図7-10　ジェシカのプロトタイプ画面のアートボード

● ステップ4：流れを作る

　すべての画面のデザインを完成させたら、人々にバリュー・プロポジションを理解してもらうために必要なアニメーションやインタラクションを考える。アニメーションは、画面やモーダルビューの間の単純な遷移からeコマース取引の複雑なシミュレーションまでのさまざまなものが考えられる。顧客にアピールするために、単純に最重要機能以前と以後を対比してもよい。アニメーションを一切使う必要がない場合もある。

　同じことがインタラクションにも言える。私は、ステークホルダーに支持してもらうために、何か月もかけて、すべての機能が見られるフル機能のプロトタイプを作ったことがある。しかし、顧客を対象としてバリュープロポジションを検証することが目的なら、ひとつの画面から次の画面までスワイプできるようにするだけで十分な場合が多い。学生たちには、最初からデモをやり直さなければならない場合のために、ロゴを押せば必ず最初の画面に戻れるようにしなさいと教えている。次の最重要機能にアクセスするためにホーム画面に戻らなければならないような直線的でないナラティブを示すときにもこれは役に立つ。プロトタイプはかならずクラウドに送り、作業を進めるたびにテストして、UXの流れが滑らかになっていることを確認しよう。ラピッドプロトタイピングでは、画面のその他の部分に巨大なホットスポットを置いて、ただ画面を先に進められるようにしておくのも簡略化の手だ。この通り、プログラミングは一切いらない（**［図7-11］**参照）。

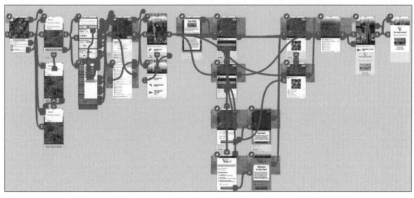

図7-11　ジェシカのプロトタイプのリンク参照

おめでとう。あなたとジェシカはプロトタイプを完成させた。何千ドルもかからないし、何週間もかからないし、開発者チームもいらない。次のステップは、潜在顧客に共有するときに簡単にアクセスできるようにすることだ。タブレットやコンピューターを前にして直接見せることも、次章で説明するようにオンラインで見せることもあるだろう。

7.5 ｜ まとめ

　この章で学んだのは、ターゲット顧客を使ってテスト、検証していないプロダクトのために時間、資金、労力を無駄にしてはならないということだ。私の母のように商品を自宅ベッドルームのクローゼットから出して見せるようなことをしても、顧客がプロダクトのエクスペリエンスを楽しめるように案内人にならなければならない。

　8章では、プロトタイプを使ってターゲット顧客をオンラインユーザー調査に引き込み、定性的なフィードバックを集める方法を説明する。9章では、プロトタイプの画面を使ったランディングページ実験で定量データを集める方法を説明する。

8 章

オンラインユーザー調査

賭けに出ろ。殻を破れ。睡眠を削ってかならずやれ。
不満を直視しろ。新しい視点でもっと波風を立ててやれ。[1]
　　——ジョイ・ディヴィジョン、1979

　バリュープロポジションとビジネスモデルに関する仮説は、時間をかけない実験によりユーザー自体を使ってすぐに検証できる。この章では、「基本要素3：検証をともなうユーザー調査」（**[図8-1]**参照）にフォーカスし、オンラインで定性調査を実施する方法を学ぶ。7章で作ったプロトタイプを使い、潜在顧客が自分たちのプロダクトについてどのように感じ、どのように思っているかの真実にオープンマインドとオープンハートで迫っていく。この構造化されたユーザー調査により、アクショナブルな結論をつかみ取る。

ビジネス戦略

図8-1　基本要素3：検証をともなうユーザー調査

＊1　　　Joy Division, "Autosuggestion," *Earcom 2: Contradiction*, Fast Product, 1979.

8.1 │ 2020年3月のタイムライン

次のタイムライン（[図8-2]から[図8-4]）は、アメリカでCOVID-19パンデミックが始まった当初のさまざまな出来事を表している。私の場合、何よりもまず学生の安全を保つために、ユーザー調査の実施方法をすぐに変更しなければならなかった。

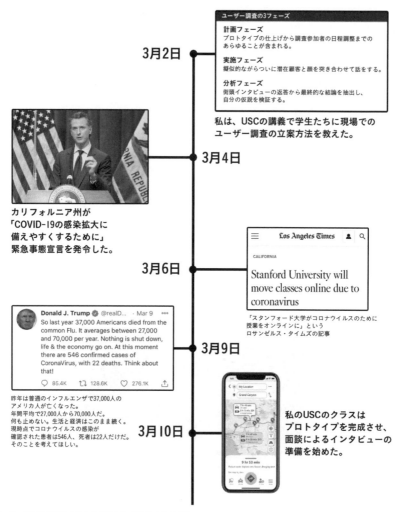

ユーザー調査の3フェーズ

計画フェーズ
プロトタイプの仕上げから調査参加者の日程調整までのあらゆることが含まれる。

実施フェーズ
擬似的ながらついに潜在顧客と顔を突き合わせて話をする。

分析フェーズ
街頭インタビューの返答から最終的な結論を抽出し、自分の仮説を検証する。

3月2日

私は、USCの講義で学生たちに現場でのユーザー調査の立案方法を教えた。

3月4日

カリフォルニア州が「COVID-19の感染拡大に備えやすくするために」緊急事態宣言を発令した。

3月6日

「スタンフォード大学がコロナウイルスのために授業をオンラインに」というロサンゼルス・タイムズの記事

3月9日

昨年は普通のインフルエンザで37,000人のアメリカ人が亡くなった。
年間平均で27,000人から70,000人だ。
何も止めない。生活と経済はこのまま続く。
現時点でコロナウイルスの感染が確認された患者は546人、死者は22人だけだ。
そのことを考えてほしい。

3月10日

私のUSCのクラスはプロトタイプを完成させ、面談によるインタビューの準備を始めた。

図8-2　2020年3月2日から10日までのタイムライン

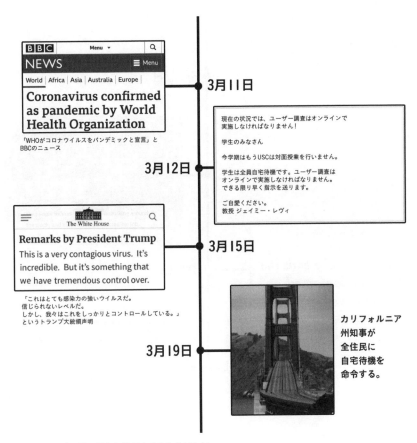

図8-3　2020年3月11日から19日までのタイムライン

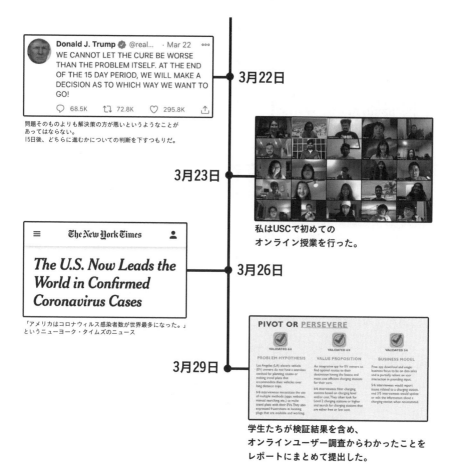

Donald J. Trump ✔ @real... · Mar 22 •••
WE CANNOT LET THE CURE BE WORSE
THAN THE PROBLEM ITSELF. AT THE END
OF THE 15 DAY PERIOD, WE WILL MAKE A
DECISION AS TO WHICH WAY WE WANT TO
GO!

💬 68.5K   ⟲ 72.8K   ♡ 295.8K   ⬆

問題そのものよりも解決策の方が悪いというようなことが
あってはならない。
15日後、どちらに進むかについての判断を下すつもりだ。

3月22日

3月23日

私はUSCで初めての
オンライン授業を行った。

The New York Times

The U.S. Now Leads the World in Confirmed Coronavirus Cases

「アメリカはコロナウィルス感染者数が世界最多になった。」
というニューヨーク・タイムズのニュース

3月26日

3月29日

学生たちが検証結果を含め、
オンラインユーザー調査からわかったことを
レポートにまとめて提出した。

図8-4　2020年3月22日から29日までのタイムライン

8.2 | ユーザー調査入門

ユーザー調査を実施する目的は、プロダクトのバリュープロポジションを確かなものにしていくために、ターゲット顧客のニーズと目標を知ることだ。ユーザー調査には定性的なものと定量的なものがある。両者にはそれぞれ長所と短所があるので、両者の違いを把握することは大切である。プロダクトとプロセスにとってもっとも効果的な調査はどちらかを判断できるようになりたい。

定量調査は、計測可能な数値形式のデータポイントを集めるためのものである。大規模に実施できるという特長があり、これは印象的な数値や重要業績評価指標（KPI）を知りたがっているステークホルダーにとって重要な意味を持つ。伝統的な手法としては、ユーザビリティテスト、ウェブ分析、ウェブ調査、アイトラッキング、A/Bテストなどがある。ユーザビリティテストは、人々がプロダクトをどのように使っているかをリアルタイムで明らかにし、プロダクトが機能しているかどうかを検証する。ユーザビリティテストで検証されるデータポイントは、次のような問いに答えられる場合がある。

- ユーザーは、インターフェイスを使って指示された課題を達成しているか。
- 課題達成のために必要なクリック数（タップ数）はいくつか。
- ユーザーが個々の作業を終えるまでにどれぐらいの時間がかかるか。

この種の問いに対する答えは具体的である。それを見れば、プロダクトのCTA（call to action、行動喚起のためのテキストや画像）が正しい位置に置かれているか、ユーザーが重要な情報を見つけられているか、操作を誘導する用語体系が明快かが

わかる。昔から、ユーザビリティテストは、マジックミラーを張った専用の実験室や大企業の社内を使って実施していた。最近は、さまざまなオンラインサービス（UserZoom、UserTestingなど）を使ってリモートでユーザビリティテストを実施できる。これらのサービスは、被験者がリアルタイムで自分の考えを口にしながら、プロダクトやプロトタイプをどのように使っているかを記録したスクリーンキャストをリーズナブルな価格ですぐに提供してくれる。

それに対し、定性調査は、やる気や意見といった数値化できない情報を観察、収集する。定性研究は、行動の背後にある理由にフォーカスする。このアプローチは、顧客のペインポイントを深く理解するために、自由に答えてよい問いを投げかけたいときに適している。定性研究から明らかになった知見は、新しいプロダクトのアイデアや機能の改善につながることがある。定性的ユーザー調査の古くからの手法としては、フォーカスグループ、コンテキストインタビュー、エスノグラフィー調査などがある。

エスノグラフィー調査（ごく自然な環境における人々の行動観察）は、3章で触れたアラン・クーパーの高品質ペルソナと同じように、人の心のなかのもっとも深い意識されない部分に触れるものである。それがどこまで深いかをイメージするために、私が尊敬するインテルのジュヌヴィエーヴ・ベル博士に登場してもらおう。

彼女の研究は、インテルの将来のチップ設計に反映させるために、開発途上国から徹底的に識見を集めることだった。彼女は、2年以上かけて、アジアの7か国の19都市で数百軒もの家庭を訪れた。私が聴衆として参加したある講演で、彼女は、都会から遠く離れた村の女性の追跡調査の話をした。その女性の家には、水道、電気が通じておらず、ましてコンピューターなどなかったが、それでも息子と定期的にメールをやり取りしていたという。どうしていたのだろうか。女性は数十kmも歩いてある家に行っていた。その家の人々が息子とのメールを手伝ってくれていたのだ。女性がコンピューターを使ったことはまったくなかったのである。

この種のユーザー調査では、徹底的なコンテキストインタビューが必要になる。私はベル博士の徹底的な現地調査と包括的な分析には敬服するが、私のクライアントには、通常この種の調査に使う時間も資金もない。私は、航空券、ホテル代、日当、フィールドノートの数から費用を推計しようとして心が折れた。50万ドル（約7500万円）ではなく、5,000ドル（約75万円）程度の予算ですぐにフィードバックが得られる定性的ユーザー調査の方法が必要だ。

潤沢な予算があるクライアントでも、オンライン調査の実施を検討すべきだろう。単に費用を節約するだけでなく、貴重な時間も節約できる。IT産業は変化のペースが速く、イノベーションの的は常に動いている。何か独自なことをするチャンスの窓は、閉じたり、移動したりしようとしている。オンラインユーザー調査は、直接的、的確ですぐに役立つ知識を与えてくれるはずだ。

本書初版では、この章は現場でのユーザー調査を説明していた。管理された実験という構造化された枠組みのなかで定性データを得るために愛用してきた戦術を説明するのは、私にとって大切なことだった。しかし、この第2版では、コロナウィルスパンデミックの初期に開発したオンラインユーザー調査による同様のアプローチを取り上げることにする。何しろ、フィールド調査は、カリフォルニア州のロックダウンのために不可能になっていたのだ。

距離その他のロジスティクス上の問題から、自分の顧客セグメントに直接アクセスするのが容易ではないUXストラテジストたちにとって、オンラインユーザー調査は決して新しい手法ではないことはわかっている。しかし、パンデミックのために、オンラインのコミュニケーション/コラボレーションは一気に普及した。Zoomは、ほとんど一夜のうちに交流、作業、学習、その他のためのメインストリームになった。試行錯誤を繰り返した結果、私は無料、または低価格で使いやすい最新ツールとプラットフォームをうまく組み合わせて円滑に作業を進める方法を見つけた。

8.3 │ オンラインユーザー調査の主要3フェーズ

オンラインユーザー調査では、さまざまな調整作業が必要になる。あなたとチームは、プロセスのすべてのステップについてじっくり考え、プランBも用意しておかなければならない。命がけではないにしても、コストと時間の節約は求められる。

フェーズの基本的な分け方と各フェーズにかかる時間、コストを理解するために、全体を広い視野で見るところから始めよう。そのあとで、ケーススタディとしてUSCの学生のプロジェクトを使いながら、各フェーズを詳しく説明していく。

やり方のまずい実験は、何も学べない分、失敗した実験よりもはるかに悪い。

8.3.1 計画フェーズ
（チームの規模、調査参加者の数により1週間から2週間）

計画フェーズは、プロトタイプの仕上げから調査参加者の日程調整までのあらゆることが含まれるので、3つのフェーズのなかでももっとも複雑だ。あらゆることを考え抜き、所要時間を測り、リハーサルしておく必要がある。現場に突入し、仕事をしたら、勝利を手にすぐに引き上げなければならないのだ。

計画フェーズには、次の作業が含まれる。

- 仮説の確定
- インタビューでの質問の準備
- オンラインでの調査参加者募集

8.3.2 実施フェーズ（1日から2日）

実施フェーズは、擬似的ながらもついに潜在顧客と顔を突き合わせて調査をするので、3つのフェーズのなかでももっとも気持ちが高揚する部分である。

実施フェーズには、次の作業が含まれる。

- インタビュー直前の準備作業
- インタビューの実施
- スプレッドシートへの簡潔なメモの記入

8.3.3 分析フェーズ（1日から2日）

分析フェーズは3つのなかでももっとも複雑度が低いが、きわめて重要な部分でもある。ここで手抜かりがあってはならない。インタビューの返答から最終的な結論を導き出し、個々の仮説が正しいかどうかを検証する必要がある。最後に、分析に基づいて前進するための最良の方法を合理的に判断する。

8.3.4 計画フェーズ（1週間から2週間）

それでは最初のフェーズに飛び込もう。

●ステップ1：仮説の確定

　この最初のステップでは、調査で検証する仮説を確定してから、UXとビジネスモデルのどの部分の検証が必要かを明確にする。「自分たちのソリューションが望まれているか、生き残っていけるかどうかを判定するために、知る必要のあるもっとも重要なことは何か」を自問自答しよう。バリュープロポジションに入り込んでいる推測について考える。ターゲットとなる顧客セグメントを使って検証しなければならいことは何だろうか。

　プロセスが実証的なものであり続けるためには、枠組みが必要だ。つまるところ、これは構造化されたユーザー調査実験である。改めて、UX戦略ツールキットを取り出そう。キット内には、User Research Experiment Design（ユーザー調査実験デザインツール）がある。これを使って、ユーザーインタビューで答えてもらう必要のある質問を作ろう。

　このツールの使い方を説明するために、私がUSCで指導している大学院生にもうひとり登場してもらおう。プロダクトマネージャーを志しているニコである。彼のプロブレムステートメントはこうだ。「車を持っていないロサンゼルスの住人は、急な用事や移動のために1時間単位で借りられる車が見つからなくて困っている」。

　ジェシカと同様に、ニコはすでに顧客発見プロセス、競合調査、ストーリーボード作成を済ませている。彼のバリュープロポジションは1時間単位で車を借りられるプラットフォームである。彼が打ち出した最重要機能は次の通りだ。

1. ユーザーは、公認ホストから任意の車両の貸し出しを受け、任意の公認ホストに車両を返却できる。これにより、往復だけでなく、片道だけのレンタルが可能になる。
2. ユーザーは、走行可能距離が100マイル（約161km）以上で近くにあるすべての車両を閲覧し、30分以内で使えるようにオンライン予約できる。

　彼は、顧客セグメントからフィードバックを貰える状態までカーシェアリングプラットフォームのプロトタイプを仕上げてから、ユーザー調査実験デザインツールを取り出した。[表8-1]は彼が記入した内容を示している。

1. バリュープロポジション: 1時間単位で電気自動車を借りられるプラットフォーム	4. 実験の詳細: Craiglistの広告で募集し、プロトタイプを見せた5人にオンラインでインタビューしてフィードバックをもらう。	
2. 実験のタイプ: プロトタイプを使ったユーザー調査		
3. 実験開始/終了日: 2020年3月		
5. 仮説	6. 検証のための質問	7. 実験成功と言える最低基準
仮説1(バリュープロポジション): 顧客セグメントは、用事のために少なくとも月に1回1時間単位で車を借りたいと思っている。	1時間単位で車を借りたいと思うニーズを想像できますか? どのような目的ですか? そういうサービスがあればどれぐらいの頻度で使いますか?	80%の肯定的なフィードバック
仮説2(ビジネスモデル): 顧客セグメントは車を借りるために、1時間あたり少なくとも15ドル以上の料金を支払う。	1時間車を借りるための適正価格はいくらぐらいだと思いますか?	80%の肯定的なフィードバック
仮説3(最重要機能1): 顧客セグメントは、往復ではなく片道の利用のためにこのサービスを使う可能性が高い。	こういうサービスがあったら、往復よりも片道の利用のために使うだろうと思いますか?	60%の肯定的なフィードバック
仮説4(最重要機能2): 顧客セグメントは、料金/車種/グレード/年式よりも車が近くにあることを重視する。	1時間から3時間の移動のために車を借りるときに重視するのは何ですか? 例示:料金、現在地からの距離、車種、契約のしやすさ	69%の肯定的なフィードバック

表8-1　ニコが書き込んだユーザー調査実験デザインツール

スプレッドシートの各セルには次のことを記入する。

1. バリュープロポジション:最新の簡潔な形のバリュープロポジション。ニコは、競合分析を通じて改訂したバリュープロポジションを使っている。

2. 実験のタイプ:実施しようとしている実験のタイプの大分類。ユーザー調査、オンラインランディングページ実験(9章参照)など。ニコは、「プロトタイプを使ったユーザー調査」と記入している。

3. 実験開始/終了日：実際の日付か期間、またはその両方を書く。ニコは、2020年3月に3日間にわたって実験を実施している。

4. 実験の詳細：調査参加者の数、使う予定のツール、実証するつもりのコンセプトなどの重要な細部を書き込む。ニコは、インタビューする予定の人数、参加者募集のために使うつもりのツールについて書いている。

5. 仮説：7章で説明したように、仮説はあいまいなところがなく、計測可能でなければならない。プロトタイプを使ってビジネスコンセプトを検証するユーザー調査では、一般にビジネスモデル、バリュープロポジション、最重要機能に関連する複数の仮説を同時に検証する。仮説は、顧客はYという理由からXをするという因果関係から考えよう。あるいは、顧客はYよりもXを選ぶだろうという推測がどの程度当たっているかを確かめることも仮説になる。ニコが知りたいと思っていたもっとも重要なポイントは、ビジネスモデルが持続可能になる程度に顧客セグメントが自分のサービスを使ってくれるかどうかだった。彼の仮説のなかに、「顧客セグメントは車を借りるために、1時間あたり少なくとも15ドル以上の料金を支払う」というものが入っていたのはそのためである。

6. 検証のための質問：個々の仮説が正しいかどうかを検証するための質問である。このツールを作った目的は、ひとえにこの種の質問をうまく組み立てられるようにあなたを導いて、質問をユーザーインタビューで使えるものにすることにある。ニコの場合、彼がプロトタイプのデモを見せながら潜在ユーザーに尋ねるべき質問を個々の仮説から複数導き出していることがわかる。

7. 実験成功と言える最低基準：調査参加者の何％が個々の仮説に同意してくれれば、あなたとチームが引き続きプロダクトのコンセプトに熱を上げていてよいかを決める境界線。この基準は、実験の成否を分けるものである。仮説が正しいかどうかを判定する証拠になる。そのため、バリュープロポジションの仮説の判定基準は最高の値（たとえば80％）まで引き上げなければならない。ニコは、バリュープロポジションとビジネスモデルの仮説では80％、個々の最重要機能の仮説では60％のところに線を引いている。

●ステップ2：インタビューでの質問の準備

　次のステップでは、ユーザー調査実験デザインツールに書き込んだ質問に手を加えて、まとまりのあるユーザー調査インタビューを組み立てる。ユーザビリティテストではないことを忘れないようにしよう。デザインを改良してユーザーがより簡単に課題を達成できるようにすることばかりを考えていてはならない。そもそも、このデモは、ユーザーが自分のプロダクトで課題を達成したいと思ってもらえるかを判定するためのものだ。だから、デモはクリッカブルにする必要さえない。生でリアルなフィードバックを直接もらうという目標のもとに、プロトタイプのなかで調査参加者を誘導していくことになる。

　そのような反応をもらうためには、インタビューの質問内容と質問の順序をじっくり考える必要がある。インタビューの一般的な流れは、**[図8-5]** のようなものになる。

図8-5　オンラインユーザー調査のインタビューの流れ

　このフローに基づき、ニコの例でインタビューの台本をどのように書いたらよいかを説明していく。インタビューの準備には、UX戦略ツールキットのなかの"User Research Interviews"（ユーザー調査インタビュー）が使える。このツールは、実施フェーズで調査参加者の返答、反応を書き込むためにも使う。

　インタビューにかける時間は、予算やプロトタイプの複雑度によってまちまちになるので注意しよう。ニコの実験では、個々のインタビューは30分ずつ行われた。

導入（1分）

ここでは調査の目的を理解してもらい、正直な感想を求めていることを調査参加者に伝える。インプットを増やすために、頭に浮かんだことをそのまま話してほしいと頼もう（思考発話法）。録音/録画する場合には、それをどのように使うかを説明しておく。インタビュー終了後に謝礼を支払うことを先に言っておき、インタビューのために時間を割いてくれたことに感謝しよう。ニコの導入部は、**[表8-2]** に示す通りだ。

導入（1分）
こんにちは〈名前〉さん、私はニコと言います。私がこの調査をしているのは、車をお持ちでない方が、短期間車に乗りたい、車を借りたいというときにどうされるかを学ばせていただくためです。心からお願いしたいのは、質問に対して正直な感想を言っていただきたいということです。プロダクトを使っていて思ったことはどんどん口に出して言ってください。私はプロトタイプのデザインには関わっておりませんから、批判的なことも気にせずに言ってください。録画はあとで確かめるためのもので、決して公開致しません。私たちはあなたではなくプロダクトを評価しているので、質問に答えられない場合には答えなくてかまいません。インタビュー終了後に謝礼をお支払い致します。今回は私たちご協力いただき、本当にありがとうございます。

表8-2　ニコのユーザー調査インタビューの導入部

お膳立て

お膳立ての質問は、調査参加者に適切な精神状態に入ってもらうことに専念すべきだ。調査参加者には、プロダクトを使う精神状態でプロトタイプを見てもらいたい。プロトタイプをまだ見せないうちにできることの一例を示そう。まず、ペインポイント（3章で説明した顧客インタビューで明らかになったもの）を最後に感じたときのことを尋ねる。そして、そのときの状況を話してもらい、どのようにして問題を解決したかを教えてもらう。さらに、直接競合のソリューションを使った経験について、あるいはそれをよく知っているかどうかについて話をしてもらう。ニコのお膳立ての質問 **[表8-3]** は、短期間利用のレンタカーを使った経験を中心としたものになっている。

数時間から1日ぐらいの短期間車に乗りたいときにどうされていますか？
車が短期間必要なときに出会った問題はどのようなことですか？
カーシェアリングサービス (Turoなど) を試したことはありますか？ そのときにどう感じたかを話していただけますか？

表8-3　ニコのユーザー調査インタビューの準備の質問

プロトタイプのデモ (20分)

　ここでクラウドベースのプロトタイプへのリンクを調査参加者に送る。大発表の時間だ。Skype、Zoom、Google Meetといったプログラムを使っているので、調査参加者がプロトタイプを開いたら、その画面を共有できる。調査参加者がプロトタイプを操作しているところを直接観察できるわけだ。調査参加者のクリックに合わせ、プロトタイプの各画面を説明する。**[図8-6]** は、ニコのプロトタイプの最初の数画面を示したものだ。

図8-6　ニコが作っているカーシェアリングサービス"Ourly" (特許出願中) のプロトタイプの最初の数画面

調査参加者に最初の画面を見せるときには、「車を予約してみてください」とか「ウェディングパッケージを予約してみてください」のように参加者に課題を与え、最初の目標を頭に入れてもらうようにしよう。

　質問は汎用性のあるものにする必要がある。そうすれば、参加者がプロトタイプを操作する過程で好みやニーズについての具体的な質問ができる。

　こういった個別具体的な情報を手に入れるためには、デモの各画面に関連した質問を用意しておかなければならない。スプラッシュ画面のように、意味のあるコンテンツや機能がないため質問が作れない画面はあるだろう。しかし、一般に画面ごとにひとつ以上の質問を用意し、調査参加者が自分のしていることを理解できるようにしたい。たとえば、画面を初めて見せたときに、「この画面では何ができると思いますか」と尋ねるとよい。確かにこれはユーザビリティテスト的な質問だが、参加者が自分のユーザージャーニーから集中を切らさないようにするために役立つ。この種の質問からは、デザインのなかのユーザーを戸惑わせる部分を見つけるきっかけが得られる場合もある。せっかく目の前に本物の潜在顧客がいるのだから、不完全なプロトタイプのために大切な情報を見逃すことは避けたい。

　簡単な、べし・べからず集を挙げておこう。

- 調査参加者がソリューションについてじっくり考えるように仕向ける質問を用意しよう。
- 調査参加者に思ったことをすべて口にするように頼もう。
- 最初はさまざまな答え方ができる質問をし、仮説が正しいかどうかを検証するために最低限必要なヒントやきっかけしか与えないようにしよう。
- 調査参加者が思考プロセスを話せるような尋ね方をしよう。質問を通じて、ソリューションが調査参加者にとって役に立つかどうか、役に立つならなぜ、どのように役立つかを明らかにしよう。調査参加者に自分のやり方でプロトタイプを理解する自由を与えよう。
- 黙って話を聞こう（つまり、こちらからの話は最小限にする）。
- 誘導尋問をしてはならない。調査参加者に何を考えるべきかとか最初のフィードバックとして何を言うべきかといったことを話して、仮説の正しさを証明する答えを求めてはならない。
- プロダクトの機能について無理やりブレーンストーミングさせるなど調査参加者を困らせてはならない。

- ソリューションの弁護や説明をしたくなる気持ちに流されてはならない。

- 感情を強く表してはならない。非視覚的な反応を抑えるように注意しよう。

- たとえば、「地図上の小さな青い車は何を表していると思いますか?」のように、調査参加者の知性を試すような質問をしてはならない。質問は、組み立て方で良くも悪くもなることが多い。「画面で何か気づくことはありますか?」と尋ねた方がよくなる。また、「貸主の家の前の私道にやってきました」のように、質問をする前にユーザーに画面の意味を説明しなければならない場合もある。

[表8-4]は、最初の数画面に対するニコの質問を示している。画面2の質問は、誘導尋問にならないように作られており、定量的な計測もできる形になっている。画面3の最後の質問は価格に関するものである。プロダクトにいくら払うかを顧客に尋ねるべきかどうかについては、熱い議論が戦わされている。顧客はわざと安く言ったり、わからなかったりする場合がある。とは言え、顧客がいくらまでなら払うかの目安が得られれば、マーケティング戦略や価格戦略を立てる上で役に立つ。

プロトタイプのデモ (20分)
画面1—ホーム/検索
あなたには、車を数時間使うための予約をしていただこうと思っています。この最初の画面をご覧ください。あなたならどのようにして車選びをしますか?
車を短期間レンタルして何をなさいますか?
画面2—検索結果
並べ替えボタンをご覧ください。あなたから見てもっとも重要なものから基準を並べ替えてください (最重要機能2の検証)。
画面3—車の詳細情報
この車を借りる前に知っておきたいことでこの画面に含まれていないものはありますか?
車の1時間あたりのレンタル料は高いと思いますか? それとも安いと思いますか? (ビジネスモデルの検証)

表8-4　最初の数画面に対するインタビューでのニコの質問

仮説の検証（3〜5分）

ユーザー調査実験デザインツールに書き込んだ質問のなかで、まだ尋ねていないものやはっきりとした答えをもらっていないものを尋ねよう。検証のための質問は、調査参加者がもっとも関連性の高い画面を見ているときに尋ねた方がよい場合もあれば、プロトタイプ全体を見て、全体のコンセプトを理解してから尋ねた方がよい場合もある。ニコは、インタビューの過程でビジネスモデルについての質問と最重要機能についての質問をすることができている。しかし、実現可能なビジネスモデルがあるかどうかの判断のためには、ほかにもまだ少し直接的な質問をする必要がある。

[表8-5]は、潜在顧客がサービスをどのように使うかについての理解を深めるために、ニコがした質問を示している。

仮説の検証（3〜5分）
1時間単位で車を借りたいと思うニーズを想像できますか？（バリュープロポジションの検証）
このサービスをどれぐらいの頻度で使いますか？
このサービスは、往復よりも片道の利用のために使うと思いますか？（最重要機能1の検証）

表8-5　ニコの仮説検証のための質問

締めくくり（2分）

インタビューを締めくくるときには、かならず調査参加者の名前を口にして感謝の言葉を言うようにしよう。

また、率直なフィードバックがいかに貴重で価値のあるものだったかも言わなければならない。将来、プロダクトの開発が進んだときに、フォローアップの質問をしてもよいかどうかも尋ねよう。そして、ビデオ会議ツールの通話中か通話終了後すぐに謝礼を支払う手続きをしよう。

リハーサルとパイロットテスト

次に、オンラインでインタビュー全体のリハーサルをする。リハーサルは、プロトタイプと質問がうまく噛み合い、流れができているかどうかを確かめるために役立つ。参加者の役は同僚か友人に頼めばよい。しかし、本物の調査参加者を募集して実際にインタビューをしてみるのも役に立つだろう。プロセス全体を評価できる

はずだ。参加者の募集広告は念入りに練り上げなければならないことがわかるかもしれない。スクリーニングのための質問を用意しても、その質問では嘘をつく人が調査に入り込んでくるのを防げないかもしれない。プロトタイプの途中で壁にぶつかったり、調査参加者が質問に戸惑ったりすることもあるかもしれない。ひとりの参加者を使ってパイロットテストをすると、仮説検証のための大規模な調査を実施する前にこういった細かい問題を明らかにできる。管理された実験では、調査参加者の間で条件が揃っていなければならないことを忘れてはならない。そして仮説検証では、パイロットテスト参加者の返答は、ほかの調査参加者の返答に混ぜないようにしなければならない。

技術的な問題に対する準備

技術面のリハーサルも忘れないようにしよう。インタビューの途中で起きる可能性があるあらゆる問題に対処しておかなければならない。次のような問題が考えられる。

- インターネットの接続不良
- 安物のカメラやマイクの使用による画像や音声の品質の低さ
- 画面共有の失敗
- 録画の不良
- プロトタイプの動作不良
- あらかじめビデオ会議アプリをダウンロードしていない調査参加者
- 素人くさいライティング、カメラアングル、背景

●ステップ3：オンラインでの調査参加者募集

短期間でデザインのイテレーションを何度も回したければ、調査参加者は少ない方がよい（たとえば5人）。調査参加者が誰一人として自分たちの仮説を支持しなかった場合、人数が少ない方がコスト効果が高く、ピボットしやすい。しかし、顧客セグメントに多種多様な人々が含まれる場合には、最初のサンプル数を増やすことを検討すべきだ。ターゲット顧客が肯定的な反応を示すものに的を絞っていくときにも、サンプル数を増やすべきだ。

適切な調査参加者を得るためには、顧客セグメントの特定を終えていなければならない。何しろ顧客セグメントを代表する人々にインタビューしなければならない

のだ（3章参照）。調査参加者は、募集方法、募集場所、スクリーニングの方法、インタビューの時間設定に影響を与えるので、誰がそれに該当するかがわかっていることが大切になる。たとえば、学校の先生を募集するなら、Facebookの教師のグループで募集し、夜や週末にインタビューを設定することになるだろう。調査参加者募集の広告をどこに出すかも、どのようなタイプの人が必要かと予算によって左右される。ターゲット顧客セグメントから外れる人を参加させることになれば、実験は無効になり、やり直しになる可能性がある。

調査参加者への報酬

インタビューの調査参加者たちはあなたの戦略立案に協力してくれるのだから、かならず報酬を渡すことをお勧めする。いくら払うかは、対象がどのような人々か、その人々にとって空き時間がどれだけ大切かによって決まる。たとえば、医師との対話が必要なら、ほかの顧客セグメントの人々よりもずっと高い額を支払わなければならないだろう。調査参加者にとって参加する意味がある程度には高く、予算を超過しない程度には安くしなければならない。顧客セグメントによって喜ばれる支払い方法を考える必要がある。たとえば、Amazonが嫌いな人々は、Amazonのギフトカードをもらっても喜ばないだろう。ニコは、インタビューの対象がミレニアル世代なので、個人間送金アプリVenmoを通じて報酬を支払うことにした。インタビューの前にそういう予定だということを確認し、Venmoのユーザー名を教えておいてもらった。そして、インタビュー終了後、通話を終了する直前に15ドルを送金した。ニコは、事前に報酬の支払い方法を決めておいたので、調査に集中できた。

調査参加者の募集とスクリーニング

あなたの会社に人材募集サービスの専門会社を使う余裕がなくても、調査参加者の募集方法はたくさんある。

広告のために使える主に無料のプラットフォームを挙げておこう。

▶ Craigslist

広告投稿用の無料カテゴリーがあるが、短期間で多数の応募者を集めたいなら、「ギグ」セクションに有料広告を投稿した方がよい。

▶ Facebook

1,000円程度でよく絞り込まれたターゲット広告を打てる。また、関連グループに投稿する方法もある。

▶ Reddit

投稿対象として、関連性があり、活発なコミュニティを探そう。たとえばニコの場合、カーシェアリングサービスのTuroが主な話題になっているRedditのTuroコミュニティで調査参加者を募集する方法もあっただろう。

▶ LinkedIn

LinkedInの自分のフィード、関連するLinkedInグループに投稿する。あるいはつながりリクエストにメモを追加して、人々に直接メッセージを伝える。業界のプロ、特にIT関連分野で調査参加者を見つけたいときには特に役に立つ。

▶ Twitter

広く網を張るために関連するハッシュタグを使う。あるいは、@で個人に募集広告を送り、相手がフォロワーグループに募集広告をリツイートしてくれることを期待する。

▶ WeChat

グループに投稿したりモーメンツでシェアする。友人にモーメンツでのリポストを頼めば、自分のソーシャルグループの圏外にいる人々にもリーチできる。

▶ Discord

公開コミュニティ（「サーバー」）内の関連チャンネルにポスト/メッセージ送信する。若者を対象にゲーミング、ポップカルチャーなどに関連した募集をするときには特に役に立つ。

仕事の関係先からの紹介や友だちの友だちで顧客セグメントに当てはまる人も役立つことがある。ただし、家族や友人から調査参加者を選ぶときには、暗黙のバイアスがかかることに注意しよう。B2Bソフトウェアの場合には、クライアントを通じて調査参加者を集めたり、登録フォームを使ってクライアントのウェブサイトで参加者を獲得したりする方法もある。

ニコは、Craigslistのギグ*2で調査参加者を募集した。広告の投稿のために10ドルかかったが、多数から反応があった。その全員に電話するまでもなく、インタビューの募集人員は埋まった。

募集広告の書き方

調査参加者の募集広告は単純なものに限る。広告を組み立てるためのひな型を示しておこう。

▶ タイトル

〈顧客セグメントのデモグラフィックまたはサイコグラフィック〉を対象とする報酬ありのオンライン調査。〈数値〉分で〈報酬額〉。

▶ 本体

私たちは、〈ソリューションのアイデアの概要〉ができるような〈プロダクトのタイプ〉を開発しています。オンラインでプロダクトについてご紹介した上で、正直な感想を言っていただける〈顧客セグメントの要件〉を探しています。〈検証済みペルソナのデモグラフィックに属するかどうかを見分けられる絶対必要条件〉の方限定とさせていただきます。オンラインインタビューは、〈日付（複数可）〉に〈開始時刻から終了時刻〉にわたって行います。

インタビューは〈数値〉分で、〈プラットフォーム（たとえば、Zoom、Google Meet)〉を使ったビデオ会議で行います。ウェブカメラを搭載し、インターネットに高速接続できるコンピューターが必要です。調査参加者には、インタビュー終了時に〈支払い方法（たとえば、PayPal、Venmo、Amazonギフトカードなど）〉で〈金額〉分の謝礼をお支払いします。

---

*2 ［監訳注］文字だけのシンプルな掲示板サイトCraigslistでは、ギグというカテゴリが重宝されている。ギグというと通常はミュージシャンが一度だけ短いセッションを披露することに由来し、一度限りの契約による一度限りの労働を「ギグ」というカテゴリとして掲載している。

▶ 最終行バージョン1

　興味のある方は、折り返し電話番号と詳しいご説明のために連絡の取りやすい時間帯をご連絡ください。

▶ 最終行バージョン2

　興味のある方は、〈URL〉をクリックし、調査票を記入して送ってください。

　このひな型は、ニコが実際に使った広告（[図8-7]参照）のように、調査の必要に応じて書き換えていただきたい。

　広告で難しいのは、十分な情報を与えなければならない一方で、広告の条件に合っていると偽って調査に潜り込む人が出てくるほど詳細を示すわけにはいかないというところだ。標本群にひとりでも顧客セグメントに合わない人が混ざると、実験は管理されたものとは言えなくなり、得られた変数は無効になる。調査参加者の募集のために専門の会社を使うと高額になるのはそのためだ。こういった会社は、不適切な人を弾き出し、適切な人を採用することによって収益を上げている。

　3章でも説明したように、スクリーナー用の質問は、調査参加者として適切かどうかのふるい分けに役立つ。顧客セグメントに属する適切な人でなければ、イン

Looking for people to give feedback on a new carsharing app (PAID)

Hi! I work for a startup that is developing a mobile app that allows individuals to rent cars on an hourly basis. I am looking to interview Los Angeles residents ONLINE about the product to get your honest feedback and test a prototype. You must have a valid driver's license.

The interview will take about 30 minutes and will be conducted over video conference (using Zoom which is free to download), so we can all stay safe at home. However, you will need to have a webcam on a computer and a decent Internet connection. The interview will take place on Saturday, March 28th during the day and we can book the exact time after we talk. Participants will receive $15 via Venmo for compensation. If you are interested, please reply with your phone number and a good time to reach you to further discuss this opportunity.

図8-7　ニコがCraigslistに出した調査参加者募集広告

新しいカーシェアリングアプリを見て感想を言っていただける方を探しています（有料）

私は、1時間単位で車を借りられるモバイルアプリを開発しているスタートアップの社員です。**オンライン**でプロトタイプを試し、正直な感想を言って下さるロサンゼルス在住者を探しています。運転免許をお持ちの方限定とさせていただきます。

インタビューは30分程度で、ビデオ会議システム（無料でダウンロードできるZoom）を使って行いますので、ご自宅で安全に参加できます。ただし、ウェブカメラを搭載し、インターネットに高速接続できるコンピューターが必要です。インタビューは、3月28日（土）の日中に実施します。正確な時刻は、事前の打ち合わせで決めたいと思います。調査参加者には、報酬としてVenmo経由で15ドルを差し上げます。興味のある方は、折り返し電話番号と詳しいご説明のために電話でお話しできる時間帯をご連絡ください。

ターネット検索なしでは即答することができないような質問をすると効果的だ。調査参加者募集は、相手が自分の顧客セグメントに適合するかどうかを見分ける探偵になったようなつもりで進めるとよい。

　結婚式のためのAirbnbの場合、探していたのは結婚を控えた婚約者だった。結婚を控えたカップルを探しているという広告に応募してきた人たちには、最近考えた結婚式の会場について尋ねた。30秒以内に少なくとも2つの候補が出てこなければ、応募してくれたことに礼を言った上で電話を切った。メールでスクリーナーの質問をしていたら、応募者はGoogle検索して答えを出せただろう。

　ニコは、Craigslistからの返信が来ると、相手に電話をかけた（応募者は電話番号と電話をかけてよい時間を記入している）。スクリーナーとして使ったのは、「最後に車を借りたのはいつですか？」と「車を借りるときの期間は普通どれぐらいですか？」のふたつの質問である。できれば1日から2日という短期間で車を借りたことのある人という条件は譲れないものだったのである。ニコは、「選ばれた場合にはメールをします」と言って電話を切った。

　応募者がインタビューの技術的条件と時間的条件をクリアしていることを確認する事前スクリーニングのために、調査プラットフォーム（たとえば、Google Forms、Alchemer、Typeform、SurveyMonkey、UserInterviews.comなど）を使ってもよい。プラットフォームのなかには、スクリーナー目的で使える時間制限付きの質問を用意しているものさえある。しかし、これではお金に困っていてどうしても調査に潜り込みたい人が別アドレスを使って調査に返答することを防げない。調査参加者に電話をかけ、少なくともひとつのスクリーナーの質問をするのが大切なのはそのためだ。不適切な人にインタビューをして貴重な時間とお金を無駄にするのは避けたい。

応募者の評価

　広告への返信が来たら、UX戦略ツールキットの"Study Recruitment Tool"（調査参加者選考ツール）タブに応募者の名前、連絡先、スクリーナーの質問に対する返答を書き込んで、応募者全員の情報を管理する。

　[表8-6]は、ニコが書き込んだものの一部である（名前と連絡先情報はダミーに変更されている）。

ユーザー調査参加者選考ツール

名前	電話番号	メールアドレス	空き時間	状態	
イアン・カーティス	310-xxx-1686	icurtis@xxx.com	土曜日終日	確認済み	
ピーター・フック	213-xxx-7950	pete_h@xxx.com	午前11時以降ならいつでも	確認済み	
デボラ・ウッドラフ	424-xxx-3483	debw76@xxx.com	土曜日終日	確認済み	
スティーブン・モリス	661-xxx-7844	morris1964@xxx.com	土曜午後1時	確認済み	
ケイト・ル・ボン	213-xxx-5331	catecat31@xxx.com	日曜日終日	予備	
カート・コバーン	818-xxx-2776	kurtco@xxx.com	日曜日終日	予備	
ピート・シェリー	626-xxx-8945	p.shelly@xxx.com	指定なし	予備	
マーク・E・スミス	805-xxx-3931	emsmith5656@xxx.com	土曜日終日	予備	
キム・ゴードン	424-xxx-5253	kimmle9d@xxx.com	土曜日終日	返答待ち	
バーナード・サムナー	310-xxx-1438	bernard2323@xxx.com	土曜日午前10時	返答待ち	
パティ・スミス	323-xxx-2323	patti4386@xxx.com	土曜日終日	返答待ち	
スティーブ・アルビニ	818-xxx-4577	steve.albini@xxx.com	日曜日午後1時半から8時	要連絡	
デボラ・ハリー	626-xxx-3883	debharry@xxx.com	日曜日終日	対象外	

表8-6　応募者のスクリーニングと日程管理

	約束した時間	調査への適切度の評価 (3＝適切、2＝まあまあ、1＝不適切)	最後に車を借りたのはいつですか？	車を借りるときの期間は普通どれぐらいですか？	備考
	午前9時50分	3	先月	2日	
	午後0時	3	先月	1日	
	午後2時40分	3	先月	3〜4時間	
	午後3時30分	3	先週末	1時間から週末まで	
		2	4か月前	10日	
		2	2か月前	5日	
		2	2か月前	2、3週間	嘘をついているっぽかった
		2	昨夏	2週間	粗野な感じだった
		1	なし		

折り返しの電話で話をしながら、まだ埋まっていないスクリーナーの質問に対する答えを書き込み、状態（要連絡、返答待ち、確認済み、予備、対象外）を更新する。もっとも重要なのは、調査に適しているかどうかに基づいて、1（不適切）、2（まあまあ）、3（適切）の評点を付けることだ。

　折り返しの電話をすべてかけたら、評価に基づいて応募者のリストを並べ替え、もっとも適切な人が上に来るようにする。おそらく、"3"評価の応募者が5人から10人程度残っているだろう。そうでなければ、別のプラットフォームや有料版で広告を出し直すことを検討すべきだ。ニコは、車のレンタル期間の平均が短く、自分が選んだ日程で空き時間が多い人を高く評価した。

インタビューの日程調整

　次に、インタビューの日程調整をする。手作業でも、日程管理ツール（たとえば、Calendly、Acuity、Doodle）を使ってもよい。1日から2日にわたってインタビューの約束を入れていく。インタビューが予定よりも長くなったり、相手が遅れたりしたときのために、ふたりの調査参加者の予定の間には最低でも30分の予備時間を入れる。キャンセルや無断欠席が出たときのために、必要以上の数の約束を入れることも検討してよい。ニコは30分ずつの予定で間に予備時間をはさんで約束を入れていった。予備時間を入れると、聞いたばかりの内容を整理し、次のインタビューのために頭をリセットするためにも役立つ。彼は、電話で応募者をスクリーニングしながら、空き時間も尋ねている。そして、調査参加者として選んだ人々にあとでインタビューの予定日時をメールした。

　調査参加者の日程調整と確認の方法がどのようなものであれ、インタビューを実施する前に技術的な準備を整えられるように、詳しい説明と指示をメールで送るようにすべきだ。

　このメールでは、次のことを指示、通知する。

1. オンラインビデオ会議ツール（Zoom、Google Meet、その他選択したプラットフォーム）をダウンロードすること（リンクを示す）。
2. ビデオ会議ソフトウェアでウェブカメラとマイクが動作することを確認すること。
3. インタビュー時には、良好なインターネット接続を確保して静かな場所にコンピューターを置くこと。

4．プロトタイプを見るときに、画面を共有できるようにしておくこと。

5．インタビューが録画されること（録画はあとで確かめるためのものであり、決して公開されないこと）。

　調査参加者全員の確認を取ったら、ユーザー調査インタビューテンプレートの質問列の右に調査参加者の名前と連絡先を入力しよう。

　多くの国では、同意書のフォームかオンライン調査画面のチェックボックスを使って調査参加者に書面でインタビューの許可をもらう必要がある。インタビューを実施する前に会社の法務部で確認しよう。これでインタビューの準備が整った。

8.3.5　実施フェーズ（1日から2日）

　いよいよ本番だ。すべてを時計仕掛けのように、あるいはバレエの振付のように動かしていかなければならない。技術的な面はすべて完璧にしておく必要がある。ビデオ会議ソフトウェアは、調査参加者から見てスムーズに動いていなければならない。プロトタイプのデモと質問はぴったり合ったものにする必要がある。スケジュールは、遅刻者や無断欠席者が出ても対応できなければならない。何があっても**やり遂げる**のだ。

●インタビュー直前の準備

　不要なチャットとアプリケーションをすべて閉じ、通知をオフにし、私的なものや説明なしで見せられたら攻撃的に感じられるものを隠そう。そして、ビデオ会議ソフトウェアを開く。カメラとマイクを再テストして、アングル、ライティング、音量などのレベルが適切になっていることを確認する。背景に気が散るようなものやプロらしくないものが映り込まないことをダブルチェックしよう。当然ながら、その場に子どもなど他の人がいる場合には、邪魔をしないようによく言い含めておかなければならない。調査参加者がプロトタイプにアクセスできない場合や、自分で操作できない場合のために、ブラウザ内にプロトタイプを開いておこう。そして、「ユーザー調査インタビュー」スプレッドシートを開き、すぐにメモを取れるようにしておく。オンラインユーザーインタビューを実施しているときのコンピューターのデスクトップの標準的な構成は、**[図8-8]**のようになる。

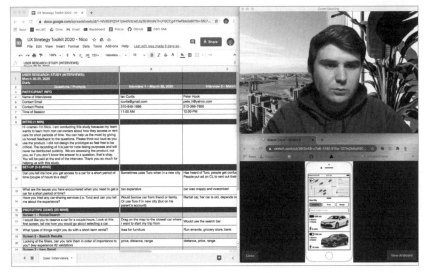

図8-8　ユーザーインタビュー中のニコのデスクトップ

●インタビューの実施

　価値ある知見が得られる良いインタビューは、実践以外では習得できない職人技だ。詳しくは、スティーブ・ポーティガルの『ユーザーインタビューをはじめよう』[*3]を読むとよい。実際にユーザー調査を実施するときのインタビューのテクニックに焦点を絞った素晴らしい入門書である。顧客と話すのが怖いとか初めてだという場合には、あらかじめチームメンバーや友人を相手に練習するとよいだろう。

　オンラインユーザー調査のインタビューを進める上での私の基本的なガイドラインは次の通りだ。

- かならず温かい笑顔で挨拶をし、すぐに調査への協力に謝意を述べる。

- 世間話から始めず、プロらしくふるまう。相手の話に真剣に耳を傾けるだけで、親密な関係は築ける。

＊3　Steve Portigal, *Interviewing Users*, Rosenfeld Media, 2013. 邦訳『ユーザーインタビューをはじめよう—UXリサーチのための「聞くこと」入門』ビー・エヌ・エヌ新社、2017年。

- 台本の導入の部分を読むが、相手に話しているという感じになるようにする。次にお膳立ての質問に進む。プロトタイプのデモに十分な時間を確保するために、時計を意識する。

- お膳立ての質問を終えたら、相手にプロトタイプのリンクを送り、画面を共有するようにお願いする。

- 台本に忠実にインタビューするが、必要なら補足質問をする。

- インタビューの間に沈黙の瞬間が入るのはかまわない。うっかり誘導尋問的なことを言わないようにしたい。「どう思いますか？」、「どうしてもらいたいですか？」のような中立的な表現で尋ねるようにしたい。

- 特に強い意見や優れたアイデアを聞き漏らさず記録しよう。

- インタビューの最中に相手の集中が切れているようなら（たとえば、ウェブのほかのページや自分のスマホを見るなど）、インタビューよりもしたいことがあるのかを礼儀正しく尋ねる。

- 最後に時間を割いて協力してくれたことに感謝し、相手の意見がとても役に立ったと言う。将来の調査でもまた連絡してよいかどうかを尋ねる。協力に感謝したあとも相手が役に立つ意見を言い続けてくれる場合を除き、予定の時間で終了する。

- インタビューセッションによって質問やプロトタイプに若干の変更を加えるのはかまわない（言い換え、気になる誤字の修正など）。特に、複数の人が同じところで止まったり困惑したりしたときには修正してよい。しかし、同じ参加者グループのインタビューが終わるまでは、プロトタイプのデモの進め方や質問を大きく変えるのはよくない。そういうことをすると、もはや管理された実験ではなくなり、調査参加者の間で結果を比較することも、結果を定量化することもできなくなる。

● 録画

　本書初版では、対面でのインタビューでは調査参加者を不安な気持ちにするので録音装置を使わないことを勧めていた。しかし、オンラインインタビューには、対面のときよりも録画が気にならず、調査参加者の表情の変化やプロトタイプの利用状況がより簡単に記録できるという長所がある。録画した内容は参考のために使うだけで決して一般公開しないということを調査参加者に周知させれば、参加者のプレッシャーは軽減されるだろう。

　許諾がまだであれば、インタビューの前にかならず許可を求めるようにしよう。多くの国では、同意書のフォームかオンライン調査画面のチェックボックスという形で調査参加者から書面で許可をもらう必要がある。

　会社に法務部があるなら、確認を取るようにしよう。法務部がない場合でも、オンラインで同意書フォームのひな型を入手できる。

　録画は、インタビュー後にさまざまな形で活用できる。直接引用してインタビュー中に書き損ねたメモを補うこともできるし、ハイライト版を作って調査の視覚的な証拠としてチームやステークホルダーに見せることもできる。使っているビデオ会議プラットフォームに録画機能がない場合には、サードパーティの録画ツールを使えばよい。

● メモ取り

　スプレッドシートを使ってメモを取っているのは、情報を整理して5章のような分析フェーズにつなげるためである。録画の再評価や文字起こしにはかなりの時間がかかるので、インタビュー中のメモ取りは重要だ。録音、録画しない場合には、インタビュー中のメモ取りがさらに重要になる。OtterやRevといったサードパーティの文字起こしソフトウェアを使う場合、1分あたり1ドルから2ドルのサブスクリプション料金が余分にかかる[*4]。その額があっという間に膨大なものになることは想像できるだろう。私たちの目標は、潜在顧客セグメントに飛び込み、プロトタイプについての答えを手に入れ、できる限り時間とコストをかけずに戻ってくることだ。ビデオ会議にメモ取り要員として第2のメンバーを投入し、自分は調査参加者とのやり取りに専念するという方法もあるが、調査参加者がビデオ会議に参加している第2のメンバーが気になって神経質になるリスクがある。

[*4]　[監訳注] 日本語のものであれば、Nottaという毎月120分が無料の文字起こしアプリがおすすめである。120分超過分は有料（サブスクリプション）になる。

誤字など気にしないことだ。間違いがあればあとで修正すればよい。それよりも、調査参加者の発言のエッセンスを煮詰めて短い文にまとめることに集中すべきだ。台本の質問に対する調査参加者の答えと画面に対する調査参加者の口頭と身体による大きな反応に注意を集中させよう。そして、インタビュー終了後、その記憶がまだ新鮮なうちに、感想や洞察をかならず書き足そう。**[表8-7]** を見ると、ニコが大局的な視点から効率よくメモを取っていることがわかる。

質問／話の口火	インタビュー1 （午前9時50分）	インタビュー2 （午前10時50分）	インタビュー3 （午後0時）
画面13 旅程まとめ			
ほんの2、3時間だけ車を借りられたら、どれだけ先まで行けると思いますか？	40〜60マイル（64〜96km）	40マイル	市内なら10〜20マイル（16〜32km）、長距離の旅行なら75〜150マイル（120〜240km）
画面14 ホストポータル			
こういったレンタカーのために家の前の私道を貸し出すことは考えていただけますか？	ええ、ホストになることは検討しますよ。	ええ、でもいくらかによりますね。	ええ、借りた方が運転するときに便利ですから。
貸し出しの料金がもらえることと車に乗りやすくなること以外に、この条件があればホストになってもよいと思うものはありますか？	ホストになったら何を覚悟しなければならないかがわかるセキュリティ条項	近所まで歩けば車に乗れるので、乗りやすさには大きな意味はないですね。	ホストになろうと思う人の背中を押す経験者の声

表8-7　ニコがオンラインインタビューで取ったメモの一部

8.3.6　分析フェーズ（2時間から4時間）

　分析フェーズでは、インタビューで得られたフィードバックをまとめてチームが次にすべきことを決める。ユーザー調査は、仮説が正しいかどうかを検証できただろうか。実験はやり方がまずくて失敗だっただろうか。ビジネスモデルが機能しないことが明らかになっただろうか。分析の目標は、別方向にピボットするか、バリュープロポジションを現実化するさらなる実験に踏み込んでいくかを決めることだ。

　5章の競合分析で行ったように、インタビューの最中や終了後にスプレッドシートをマーキングして、分析が早く進むようにするとよい。たとえば、仮説に関連する回答は、仮説の正しさを証明するようなものであれば緑、そうでないものであれば赤でマーキングする。プロトタイプに対するその場での修正はオレンジ色、非常に優れた指摘は黄色でマーキングする。もちろん、独自の方法を使ってよい。また、Quirkosのような定性データ分析ソフトウェアを試してみてもよいだろう。

●分析セクションの記入はインタビュー直後に

　ユーザー調査インタビュースプレッドシートの下の方に [表8-8] のようなANALYSIS SECTION（分析セクション）がある。調査参加者の発言によって個々の仮説の正しさが検証されたかどうかをここに記入する。もっとも大切なのは、個々のインタビュー終了後、回答の記憶が新鮮なうちに分析セクションに記入することである。すべてのインタビューが終了するのを待っていると、仮説が正しいという方向にバイアスがかかりがちになる。

分析セクション	検証結果		
最重要機能1の仮説は検証されたか（○か×）	×	○	○
最重要機能2の仮説は検証されたか（○か×）	○	×	○
バリュープロポジションの仮説は検証されたか（○か×）	○	○	○
ビジネスモデルの仮説は検証されたか（○か×）	○	○	○

表8-8　仮説検証結果をまとめる分析セクション

個々の仮説と関連のあるすべての回答を見て、〇か×の2択で分析結果をまとめる。インタビュー中に個々の仮説について適切な質問をしていれば、簡単に記入できるはずだ。はっきりしないところが出てきたら、もっとはっきりとした質問をするか、深く探りを入れるようにして調査をやり直すことを考えた方がよい。

このように2択で結果を記入する最大の目的は、定性的な回答を定量的で計測可能な結果に転化することだ。各行を見て、仮説の正しさが検証されるような回答をした調査参加者の数を合計し、参加者数の合計で割れば、仮説の正しさの割合が得られる。ユーザー調査実験デザインツールで設定した最低基準と割合を比較しよう。たとえば、あなたのソリューションのためにお金を使うと答えた調査参加者が5人のうち2人だけなら、あなたが提案したビジネスモデルの検証度は40%ということになる。最低基準が80%なら、残念ながらあなたのビジネスモデルの正しさは検証されなかったことになる。

● 調査結果のプレゼンテーション

ステークホルダーに調査結果を示すときには、集めたデータにすべての内容を結びつけながらブリーフィングするとよい。まず、調査プロジェクトの目標、つまり検証した仮説について説明する。次に、いつ、どこで、何人に参加してもらって調査を行ったかを説明する。撮影した写真とかハイライト動画といったビジュアルを入れると、状況が理解しやすくなる。発言の引用や予定外の発見事項も入れてよい。もっとも大切なのは、適切なところで割合の数字を含む重要発見事項を説明することである。これらの重要発見事項は、あなたのアクショナブルな提案と次のステップの根拠となる。

[図8-9]に示すように、ニコはバリュープロポジションとビジネスモデルで80%を超える検証度を獲得し、自分で設定した成功基準を満たした。調査参加者の一部が、会員制の方がいいと考えていることも発見した。ニコは、往復というコンセプトを取り下げ、レンタルできる状態のフル充電の電気自動車の利用に特化することにした。また、サービスを多用するユーザーのために会員制も選べるようにすることとにした。

ユーザー調査実験の結果

✔ **バリュープロポジション　正しいことを検証**
83.3%の調査参加者が、用事のために必要なので、月に1回以上は1時間単位で車を借りられるようになるといいと回答した。

✔ **ビジネスモデル　正しいことを検証**
100%の調査参加者が「1時間単位の料金」モデルを受け入れるとともに、収入を増やすために「貸主」契約を結ぶと回答した。

重要な知見
調査参加者たちは、往復よりも片道の利用のためにこのサービスを使いたいと思っている。
調査参加者たちは、車種よりも料金と現在地からの近さを重視している。
多くの調査参加者が、1時間単位の料金モデルよりも月額会員制の料金モデルを望んでいる。

図8-9　ニコのユーザー調査実験の結果をまとめたスライド

●シグナルを聞き分ける

　私たちは、ユーザー調査から曖昧さのない明確な結果を得た。しかし、この実験の調査参加者はごくわずかだ。自分自身とステークホルダー、潜在投資家が成功を確信できるだけのシグナルが得られるまで、サンプル数を増やしながら実験を繰り返していかなければならない。

　結果に有意性があるという自信が得られたら、大きな決断をすることになる。次のどれかを選ぶということだ。

- バリュープロポジションの正しさを検証できなかったが、ターゲット顧客セグメントは正しかったと考えている。彼らは単純に自分たちのソリューションを望まないか必要としなかっただけだ。適切な質問をすれば、その理由がわかるはずだ。バリュープロポジションに彼らが好意的に反応した部分があり、そこから新しい方向に進むことはできるか。もしそうなら、6章に戻り、もっとイノベーティブなアイデアを出そう。逆に、解決しようとしている問題が大したものではなく、人々が自分たちのソリューションを必要とするほどではないのだろうか。それなら、このビジネスコンセプトで推し進めるのを考え直すべきかもしれない。それでも、あきらめる前に、このアイデアにもっと時間と資金を注ぎ込みたいのか。それなら、9章に進み、異なるタイプの実験で

バリュープロポジションを検証してみよう。

● バリュープロポジションの正しさを検証できなかったが、ターゲット顧客セグメントが間違っていたと考えている。3章（顧客発見）に戻り、適切な顧客セグメントを見つけてから、もう一度同じ実験をしよう。顧客が誰で、どのような課題を達成しようとしているかがはっきりわかるまで、顧客発見プロセスを繰り返している間は、プロトタイプを見せないようにする。

● バリュープロポジションの正しさは検証できたが、ビジネスモデルの正しさが検証できなかった。ビジネスモデルに関連するインタビューの回答を見て、追求する価値のあるほかのビジネスモデルがあるかどうかを考えよう。また、競合他社を改めて見直して、彼らのビジネスモデルのなかに自分たちのバリュープロポジションでうまく機能しそうなものがないかをチェックしてみてもよい。その場合は、プロトタイプを修正して改めてユーザー調査インタビューを実施する。または、9章で示すさまざまなビジネスモデルで現在のバリュープロポジションを検証してみてもよい。

● バリュープロポジションとビジネスモデルの正しさは検証できたが、最重要機能のなかに正しさを検証できなかったものがある。該当する最重要機能についてのインタビューでの反応を見て、どのように修正すればよいかを考えよう。プロトタイプを修正して改めてユーザー調査インタビューを実施してもよいし、9章で示す最重要機能のさまざまなバリエーションで現在のバリュープロポジションとビジネスモデルを検証してもよい。

以上のどれかの結果に陥ったのに、クライアントやステークホルダーのなかに調査結果を信用せず、それでもプロダクトの構築を望む人々がいる場合、あなたは自分の存在意義を問われることになり、自分の原則と経済状況を秤にかけることになる。この問題に答えられるのはあなただけだ。

最高のシナリオは、すべての仮説の正しさが検証されることだ。おめでとう。もっとサンプル数を増やして実験を繰り返し、もっと強い証拠を集めるか、9章に進み、新しいタイプの実験でビジネスコンセプトを検証しよう。

すべての仮説を検証することは、めったに達成されない偉業だ。本当にイノベーティブなアイデアの場合には、特にそうである。だから、この章は、システム思考の持ち主として有名なドネラ・H・メドウズの適切な言葉を引用して締めくくることにしよう。彼女は次のように言っている[*5]。

> 可能なひとつの説明、仮説、モデルを死守するのではなく、できる限り多くのそれらを集めよう。そして、どれかを除外する証拠が見つかるまで、それらすべてが妥当であり得ると考えるようにするのだ。そうすれば、あなたのアイデンティティが絡みついてしまった憶測を否定する証拠を見逃さない心持ちが得られる。

8.4 ｜ まとめ

戦略は現実に基づいていなければならない。低予算で手っ取り早いオンラインユーザー調査を実施すれば、プロダクト戦略上の重要な判断を下さなければならないステークホルダーたちに直接的な証拠を示せる。最初は尻込みしたくなるかもしれないが、回を重ねるごとに、調査は恐ろしいものでなくなっていく。構造化された実験として調査を実施すると、仮説の検証に役立つ知見を集めることに集中し、重要な部分とそうでない部分を分ける枠組みを作れる。ソリューションが望ましく、将来性のあるものかどうかは、あとからではなく、早い段階でターゲット顧客から直接学んだ方が、チーム全体とステークホルダーにとってよいことだ。

[*5]　Donella H. Meadows, *Thinking in Systems: A Primer*, Chelsea Green Publishing, 2008. 邦訳『世界はシステムで動く：いま起きていることの本質をつかむ考え方』英治出版、2015年。

9章

コンバージョンのためのデザイン

私の進歩の大半は間違いによるものだ。
どれがそうかは、そうでないものを取り除けばわかる。[1]
　　——R・バックミンスター・フラー

　顧客の獲得と維持に成功する機会を増やすには、絶えず戦略を練り直していなければならない。その過程で間違うことは避けられない。人々に自分のバリュープロポジションを知ってもらうことから彼らを生涯顧客（Engaged Customer）に変えるまでのあらゆることを戦略化し、効率のよいファネルをデザインする必要がある。これはすべての基本要素を結びつけるものになる（[図9-1]参照）。

　前章では、少数のターゲット顧客から定性的なフィードバックを得る方法を学んだ。この章では、ビジネスアイデアとマーケティングチャネルを検証するために、ランディングページとオンライン広告分析を使って、前章よりもずっと多くのターゲット顧客から定量データを集める方法を示す。

---

[1]　"Conversations with Buckminster Fuller," The Werner Erhard Foundation, https://oreil.ly/7Y40_

図9-1 UX戦略の4つの基本要素

日記より。

▶ 1983年9月23日(金)

今日はあまりいい日じゃなかった。また家から学校まで歩いて行かなきゃならなかった。うちの高校の生徒は私以外みんな車を持ってる。みんなお高くとまった金持ちの子たちよ。それから、歴史のクラスにいるあのバカ、私が教室に入ってくるたびに「ミッシェル」をフンフンうなるのを止めてほしいものだわ。ビートルズの有名な曲から名前を付けるなんて、うちの親はなんてダサいの? 1966年生まれの女の子は世界中みんなミッシェルだとでも言うのかしら。

▶ 1983年10月5日(水)

うん、今日はいつもほどひどい日じゃなかったわ。放課後、ガツンとした音楽をかけながらステーシーのVWラビットで街中をいっしょにドライブしたの。彼女のおかげでザ・キュアーとジョイ・ディビジョンにすっかりやられちゃった。今晩はスペイン語のテストの勉強なんかする時間はないわ。そんなのどうでもいい。ずっと考えてたの。私の人生は、ボーイフレンドと仕事とかっこいい車があればパーフェクトだわ。ステーシーみたいにVWが欲しいなあ。お父さんに頼んでみるつもりよ。

▶ **1983年11月20日（日）**

信じられる？　お父さんがめっちゃかわいい中古のカルマンギアコンバーチブルを買うお金を貸してくれたのよ。ガソリンと保険は自分で払いなさいって言われたから、あとはバイト先を探さなきゃね。でも、月曜にはかっこいい車で通学できるわ。エリックに見てもらいたいなあ。

図9-2　VWカルマンギアコンバーチブルを背にポーズを取る
ミッシェル・レヴィ

▶ **1983年12月17日（土）**

いい感じになってきたわ。新しいボーイフレンドができたの。誰だって？エリック・Sよ。タフトで一番のハンサムな子。それから、今日はパプスアンドペッツへの初出勤だったわ。子犬を1匹売ると、2%の歩合給がもらえるのよ！！！！！　夜はエリックと新しい車の映画『クリスティーン』を観に行くわ。

▶ 1984年3月12日（月）

今週は生まれてから最悪の週に違いないわ。エリックのうちで彼といっしょにいたの。すべてうまくいくと思ってたけど、エリックが唐突に別れたいって切り出してきたのよね。すっかり取り乱して泣きながら外に飛び出したわ。完全におかしな状態でベンチュラ大通りを走ってたら、うっかり金持ちの女の人のジャガーにぶつかっちゃった。私の車はぺしゃんこよ！！！！！！

それからパプスアンドペッツに電話して、車がなくなっちゃったから行けないってロッシさんに言ったら、クビだって言われた！！！ ロッシさんなんて嫌いだわ。エリックも大嫌い。何もかもやだ。かわいそうな私の車。私の人生はめちゃめちゃよ！！

▶ 1984年7月6日（水）

昨日はすごいことが起きたわ。お母さんとエンシノに住んでるお母さんの新しいボーイフレンドといっしょにディナーに出かけたら、私のことをじっと見ているハンサムな子がいたの。私たちが店を出たら、彼が近づいてきて、いっしょにちょっと歩きませんかって言ってくるのよ。彼の名前はアンディで、結局いっしょにステーシーの家に行ったわ。サンフランシスコ州立大学に行ってるんだって。サンフランシスコに州立大学があるなんてことも知らなかったわ。で、自分もそこに入ろうって決めたの。お父さんが、もう壊れた車の保険は払わなくて済むから、寄宿舎の寮費は払ってあげるよって言ってくれたわ。

▶ 1984年9月4日（日）

どうしよう。すごい日だったわ。新しい寄宿舎までお父さんが送ってくれて、お父さんの車が見えなくなったらほとんど泣きそうになったけど、そこにアンディが来たの。彼は私を地下鉄に乗せて（乗るのは初めてよ！）、ヘイトアシュベリーっていうサンフランシスコでも有名な場所に連れてってくれたわ。この街なら私は別人になれるような気がする。寄宿舎に戻ってきたら、彼は親しい友だちに私のことを紹介したいって言ってきた。で、エレベーターで上に向かうときに彼に言ったの。みんなには、私のことをミッシェルじゃなくてジェイミーだって紹介してって。「バイオニック・ウーマン」のジェイ

ミー・ソマーズがずっと大好きだったのよね。エレベーターの扉が開いて、彼はミンディって子に私を紹介したわ。彼女はとてもいけてる感じで、ゴシックロック好きってところも同じ。とにかく、これから私はジェイミーよ。

ここで学んだこと

☐ ボーイフレンドと仕事とかっこいい車があっても私の人生がパーフェクトになるわけではないことがわかった。大切なものが全部揃ったと思ったが、それらはみな私のものではなかった。

☐ 名前にはアイデンティティを形作る力がある。ミッシェルという名前が自分に合っていると思ったことは一度もない。名前を変えたのはただの改名ではなかった。ジェイミーを名乗ることにしたおかげで、私は自分を作り変えることができた。

☐ 人生で前進するためには、慣れない場所に自分を追い込まなければならないことが多い。ほかの町、ほかの国に住むという実験を恐れてはならない。適応性があれば、変化への対応力が増す。

9.1 | マーケティングファネル

ファネル（漏斗）は先端に管がついている円錐形の道具で、管の小さな口から液体などを出せるようになっている。車のエンジンにオイルを入れるときには、入るべき場所に入る確率を上げるためにファネルを使う。ファネルは、無駄を避けるためのメカニズムだ。

UX戦略における無駄とは、潜在ユーザーがプロダクトというエンジンに入っていかないことである。ユーザー登録しない、登録したアカウントを使わない、取引を始めない、最後まで取引を進めないといったさまざまな形で、途中で外にはみ出してしまうことだ。言い換えれば、彼らはバリュープロポジションを完全な形で体験せず、ニーズを満たせないままよそに行ってしまったのである。デジタルプロダクトのデザインがまずく、潜在顧客を熱心な顧客に変えられなかったのだ。

1898年に広告代理店の重役だったエリアス・セント・エルモ・ルイスがマーケティングファネルという用語を使って以来、ファネルは顧客エンゲージメントの比喩として使われてきている。彼は、ファネル内のカスタマージャーニーを意識

（awareness）*2、関心（interest）、欲求（desire）、行動（action）の4つのステージ
に分解した。現在、このファネルはAIDAという頭字語で呼ばれている。各ステージは次のような意味で、**[図9-3]**のように描くことができる。

▶ 意識（Awareness）

潜在顧客がプロダクトの存在を意識するようになるときである。何かが彼らの注意を引き寄せ、マーケティングファネルの最上部に流し込む。たとえば、広告を見るなどである。

▶ 関心（Interest）

潜在顧客がプロダクトにどのような利点があり、自分の生活上のニーズをどのように満たしてくれるかを知るときである。彼らはファネルの奥に引き込まれる。たとえば、広告を見てクリックするなどである。

▶ 欲求（Desire）

潜在顧客がプロダクトを気に入るところから欲しいと思うようになるときであり、ファネルのさらに奥に引き込まれる。たとえば、ランディングページのすべての情報を舐めるように読み、操作し、最後までスクロールするなどである。

▶ 行動（Action）

潜在顧客がプロダクトを買うための行動を取るときであり、マーケティングファネルの最下部に到達するときである。たとえば、ランディングページのCTAをクリックするなどして、プロダクトに対する欲求を形で示すときだ。

---

*2　［監訳注］AIDAが使われ始めた当初は「意識（Awareness）」であったが、「注意（attention）」として扱うのが一般的。本書では原書の記述を尊重して「意識」としている。https://en.wikipedia.org/wiki/AIDA_(marketing)、https://en.wikipedia.org/wiki/Purchase_funnel

図9-3　マーケティングファネルの
AIDAのステージ

　マーケティングファネルは、**顧客ファネル**、**セールスファネル**、**購入ファネル**、**コンバージョンファネル**とも呼べる。本書初版で取り上げたAARRRモデル[*3]など、顧客の獲得を越えるステージを補ったバリエーションも多数ある。この章では、基本的なAIDAにフォーカスし、意識を構築するためのコンバージョンのデザインにAIDAの枠組みがどのように関わるのかを説明する。

　マーケティングにおけるコンバージョンとは、潜在顧客に販売サイドの目標を達成させるためのプロセスのことである。テレビでコマーシャルを見たあとで商品を発注したり、YouTubeで広告を見たあとでアプリをダウンロードしたりすることだ。一般に、ユーザーは何も知らない商品やアプリを買ったりダウンロードしたりはしない。タッチポイント（接点）とも呼ばれる誰か、または何かが、マーケティングファネルに潜在顧客を引っ張り込むのである。

　旧来のマーケティングでは、タッチポイントは印刷物/テレビ/ラジオによるキャンペーンなどだった。でなければ、夕食時に勧誘電話をしたりダイレクトメールを家に送りつけたりといったことだった。こういった形の販促活動は、時間がかかり、高くつき、消費者側の熱意を測る手段がなかったため、なかなか成功に結びつかなかった。

　デジタルマーケティングの時代になってからは、メーカーにとってお手頃なマーケティングの形態が生まれた。24時間で5ドルのオンライン広告キャンペーンなら、1週間で5,000ドルの新聞広告を出すよりも、自分のバリュープロポジションに対するターゲット顧客セグメントの反応がよくわかる。コンバージョンを促進し、成長を加速させるために、マーケティングキャンペーンやプロダクトのエクスペリ

＊3　　Dave McClure, "Startup Metrics for Pirates," August 8, 2007, https://oreil.ly/nRfZj

エンスをイテレーション（反復改良）したり、スプリットテスト（A/Bテスト）したりすることもできる。データを使って顧客のオンラインでの行動を予測、制御して成長することに関連する用語やモデルが無数にあるのはそのためだ。

9.2 | グロースハック、グロースデザイン、フックモデル

グロースハックは起業家で『グロースハック完全読本』[*4]の著者であるショーン・エリスが2010年に生み出した用語だ[*5]。この用語は、職能横断型のプロダクトチームが巧妙でコスト効率の高い方法で顧客ベースを成長させるというコンセプトを表している。Facebook、Twitter、LinkedIn、Airbnb、Dropboxは、すべてグロースハックのテクニックを使って成功した。今では、グロースハックのテクニックを取り入れたチームを広くグロースチームと呼んでいる。

グロースチームは、分析ツール、トラフィック生成、プロダクト最適化の達人が集まったチームだ。彼らはSEO（検索エンジン最適化）、広告プラットフォーム、ソーシャルメディアツールの内部構造を深く理解している。彼らがすることがハッキングと呼ばれるのは、彼らが型にはまらない方法でビジネスを成長させることに徹底的にフォーカスしているからである。彼らは、A/Bテスト、ランディングページ、口コミ要素、メール到達率、ソーシャルメディア統合といったテクニックを使って、従来型マーケティングの限界を越えていく。グロースハックの主要目標のひとつは、口コミや有料広告キャンペーンとユーザーエンゲージメントの指標を結びつけ、もっとも価値の高いマーケティングチャネルを見つけられるようにすることだ。グロースハックは、新しいユーザーの獲得と既存ユーザーのエンゲージメントの深化のために、必然的にプロダクトのマーケティングとUXの継続的な修正をともなう。

グロースチームを率いるのはグロースオーナーである。グロースオーナーは、成長を促進させ、協力しながら実験を進める「ハッカー」を集めてくるための戦略を決めていく。グロースオーナーは、マーケティング、プロダクト開発、エンジニアリングなどの出身者が多い。そのため、グロースチームは技術やマーケティングの優先度を過度に引き上げる一方で、デザインの役割を過小評価することがある。**グロースデザイン**という用語が広く知られるようになってきているのはそのため

[*4] Sean Ellis and Morgan Brown, *Hacking Growth*, Virgin Books, 2017. 邦訳『Hacking Growth グロースハック完全読本』日経BP、2018年。

[*5] Sean Ellis, "Find a Growth Hacker for Your Startup," *Startup Marketing*, July 26, 2010, https://oreil.ly/hYpaU

だ。グロースチームの戦略的なメンバーとしてデザイナーが果たす役割の重要性を反映しているのである。グロースデザインのエキスパート、レックス・ローマンは、グロースデザインとは、「顧客エクスペリエンスにフォーカスするだけでなく、顧客/ビジネス価値の上昇ループを引き起こすレバーを見つけて、持続可能な成長を促進することにもフォーカスすることだ」と言っている[*6]。グロースデザイナーたちは、UXのなかのもっともインパクトが強い部分の調整にフォーカスする（[**図9-4**]参照）。彼らは、行動分析を使って目標を達成できたかどうかを確認する方法も知っている。そのため、ビジネスモデルにプロダクトデザインを連動させる方法を知っているということだ。

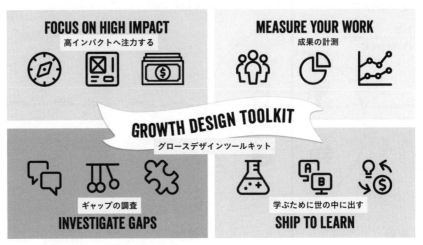

図9-4　レックス・ローマンのグロースデザイン

＊6　　Lex Roman, "Growth Design FAQ," *Lex Roman*, https://oreil.ly/hfvl5

これに関連して、行動デザインの専門家で起業家でもあるニール・イヤールが作ったフックモデルというものもある。イヤールは、ベストセラーになった『Hooked ハマるしかけ』で、4ステップのフックサイクルを繰り返して顧客の行動に目に見えない変化を生み出していく方法を論じた[*7]。イヤールは、「フックとは、習慣になるほどの頻度でユーザーの問題と自分たちのプロダクトが結びつくようにデザインされたエクスペリエンスのことだ」と言っている。このようなサイクルを作り出せば、高コストの広告やスパムメールに頼らなくても、ユーザーはプロダクトに「フック」される（プロダクトにハマる）。

図9-5
ニール・イヤールの
フックモデルの4要素:
きっかけ、行動、報酬、投資

　B2Bソーシャル・ネットワークのLinkedInのUXを例として説明しよう。フックは、自分の仕事に不満を感じるといった内的なきっかけや新しい仕事を始めた同僚の投稿を読んだといった外的なきっかけから始まる。すると、LinkedInのフィードをスクロールするといった行動が起きる。その行動により、フィードから得られた情報という人によって価値の大小がある報酬が得られる。すると、投稿に「いいね！」を付けたり、シェアしたりすることがあるが、それは時間とデータをプラットフォームに注ぎ込むという投資である。この投資は、蓄積される価値のひとつの形態になり、時間とともに習慣が形成されると、プロダクトの競争優位性になる。

[*7]　Nir Eyal with Ryan Hoover, *Hooked: How to Build Habit-Forming Products*, Portfolio, 2014. 邦訳『Hooked ハマるしかけ　使われ続けるサービスを生み出す［心理学］×［デザイン］の新ルール』翔泳社、2014年。

イヤールは、「あらゆるデザインの常として、このテクニックは一種の人心操作であり、使い方には注意が必要だ」と警告している[8]。イヤールは、『Hooked ハマるしかけ』で行動デザインの倫理的な使い方について論じ、2冊目の著書『最強の集中力』[9]では、行動デザインに振り回されずに集中力を高める方法を論じている。

フックモデル、グロースデザイン、グロースハックは、すべて1898年に考え出された意識、関心、欲求、行動のAIDAファネルを基礎として作られている。あなたのチームも規格外のハックでプロダクトの認知度を上げることができるが、それでも、適切な顧客セグメントをターゲットとして、関心や欲求を生まずにはおかないメッセージを送ることは欠かせない。グロースデザインのテクニックを実践すれば、プロダクトから得られるエクスペリエンスの精緻化に役立つだろう。そうすれば、ユーザーが行動を起こし、プロダクトのバイラル化に火がつくはずだ。こちらの望む行動を何度も繰り返すようになると、彼らは、コンテンツをシェアする人々とともに、プロダクトファネルにフックされる。

次節では、コストのかからない広告キャンペーンが掲載されているランディングページに潜在顧客を誘導してビジネスアイデアを検証する方法を学ぶ。

9.3 │ ランディングページ実験の進め方

ランディングページとは、製品やサービスのマーケティングを目的として作られた（たいていは1ページのみの）ウェブページのことである。メールやオンライン広告のリンクをクリックしたときに「着地」(landing)するページだ。モバイルアプリのダウンロードボタンのクリックのようなこちらが望む行動をユーザーにしてもらうことを目的としている点で、ホームページとは異なる。ランディングページは、仮説の検証のために、マーケティングファネルの最上部に潜在顧客を引き込み、そのエンゲージメントを計測することを目的として作られる。試行錯誤を通じてバリュープロポジションとそのバリエーションにどの顧客セグメントが反応するかを迅速に知ることができるので、ランディングページはプロダクト戦略を練り上げるために使える。

---

[8] Nir Eyal, "Nir Eyal on Creating Habit-Forming Products: Closing Remarks," *LinkedIn Learning*, January 23, 2017.

[9] Nir Eyal, *Indistractable: How to Control Your Attention and Choose Your Life*, BenBella Books, 2019. 邦訳『最強の集中力：本当にやりたいことに没頭する技術』日経BP、2020年。

ランディングページ実験作成の一般的な流れを示すと、**[図9-6]**のようになる。

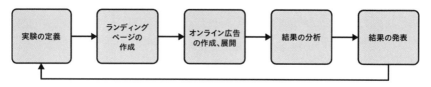

図9-6 ランディングページ実験の流れ

実験が成功した場合のUXは次のようになる。

- まず、潜在顧客が広告を見る（意識）
- 次に、潜在顧客が広告をクリックする（関心）
- さらに、潜在顧客は自分のニーズにとって意味のあるランディングページを見る（欲求）
- そして、潜在顧客はCTAをクリックし、実際のプロダクトに触れ始める（行動）

このフローは、あなたやステークホルダーが結果に満足するまで、新しいイテレーションごとに繰り返さなければならない。そのようにして「基本要素3：検証をともなうユーザー調査」、「基本要素4：フリクションレスなUX」にとって重要なフィードバックループを築くのである。

8章のオンライン調査で得られたフィードバックから新しい実験を始めるなら、バリュープロポジション、ビジネスモデル、その両方のバリエーションを試すためにランディングページ実験をするとよい。

ランディングページ実験をすれば、さまざまなコンセプトを顧客の前に置いて短時間でフィードバックを得ることができる。7章で作ったプロトタイプの画面の一部は、（a）アプリやウェブサイトがどのような感じかを顧客に見せ、（b）ビジネスアイデアが実際に発売されているプロダクトになっているか、リリース直前まで来ているという錯覚を作り出すために使える。8章のオンライン調査で得たフィードバック次第では、ランディングページや広告キャンペーンに掲載する前に画面を更新する場合もあるだろう。

私は、2019年にベルリンで開催されたUX Campで講演をし、そのときにゼバスティアン・フィリップと会った（**[図9-7]**）。彼は、フォルクスワーゲン（VW）グルー

プ内のビジネス/サービスデザインの代理店/コンサルティング会社であるフォルクスワーゲングループサービス社のビジネスイノベーションスタジオの責任者だ。ランチのときに、彼はビジネスイノベーションスタジオが進めている広告キャンペーンとランディングページを使ったスモークテストなどのすばらしい実験のことを話してくれた。ここでは、ケーススタディとして彼らの実際のキャンペーンのひとつを細かく分析していきたい。

図9-7　ベルリン市内でフォルクスワーゲンWe Shareのポスターを指差すゼバスティアン・フィリップ

　最初に簡単な背景説明をしておこう。VWは、さまざまなMaaS（mobility-as-a-service）の実験に取り組んでいる。同社はWeというデジタルプロダクトのエコシステムを用意しており、VW車をリース契約/所有しているドライバーは、従来よりも緊密なサービスを受けられる。顧客がアプリによる洗車の予約を望むかどうか、さらにデジタルによる支払いを受け入れるかどうかは、彼らが検証したいビジネスコンセプトのひとつだった。今回のキャンペーンの目的は、このような洗車サービスが多くの顧客を惹きつけられるのは都市部と地方のどちらかを明らかにすることだ。

9.3.1 実験の定義

オンラインユーザー調査のために8章のユーザー調査実験デザインツールを使っていれば、このステップの大半は見覚えのある感じがするだろう。ランディングページ実験デザインツールはユーザー調査実験デザインツールとよく似たものになっている。

1. バリュープロポジション：最新の簡潔な形のバリュープロポジション。

2. 実験のタイプ：実施しようとしている実験のタイプの大分類。この場合は、ランディングページ実験になる。

3. 実験開始/終了日：実際の日付か期間、またはその両方を書く。

4. 実験の詳細：実験で打つ広告の本数、実験の予算、使う予定のツール、実証するつもりのコンセプトなどの重要な細部を書き込む。はっきりわからない部分があるなら、この章を読み終えてから書けばよい。

5. 仮説：7章で説明したように、仮説はあいまいなところがなく、計測可能でなければならない。ビジネスコンセプトを検証するランディングページ実験では、同時にテストする変数はひとつだけに絞らなければならない。でなければ、管理された実験ではなくなる。変数になり得るものは、広告、ランディングページ、ターゲットオーディエンスである。ここはこのツールでもっとも重要な部分であり、今すぐ書き込まなければならない。その他の欄は、実験を実施する前ならいつでも書き換えてよい。

6. 検証の方法：仮説の検証のために5で選んだ変数をどのように使うかを書く。

7. 実験成功と言える最低基準：仮説（複数の場合もある）が正しいと考えてよい割合の数値。ランディングページ実験の場合、この割合はコンバージョン率（CVR）と呼ばれ、ランディングページに訪れたユーザーのなかで、こちらの望む行動（たとえば、アプリのダウンロードボタンのクリック）を取った人の割合である（一般的には2～6%）。広告キャンペーンの場合、この割合

1. バリュープロポジション：キャッシュレスの自動カスタム洗車を予約するためのアプリ	4. 実験の詳細：Facebookで2種類のオーディエンスに同じ広告を見せる。ひとつの広告キャンペーンにかかるコストは350〜400€（2022年半ばのレートで約4万9000円〜約5万6000円）で、同じ日に開始する。ふたつの広告キャンペーンとランディングページの結果を比較する。	
2. 実験のタイプ：ランディングページ実験		
3. 実験開始/終了日：2020年4月22日（水）から2020年4月29日（水）まで		
5. 仮説	**6. 検証のための質問**	**7. 実験成功と言える最低基準**
ドイツの都市部のドライバーは、地方のドライバーよりもこのサービスに期待する。	ドイツの地理的条件が異なる2種類の顧客セグメントに対して1個のFacebook広告を流す。クリックスルーした人々を同じバージョンのランディングページに送り込み、コンバージョン率とCAC（顧客獲得費用）を比較する。	Facebook広告のCTRが1%、ランディングページのコンバージョン率（アプリダウンロードボタンをクリックした人の割合）が5%。

表9-1　UX戦略ツールキットのランディングページ実験デザインツール

はクリックスルー率（CTR）と呼ばれ、広告の表示回数のうち、広告がクリックされた回数の割合である（一般的には1〜5%）。

　ここからもわかるように、最初の3項目はユーザー調査実験デザインツールと同じだが、それ以外はランディングページ実験に固有なものである（実験にトラフィックを誘導する方法を含めて）。ここからは、VWのランディングページ実験を参考にしながら、私自身が実験デザインツールの内容を書き込んでいく（**[表9-1]**）。

9.3.2　ランディングページの作成

　ランディングページのもっとも重要な機能は、そこに着地した見込み顧客に、将来のプロダクトの姿を見せて、行動を起こさせることである。わずか30秒のCMと同じように短時間でこのようなコンバージョンを起こさなければならない。何らかのとてつもなく強力なコンテンツを使って、プロダクトが自分のために何をしてくれるのかを見込み顧客に伝える必要がある。テキスト、写真、動画を使ってプロダクトのエッセンスを消化しやすい形に煮詰めなければならないので、この作業にはチームのコンテンツ/ブランドストラテジストに参加してもらおう。3章でバ

リュープロポジションのエレベーターピッチ的な意味について説明したが、ランディングページが伝えなければならないのはまさにそれだ。

では、ランディングページの作成プロセスをたどっていこう。

●ステップ1：プラットフォームとテンプレートの選択

ランディングページ実験の作成、実施に使えるプラットフォームは無数にある。初歩的で無料のものからしっかりしていて高価なものまでまちまちだ。ほとんどのプラットフォームは14日の無料試用期間を設けており、それ以上は月額料金を支払う形になっている。UnbounceとInstapageは、これらのなかでも比較的古くからあり、広く使われている。

プラットフォーム選びで大切なのは、以下のポイントだ。

- カスタマイズできてレスポンシブ対応の（画面の大小に応じて柔軟に変化する）テンプレートが多数あるか
- 要素のドラッグアンドドロップでページを作れるか
- ランディングページに独自のドメイン名を与えられるか
- ランディングページによるコンバージョンを測定できるか

アカウントを作ったら、まずテンプレートを選ぶ。テンプレートは作業をスピードアップさせるだけでなく、コンバージョン率が上がるように最適化されている。ランディングページにやってくるユーザーの多数派はモバイルデバイスを使っているので、レスポンシブ対応のものを選ばなければならない。ユーザーのクリックスルーが目標なら、「クリックスルー」テンプレートはよい選択肢になる。目標がアプリのダウンロードやプロダクトの起動なら、それに適したテンプレートを選ぶとよい。テンプレートのすべての要素を使う必要はないが、プロっぽく見え、最小限の変更で使えるものを選ぶようにしよう。

何を入れたらよいかについては、Googleで"ランディングページ 成功事例"を過去1年以内に絞って検索すればヒントが得られるだろう。ランディングページプラットフォーム大手のランディングページからもヒントが得られる。

●ステップ2：コンテンツ（独自または借用）の追加とデザインの変更

　次に、テンプレートに独自コンテンツを入れていく。参考のために、AutoWaschen（無人洗車）ランディングページの重要な部分を見てみよう（**[図9-8]**）。

図9-8　フォルクスワーゲングループサービス社の簡単無人洗車ランディングページの上部

　必須要素は次の通りだ。要素の準備は、テンプレート選択前でも後でもよい。

　▶ ロゴとプロダクトの名前

　　　自分でロゴを作れない場合は、ウェブの無料ロゴ生成ツールで作るか、安価で仕事をしてくれるフリーランサーを探せるサイト（たとえば、Fiverr.com）を利用して作ってもらえばよい。この時点では、テスト目的のプレースホルダーに過ぎないので、ロゴにあまり神経質になる必要はない。VWのような大企業は、一般にこの種の実験で自分のブランドを使ったりはしない。顧客の新プロダクトに対する感じ方が自社ブランドによって影響を受けるのを避けようとするのである。現在のプロダクトやブランディングからかけ離れたプロダクトによって既存の顧客が混乱するのを避けるという意味もある。

▶ バリュープロポジションかタグライン、またはその両方

プロダクトの主要なメリットが何かを説明する1段落分の短い文章（バリュープロポジション）や企業/ブランドの理念/コンセプトを伝える短い一文（タグライン）が含まれていてもよい。

▶ CTA（Call to action＝行動喚起）

これはコンバージョンの証明のために使う指標を提供する部分であり、ランディングページでもっとも重要な要素だ。通常はボタンかボタン付きの入力フォームである。VWのランディングページでは、iOS App StoreとGoogle Playのアイコンを使った（**[図9-8]**参照）。モバイルアプリでは一般的な形だ。入力フォームは主にメールアドレスを手に入れて見込み顧客を生み出すために使われる。しかし、今どき他人に本物のメールアドレスを書いてもらうためには、相当大きな理由が必要だ。ビジネスアイデアの検証を目的とする場合には、関心がある人にボタンを押してもらうだけの方が効果的だろう。これなら、スパムメールが送られてくる心配はまったくない。このボタンは目立つものにしよう。赤や緑のような目立つ色を使うとよい。文字やページの背景で使われている色はありきたりなので避けるべきだ。くだけた表現も効果的である。CTAで直接話しかけるような表現がよく使われているのはそのためだ。CTAのラベルは、「駐車の悩みを解消！」といったソリューションに沿ったものでもよいし、「ガイドを今すぐダウンロード」とか「もっと知りたい」といったユーザーの行動を促すものでもよい。全体としての目標は、ユーザーに直接話しかけられているような感じを与えることだ。

▶ ソリューションの効果を示す写真/グラフィックス/動画

VWのように、最重要機能のインターフェイスのスクリーンショットや、メリットの簡単な説明にアイコンを付けたものなどを使えばよい（**[図9-9]**参照）。プロダクトのおかげで満足した様子の顧客が写った写真を入れてもよい。作ろうとしているインターフェイスの静止したスクリーンショット（7章のプロトタイプや8章のプロトタイプの改良版で示したようなもの）を使う場合には、かならず短い説明を添えるようにしよう。

図9-9　フォルクスワーゲングループサービス社の簡単無人洗車ランディングページの最重要機能セクション

　ページに誤字や文法の誤りが入らないようにしよう。コピーライターを使う余裕がないのかとか、フェイクなのかと疑われ、信用できない会社のように思われてしまう。テキストは製品画面の補色になるような色を使って、背景からくっきりと浮かび上がって読みやすくなるようにしよう。簡単無人洗車のランディングページの例では、ダークブルーの背景に対してライトブルーのバブルイメージが極端に目立たないものが視覚的に適切で、コピーを強調しすぎないようにしている。フッターに現在年の著作権表示を入れると、ページが新しいものだという印象を与えられる。

　そのほか、推薦の言葉、ソーシャルメディアへのリンク、バッジ、プロダクトを使う予定の企業名などを入れるとよい。これらはどれも社外からの評価であり、プロダクトの信用性についての社会的証明のように見える。プロダクトが未発売なら、ユーザー調査インタビューの反響を引用したり、プロダクトのデモを友人に見せて得られた感想を掲載したりすればよい。引用する言葉は、利点やイノベーティブな機能についての肯定的な評価でなければならない。優れた引用は、人々が実際に話しているように感じられる口語体のものである。

　すでにページに載っているコピーを繰り返すようなものや、マーケティングの専門用語のように聞こえるものはダメだ。**【図9-10】**は、簡単無人洗車のランディングページに含まれている推薦の言葉の例である。翻訳すると、次のようになる。「いいアイデアで、うまくできている。洗車の予約と支払いが簡単、快適になった。定

図9-10　フォルクスワーゲングループサービス社の簡単無人洗車ランディングページの推薦の言葉セクション

額制を使えば、時間とコストの節約になる。頻繁に洗車するすべての人にお勧めしたい」。

　特定のデザインの微調整のために膨大な時間を投入する前に、HTML化してさまざまな画面サイズのさまざまなタイプのデバイスで実際に表示し、チェックしよう。ランディングページのデスクトップバージョンとモバイルバージョンの間を行き来して、プレビューモードで両方が正しく表示されることを確認しよう。片方のバージョンでしか動作しない動画その他のメディア要素がある場合には、モバイルとデスクトップで少しだけ異なるバージョンを作ることを検討すべきだ。補色の組み合わせが多数含まれる背景イメージを使うときには注意が必要になる。画面がアスペクト比の違いに適応しても、そのためにテキストが背景イメージに重なるような形で表示される場合には、テキストが読みにくくなる場合がある。

●ステップ3：操作できるようにする

　いよいよページを操作できるようにする段階になった。まず第1に、CTAボタンに何らかのことをさせたい。ユーザーに感謝の言葉を伝えたり、次のステップに進んだりするモーダルダイアログやライトボックスを表示するのでよい。

　コンバージョンの目標は、ユーザーにCTAボタンをクリックさせることである。ランディングページプラットフォームを使っているなら、是非CTAボタンをクリックした訪問者の数と割合を計測するようにセットアップすべきだ。そして、複数のデバイスでCTAボタンをクリックし、コンバージョンが計測できるかをテストする必要がある。訪問者数とCTAボタンのクリック数の両方が正しく計測されていることを確認したい。ここが正しくなければ、ランディングページ実験からは何も学べない。

　ランディングページプラットフォームは、デフォルトで企業自身のウェブサイトの何らかのサブドメインをランディングページのURLとしてくるだろう。その

URLには、社名やdemoという単語が含まれる場合があり、そうするとランディングページがフェイクだということがばれてしまう。確かにフェイクなのだが、訪問者にはそのことを知られたくない。訪問者がCTAボタンを押さなかったのは、バリュープロポジションが気に入らなかったからなのか、ランディングページがフェイクだと思ったからなのかの違いがわからなくなってしまう。

そこで、プロダクト名が含まれる安いドメイン名を買うようにしよう。ランディングページに新しいドメイン名を設定する方法は、ドメイン名プロバイダーかランディングページプラットフォームが説明しているはずだ。

5ドルで".com"ではないドメイン名を買えるところは無数にある。すでに触れたように、大企業は自社ブランドを守るためにいずれにしても別ドメインを作っている。また、このようなキャンペーンを実施するときには、事前に法務部に相談した方がよい。法的責任を回避するために、一部の工程を外部の業者にアウトソーシングしなければならない場合がある。

● ステップ4：コピーやバリエーションの作成

いよいよスプリットテスト（A/Bテストなど）の出番だ。

実験で複数の広告を使わなければならない場合には、ランディングページのコピーが必要になる。ランディングページの内容自体は同じだが、URLは異なるふたつのランディングページを作れば、どちらの広告の方がコンバージョン率が高かったかを正しく計測できる。

同時にランディングページの複数のバージョンをテストしてどれが効果的かを実験する場合には、ランディングページのまったく新しいデザインを作らなければならない。あるいは、価格、CTA、メッセージ、アートワークなど、どの要素をテストするかによって、その部分だけを変えたランディングページのバリエーションが必要になる場合もある。ランディングページプラットフォームは、広告ごとに対応するバージョンに進むようにトラフィックを自動的に分割できる。これをA/Bテストとか多変量テストと呼ぶ。

オンライン広告の作成と実施

マーケティングを通じて消費者にプロダクトやブランドのことを十分に知ってもらえていなければ、いかにうまくデザインされていても、プロダクトは失敗する危険がある。ウェブ以前の時代には、人々の注目を集めるための方法としては、従来

型のテレビ、ラジオのCMや印刷物による広告がメインだった。しかし、従来型の媒体は高価な上に、広告キャンペーンが効果を上げているかどうかをリアルタイムで知るための正確な分析が不可能だった。他の媒体よりもインターネットに多くの広告費が使われているのはそのためだ。

インターネット広告は、2019年に1250億ドル（約19兆円）に到達した[*10][*11]。

オンライン広告には、マイクロターゲティングが可能なことだという秘密のソースがある。マイクロターゲティングとは、想定する顧客セグメントとして非常に限定されたデモグラフィック、サイコグラフィック、関心等の持ち主をターゲットとすることである。広告キャンペーンプラットフォームは、1日5ドルという非常に安い予算で実験を実施して24時間後にコンバージョン指標を見られるようにもしている。

ここで取り上げたいオンラインキャンペーンは、有料ソーシャルメディア広告とサーチエンジンマーケティング（SEM）である。2019年の実績で、マーケターたちはソーシャルメディア広告に360億ドル（約5兆円）、検索結果に表示される広告に550億ドル（約8兆円）を投入している。ソーシャルメディアキャンペーンは、Facebook、Instagram、LinkedIn、Twitter、WeChatなどで展開でき、広告はユーザーのフィードに受動的に（ユーザーの意思とは無関係に、勝手に）表示されるのが普通だが、パートナーネットワークに参加しているパートナー企業のサイトに大規模に広告を打ち出すこともできる。それに対し、サーチ広告は、ユーザーがGoogle、Bingなどに関連するキーワードを能動的に（自らの意思で）入力したときに表示される。どちらの広告形態も細かい調整が必要になるが、魔法の杖の使い方がわかれば、大きな成果を挙げられる。

サーチエンジンマーケティングとソーシャルメディア広告の違いを簡単にまとめると次のようになる。

サーチエンジンマーケティング（Google、Bingなど）
- 検索をしているのが誰かではなく、入力されたキーワードが何かに基づいて表示されるので、顧客がどういう人かがはっきりわからないときに適している。

[*10]　Interactive Advertising Bureau, *Internet Advertising Revenue Report*, May 2020, https://oreil.ly/m4x2R

[*11]　[監訳注] 日本の広告費も2019年にテレビCMなどの従来型の広告費とインターネット広告費が逆転し2兆円を超えた。

- 見た人がプロダクトを購入する確率（購入意思）が高い。
- 1クリックに対する料金は高くなるが、コンバージョン率が高い。
- プロダクトを直接販売したいときに適している。

有料ソーシャルメディア広告（Facebook、Instagram、LinkedIn、Twitterなど）
- プロフィールデータに基づき、オーディエンスをより細かくマイクロターゲティングできる。
- 視覚に訴えられる。
- 安い料金で多くの人々にリーチできる。
- ブランドに対する意識を生み出したり、ソーシャルフォロワーを育てることに適している。

　Googleはサーチエンジンマーケティング、Facebookはソーシャルメディア広告の最大のプラットフォームである。ランディングページ実験でGoogle広告を使おうとすると、少なくとも2週間は広告キャンペーンを実行しないと有益な情報が得られないことが問題になる。Google広告は、マイクロターゲティングを目的として作られてはいない。キーワードを練り上げて潜在顧客セグメントを発見することが目的だ。これからの例でFacebookを使うのはそのためである。私は個人的にFacebookの倫理上の問題に強い懸念を抱いているが、広告という世界ではもっとも優れている。
　Facebook広告マネージャはUXと広告実施プロセスを絶えず更新している。広告キャンペーンを準備するときに意識すべき基本的なポイントをまとめると、次のようになる。

▶ 会社ページ
会社のFacebookページにアイデンティティを与える必要がある。会社ページは、カバー写真、ロゴ、簡単な説明を追加するだけで手っ取り早く簡単に作れる。ユーザーが「いいね！」をつけたり、コメントを書いたりするかもしれないので、まともに見えるページにしよう。テストするバリュープロポジションをそのまま続ける場合には、それが永続的な社名になることさえある。

▶ キャンペーンの目的

まず、選んだプラットフォームで新しい広告キャンペーンを作らなければならない。目的としては「トラフィック」を選び、キャンペーンに名前を付ける。「トラフィック」を選ぶのは、ランディングページにトラフィックを呼び込もうとしているからである。

▶ 位置情報

広告が表示される地域を選択する。3章の検証済みペルソナにデモグラフィックが一致するひとつの都市か市内のひとつの郵便番号に絞って小規模に始めよう。USAのように国全体を選択しないのは、特定のセグメントにリーチを絞り、顧客について学ぶことが難しくなるからである。プロダクトがもっとも成功しやすい場所の仮説に沿った場所で広告を打ちたい。たとえば、VWの簡単無人洗車の場合、ドイツの都市部の町と地方の町の2箇所で別々のキャンペーンを実施している。

▶ ターゲットオーディエンス

検証済みペルソナとデモグラフィック、関心、行動が一致するオーディエンスを選択する。オーディエンスは、年齢の範囲、性別、世帯収入、学歴、これらの組み合わせから選べる。さらに、洗車に関心のある自動車通勤者のように、行動や関心を細かく絞り込んでターゲットとすることもできる。

▶ 予算とスケジュール

5ドルから10ドルの予算で1日のパイロット実験を実施するところから始めよう。新しいキャンペーンの準備と実施は複雑で、コスト上のミスを犯しがちなので、これは重要なことだ。この最初のテストを実施して結果を検討し、うまくいったところとそうでないところを洗い出す。予算を増やし、キャンペーンの期間を延長するのはそれからだ。

ターゲットデモグラフィックが広告を見そうな時間帯（たとえば、曜日や1日のなかの時間帯）に基づいて広告を打つ時間を考えよう。そのためには、顧客が考えそうなことを想像する必要がある。たとえば、車を持っていて車をきれいにしておきたいと思う人々は、金曜の終業後にFacebookを見る可能性が高いかもしれない

し、土曜の午前中に行ける洗車場をGoogle検索するかもしれない。しかし、これらの推測が正しいかどうかを検証するには、丸々1週間キャンペーンを実施するのが一番だ。そうすれば、どの曜日のどの時間帯にもっとも良い結果が得られるかが学べる。また、広告を見直し、承認を得るための予備期間を見込んだ上で開始期日を決めよう（これについては「広告の承認申請」を参照のこと）。

どのような方法がもっとも効果的かがわかり、キャンペーンの実施に自信が持てるようになったら、広告予算を少しずつ上げていってよい。低予算のキャンペーンには、少ないサンプル数で結果を判断するため、調査の意味をなさないかもしれないという問題がある。VWの簡単無人洗車の場合、350〜400€（約4万9000円〜約5万6000円）までの予算でふたつの異なる広告キャンペーンを5日から8日実施した。

最終的には、予算は数回のキャンペーンを実施したあとのクリックごとのコストによって決めるべきだ。最高の広告戦略についてはっきりしたことを言うためには、少なくとも500ドル必要かもしれない。私は、広告キャンペーンはザッカーバーグのような億万長者に苦労して稼いだお金を貢ぐようなものだと考えているので、戦術に自信が持てるようになるまで、小規模な実験を何度も繰り返すようにしている。

広告のデザイン

効果的な広告の製作には、科学の部分と職人技の部分がある。強いインパクトがあってなおかつわかりやすいコンセプトが必要だ。ひとつの方法は、ユーザーが抱えている問題へのフォーカスである（たとえば、汚れた車と長時間待たされた悲しそうな人）。そうすれば、問題の解決方法を与えてくれるランディングページにそういう人々を引き込める。ソリューションを前面に押し出して、こうなりたいと思うイメージとテキストを見せるという手もある（たとえば、きれいな車とアプリのメリットについての広告コピー）。**[図9-11]**の簡単無人洗車の広告のように、問題（汚れた車）とソリューション（アプリとメリットを示す広告コピー）の両方を見せる方法もある。

図9-11
フォルクスワーゲングループサービス社の
簡単無人洗車のFacebook広告

　センセーショナルで誤解を生むようなコピーやセクシーな女性の写真が入った広告を使う手もあるが、そのようなクリックベイトを使ってクリック数を稼いでも、バリュープロポジションやビジネスアイデアの検証には役に立たない。たとえランディングページに人が集まっても、それらの人々はバリュープロポジションを求めてランディングページに来ているわけではないので、どのような広告コピーやイメージならバリュープロポジションを伝えられるかを学ぶためには役立たないのだ。

　広告には次の要素が必須となる。ただし、プラットフォームと配置によってある程度の違いは生まれる。

▶ 見出し
　プロダクトの名前、バリュープロポジションのどちらか、または両方。簡単無人洗車の場合は「近所ですぐに洗車（Wasche jetzt in deiner Nähe）」である。

254

▶ 本文

解決しようとしている問題か提案しようとしているソリューションを目立つように説明したもの。簡単無人洗車の場合、「洗車の手配はずっと大変でしたね。このアプリをダウンロードしましょう。洗車の予約が簡単になります（Noch nie war das Autowaschen so einfach! Lade unsere App herunter, buche deine Wasche bequem）」である。

▶ デスティネーションURL

広告をクリックした訪問者が送り込まれるランディングページのURL。

▶ イメージ

ソーシャルメディア広告では、サーチエンジン広告よりもイメージがよく使われる。簡単無人洗車の場合、汚れた車とアプリ画面で、ランディングページと同じ背景色が使われている。Facebookは画像に入れるテキストに制限を設けているので、出稿前に社内でチェックを怠らないようにしよう。

▶ CTAボタン

訪問者が広告からランディングページに進む通路。簡単無人洗車では、「詳しくはこちら（MEHR DAZU）」を使っている。

　ユーザーの多数派が見るモバイルの広告を先にデザインしよう。広告の内容とデザインは、オーディエンスを思い描きながら選ぶようにする。簡単無人洗車の広告のように、広告とランディングページのルックアンドフィールは揃っていなければならない（メッセージマッチングとも言う）。広告をクリックしたあとで訪問者が「言ってることと違うじゃないか」と思わないようにするのである。ランディングページと同様に、キャンペーンを実施する言語に堪能な人にコピーをチェックしてもらおう。意味が通じるというだけでなく、文法や用字、綴りに間違いがないようにしたい。

バリエーション（必要なら）

　実験の一部として複数の広告キャンペーンを打つ場合には、第2の広告または第2のオーディエンスを作ることになる。この種の実験としては、たとえば次のようなものが考えられる。

- 顧客の問題とソリューション、料金戦略の違い（たとえば、フリーミアムとサブスクリプション）、最重要機能の違いなどのコンセプトの違いにフォーカスした2種類の広告を作る。同じオーディエンスに同じスケジュールで両方の広告を流す。

- コンセプトは同じだがデザインが異なる2種類の広告を作る。アートワーク、見出し、本文のいずれかの内容を変える。同じオーディエンスに同じスケジュールで両方の広告を流す。
- 同じスケジュールで2種類の異なるオーディエンスに同じ広告を流す。簡単無人洗車はこのやり方である。

　どの例でも、変化を付けているのはひとつの変数だけだということに注意しよう（それぞれコンセプト、デザイン、オーディエンス）。こうすることにより、実験は管理されたものであり続ける。2種類のキャンペーンに同じ予算をかけ、同じ時期に実施すれば、結果の比較が単純になる。広告ごとのコンバージョン率がわかるように、かならずそれぞれの広告に専用のランディングページを与えるようにしよう。

　[図9-12]は、7章のエアタクシー予約アプリのバリュープロポジションを作ったジェシカが、ランディングページ実験としてふたつの異なるコンセプトを試すために作った2つの広告である。左側の広告がユーザーの問題にフォーカスしているのに対し、右側の広告は彼女が提案するソリューションにフォーカスしている。

　3章で説明した二面市場を相手にする場合には、顧客セグメントごとにオンライン広告とランディングページを作って2回の異なる広告キャンペーンを実施しなければならない。これはふたつの異なる実験として実行する必要がある。

広告の承認申請

　広告キャンペーンを審査に提出する前に、ランディングページプラットフォームの計測数を忘れずに0クリックにリセットしよう。リセットしなければ、過去のキャ

図9-12　ジェシカの2種類のFacebook広告。左が「渋滞でじっと座っているのはうんざりですか？　毎日の長い通勤時間にストレスを感じていますか？」と問題にフォーカスしたもので、右が「毎日の通勤時間短縮の最終手段、新しいロスのエアタクシーを誰よりも早く試してみませんか？」とソリューションにフォーカスしたものになっている。

ンペーンのアクセス数やデザインフェーズでの自分たちのアクセス数が数字に含まれてしまい、実験が台無しになってしまう。

　広告を審査に提出したあとも、トラブルへの準備が必要だ。広告が審査を通過しない理由はたくさんある。広告プラットフォームはガイドラインをたびたび変更するが、イメージに含まれるテキストが多すぎるとか、禁止コンテンツが含まれているとか、制限されたコンテンツの使い方が間違っているといったものである。ふたつの広告の一方が承認され、もう一方が承認されないという場合もある。すると、キャンペーンのスケジュールがずれてしまい、実験結果が使い物にならなくなるかもしれない。審査で不承認になった場合には、プラットフォームの広告ポリシーをチェックして、コンプライアンス上の問題を起こした理由を理解するようにしよう。

　広告キャンペーンが承認されたら、キャンペーンが始まる。

結果の分析

　キャンペーンが無事実施されたら、結果の分析が待っている。選んだオーディエンスのうちの高い割合が広告を見てクリックしているだろうか。そのコホート（同じ属性をもつグループ）の多くがランディングページのCTAをクリックしていてくれればうれしいところだ。しかし、1回のランディングページ実験のために5ドルのFacebook広告を一度打ち、誰も広告をクリックしてくれなかったとしても、学べることはある。データを解釈し、広告の成功と失敗の相関関係を論理的に推理しなければならない。

　[図9-13]は、ジェシカのFacebookキャンペーンのスクリーンショットである。ジェシカは、問題にフォーカスした広告(以下プロブレム広告)とソリューションにフォーカスした広告(以下ソリューション広告)を同じオーディエンスに流し、同じランディングページに送り込んだ。データポイントの意味は次の通り。

　▶ 結果（リンククリック）
　　広告がクリックされた回数。

　▶ リーチ
　　広告を少なくとも1回は見た人の数の推計値。

　▶ インプレッション
　　広告が表示された回数。ひとりの人が同じ広告を複数回見ている場合があるので、リーチとは異なる。

　▶ 結果（またはクリック）あたりのコスト
　　予算をリンククリック数で割った値

　[図9-14]を見ると、どちらの広告の方が効果的だったかがわかる。プロブレム広告は、リンククリック数がほとんど4倍であり、クリックあたりのコストはわずか12セントである。これはソリューション広告のコストの1/4に近い。クリックあたりのコストが低ければ、ランディングページへのトラフィックを安くで買えるということだ。本格的に顧客獲得を目指すときの戦術的な情報として意味がある。

クリックスルー率にも注目すべきだ。繰り返しになるが、これはインプレッション数に対するリンククリック数の割合である。プロブレム広告は、1,425インプレッションから43リンククリックを獲得し、クリックスルー率は3.0%になる。それに対しソリューション広告は、1,216のインプレッションから11リンククリックを獲得しただけで、クリックスルー率は0.9%に過ぎない。これは大きな差だ。

Ad Set Name	Bid Strategy	Budget	Results	Reach	Impressions	Cost per Result
Problem Ad	Lowest cost Link Clicks	$5.00 Lifetime	43 Link Clicks	1,402	1,425	$0.12 Per Link Click
Solution Ad	Lowest cost Link Clicks	$5.00 Lifetime	11 Link Clicks	1,150	1,216	$0.45 Per Link Click

キャンペーン名	入札戦略	予算	結果	リーチ	インプレッション	単価
プロブレム	最小単価	総額	リンククリック			リンククリックあたり
ソリューション	最小単価	総額	リンククリック			リンククリックあたり

図9-13　ジェシカのFacebook広告キャンペーンの結果

ここからも、プロブレム広告の方がFacebookでは好成績だったという結論になる。しかし、ランディングページでのコンバージョン率も見なければ、こちらの方がよい広告キャンペーンだと言うことはできない。彼女の目標は、単に人々に広告をクリックしてもらうことではないのだ。もっとも気になるのは、どれだけの顧客が彼女のアプリをダウンロードしてくれるかである。

[図9-14]は、ジェシカのランディングページプラットフォームが集計したランディングページの成績を示すスクリーンショットである。

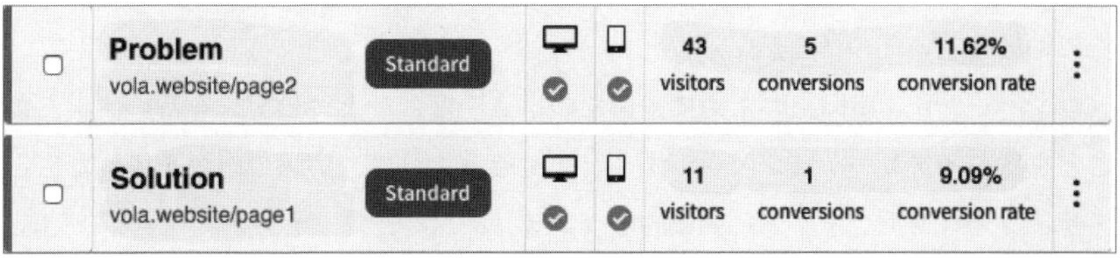

図9-14　ジェシカがUnbounceで作ったランディングページの結果

データポイントの意味は次の通り。

▶ **Visitors（訪問者）**
ランディングページへの訪問者数。広告のリンククリックと若干異なることがあるが、驚くようなことではない。

▶ **Conversions（コンバージョン）**
CTAをクリックした訪問者の数。

▶ **Conversion rate（コンバージョン率）**
コンバージョン数を訪問者数で割った数。

　これで、プロブレム広告が実際にどれだけの成績を収めたかがはっきりする。プロブレム広告の方がソリューション広告よりもコンバージョン率がわずかに高かったことがわかる（前者の11.62％に対し、後者は9.09％）。しかし、ジェシカのサンプル数がきわめて小さいことも考慮に入れなければならない。ソリューション広告をクリックした人が11人しかいないため、コンバージョンがひとりいれば、コンバージョン率が高くなる。サンプル数が小さいということは、統計的検出力が限られるということだ。しかし、コンバージョン数を比較すると、プロブレム広告はソリューション広告の5倍になっている。以上からもわかるように、データを解釈するときには、すべてのデータポイントを見ることが大切だ。

　わずか5ドルで1日だけのキャンペーンでも、ふたつの広告セットの訴求力とランディングページのコンバージョンを見れば、ジェシカが次の実験でプロブレム広告に軸足を置いたのは当然だろう。

　コンバージョン率向上のために大切なのは、一度にひとつの実験を行い、学んだことを次のイテレーションに活かすことだ。そうすれば、実験の対象を優れた広告デザインとコンセプトから、効果的なランディングページ、オーディエンスの反応、広告が効果的な場所と時間に移していくとともに、予算を上げていけるようになる。これは、「魔法の方程式」を見つけるためにキャンペーン全体を何度もデザインし直し、ターゲットをずらしていかなければならない場合もあるということだ。グロースハッカーのような思考を巡らそう。

結果のプレゼンテーション

　企業環境では、戦略の強化のために、チームとステークホルダーに得られたデータをプレゼンテーションし、判断を下し、実験を続ける必要がある。ここで、もう一度フォルクスワーゲングループサービス社の簡単無人洗車の実験に戻ろう。プロダクトチームは、実験を実施したあとで、かならずしもマーケティングや数学をよく知っているわけではないステークホルダーたちに、結果をプレゼンテーションした。

　[図9-15] は、実験のプレゼンテーションで使われたスライドである。ユーザーがマーケティングファネルをどのように通過したかをステークホルダーたちに示すために、広告とランディングページのイメージが含まれている。スライドの右半分は、広告キャンペーンとランディングページから得られた指標をまとめた表になっている。表の数値は、守秘義務上の理由から変更してある。

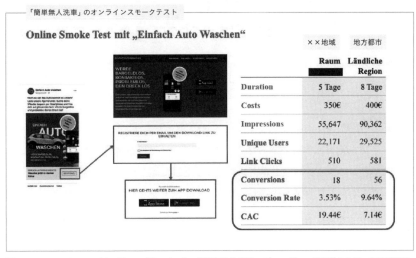

図9-15　フォルクスワーゲングループサービス社の簡単無人洗車ランディングページ実験の結果。左は都市部、右は地方で行った実験を表している（守秘義務上の理由から、数値は変更してある）

　表のデータポイントの意味は次の通り。

　▶ **Duration（期間）**
　個々のキャンペーンを実施した日数。

▶ **Costs（コスト）**

個々の広告キャンペーンの費用。

▶ **Impressions（インプレッション）**

個々の広告が表示された回数。

▶ **Unique users（ユニークユーザー）**

広告を少なくとも1回見た人の数であり、リーチと同じ意味。

▶ **Link clicks（リンククリック数）**

広告がクリックされた回数。

▶ **Conversions（コンバージョン）**

ランディングページでCTAをクリックした訪問者の数。

▶ **Conversion rate（コンバージョン率）**

コンバージョン数を訪問者数で割った数。

▶ **CAC（Customer acquisition cost、顧客獲得コスト）**

予算を獲得顧客数で割った値。この場合の「獲得顧客」とは、ランディングページのダウンロードボタンをクリックしたユーザーのことである。プロダクトをもとに事業を構築し、顧客獲得コストを顧客生涯価値（CLTV）[12]に見合う額に抑えなければならなくなってくると、この数値が次第に重要性を増していく。

　ビジネスイノベーションスタジオは、簡単無人洗車のキャンペーンを実施するために、合計で750€（約10万円）を投じ、Facebookの約50,000人のユーザーが広告を見た。ふたつのキャンペーンで標本サイズがほぼ同じになるように、地方でのキャンペーンは3日長く実施してユニークユーザー数を増やした。リンククリック数は、都市部で510、地方で581でほぼ同じだが、コンバージョン率は地方の方が

---

*12　"顧客生涯価値," *Wikipedia*, https://ja.wikipedia.org/wiki/顧客生涯価値

大幅に上回った（都市部の3.53％に対して9.64％）。

　コンバージョンのためにかかったコストを見ると、都市部ではCTAのクリックを得るために19.44€（2720円ほど）かかったのに対し、地方では7.14€（1000円ほど）で済んだ。つまり、都市部で顧客をひとり獲得するためには、地方の顧客をひとり獲得するためにかかる費用の倍額が必要になるということだ。このランディングページ実験から考えると、彼らの仮説（ドイツでは、都市部のドライバーの方が地方のドライバーよりもこのサービスを必要とするというものだった）は覆されたということになる。この種の洗車サービスは、地方の方が成功しそうだということだ。実験の力はすごいと言えるのではないだろうか。

　ランディングページ実験は、コンバージョンを増やすためのデザインの一例に過ぎない。作業を進めて最終的に本物のプロダクトを世に出すまで、さらなる成長のチャンスを探し続ける必要がある。これには、登録ページ、支払いのプロセス、推薦の操作、シェア/いいね/フォローの最適化などが含まれる。コンバージョンを増やすためのデザインでは、マーケティングから始まるカスタマージャーニーについて全体的な視野で考える必要がある。「どうやって年間サブスクリプションを勝ち取るか」などと言って目の前のページを見つめているだけではなく、カスタマージャーニーのあらゆる行程で梃子（てこ）として使えるものを探す必要がある。

貫徹か転進か断念か

　新しいビジネスコンセプトやプロダクトアイデアを検証するためのプロダクト戦略テクニックとして私が取り上げたいものは、これですべて説明した。ここまで進んだときには、次のふたつのうちのどちらかの状態になっているはずだ。

- さまざまな実験を通じて、あなたのイノベーティブなソリューションには、さらに時間と資金を投入すべきかどうかを検討するだけの価値があることがわかった。その場合、資金探しを始め、ステークホルダーの同意を取り付けて、ロードマップを作るべき段階に入った可能性がある。ロードマップには、プロダクトの機能、タイムライン、リソース、目標、プロダクトを市場に投入するためのビジョンをまとめる。プロダクト管理は初めてだという方には、ローマン・ピヒラーの『Strategize（戦略を練る）』[13]を読むことをお勧めする。

＊13　Roman Pichler, *Strategize*, Pichler Consulting, 2016.

- バリュープロポジションを支持する顧客セグメントか、バリュープロポジションを支えるビジネスモデルが見つからなかったために、ピボット（路線変更）するか断念する必要があることを学んだ。この時点では、一歩下がってこのコンセプトが自分にとってどれだけ重要かをよく考えよう。おそらく、あなたは私の父と同じような状況にあり、手遅れになる前にホットドッグスタンドを閉めるべきだ。

どちらのバケットに入ったかにかかわらず、プロダクトを構築する前とプロダクトの成熟過程で戦略のリスクを軽減するために効果的なテクニックを学べたはずだ。戦略は、プロダクトが終わるまで決して終わらない。

プロダクトが存在する限り、プロダクトがあなたのビジネスゴールをどの程度達成しているかを示す重要業績評価指標（KPI）を使って価値を測定し続けなければならない。古代ギリシャの哲学者、ヘラクレイトスは「万物は流転する」（ギリシャ語でpanta rhei：パンタレイ）と言った。これは市場の勢力図、技術革新、気まぐれな顧客でも同じだと思う。戦略に柔軟性が求められるのもそのためだ。

9.4 ｜ まとめ

この章では、戦略を成功に導くためには、マーケティングチームとデザインチームの協力が必要だということを論じてきた。ユーザーをフックし、グロースハックするためには、プロダクトファネルの研究が必要だ。この章では、ランディングページとオンライン広告キャンペーンを使ってビジネスコンセプトの有効性を実験し、顧客獲得チャネルになり得るものを探した。最大の成果は、あなたとチームは試行錯誤によって大きく前進し得ることを学んだことだ。

10 章

エピローグ

そして前進せよ......叡智の道に沿って、自信を持ち、しっかりとした足取りで......
自分がどのような人間であれ、自ら選んだ道で経験を積め。
自分に対する不満を投げ捨てよ。自分を、自分自身の自我を許せ。
人間には、自らが生きてきた過程で経験したすべて (出だしでの失敗、誤り、妄想、
情熱、愛、希望) をひとつ残らずまとめて自分の目標に役立てる力があるのだ。[1]

――フリードリヒ・ニーチェ

　ときどき、製品は陽の目を見ないことがある。その理由の多くは、あなたが予期
したりどうにかしたりできないものだ。資金調達の不調、チームの燃え尽き、新技
術の登場、個々人のモチベーション低下、人間関係の崩壊、その他、UX/プロダク
ト戦略を越えたさまざまな要因が影響を及ぼしてくる。

　1章で取り上げたMetromile[2]は、今も走行距離に基づく従量制保険のトップ
ランナーだが、最近急速にB2Bの世界に勢力を拡張している。かつての競合が今
ではパートナーになっている。Metromileは、AI Claimsプラットフォームのライ
センス販売により、ほかの保険会社やOEMのデジタルトランスフォーメーション
を助けているのだ。Metromileはフォードとも提携し、フォードのコネクテッドカー
のオーナーは、新たにデバイスをインストールしなくてもパーソナライズされた保
険を享受できるようにした[3]。

---

[1]　Friedrich Nietzsche, *Human, All Too Human: A Book for Free Spirits*, English ed., Charles H. Kerr, 1908. フリードリヒ・ニーチェ著『人間的な、あまりに人間的な』(訳書多数)。訳文はこの英訳からの重訳。

[2]　Metromile Inc., https://enterprise.metromile.com

[3]　"Say hello to connected car insurance," Metromile, https://www.metromile.com/partners-ford

最近フォルクスワーゲンのゼバスティアンとランチをともにする機会があった。彼はコロナ禍が始まって以来、ベルリンの自宅でビジネスイノベーションスタジオの指揮を取っている。ビジネスイノベーションスタジオは今も成長を続けており、他の地域に国際チームを設けている。彼らは今もUX/プロダクト戦略とビジネスイノベーションの間の点と点を結ぶ仕事を続けているが、フォルクスワーゲンはソフトウェア開発を社外への発注から内製に切り替えつつあり、フォルクスワーゲングループ全体の車をサポートするVW.OSというクラウドベースのオペレーティングシステムを作った。

　私のUSCの学生たちの場合、授業のプロジェクトだったので、授業が終わったらプロジェクトも終わりだった（初版のエナやビタと同じように）。しかし、ニコには驚かされた。彼はカーシェアリングのコンセプトをさらに先に進め、特許の出願までした。成績トップの学生だったジェシカは、卒業と同時にさよならするのは惜しい人材だった。そこで私は彼女を採用し、本書の執筆をサポートしてもらった。YouTubeのプレイリストに私たちの共同執筆/編集セッションを10回分の動画としてまとめているので、興味のある方はご覧いただきたい[4]。

　ほかのプロダクト製作者には、茨の道が待っていた。TradeYaのジャレッドは、Airbnbのようにシェアリングエコノミー（共有型経済）のなかのブルーオーシャンを征服しようとしたが、人々のメンタルモデルを変えるのは難しかった。TradeYaで4年間にわたって顧客エクスペリエンスの実験を積み重ねてきたが、グロースマーケターとしてチームを率いる仕事に戻っていった。

　仕事上のことであれ個人的なことであれ、人生にはさまざまな難題が待ち受けており、それらがその後の人生をどのように変えていくかはわからないということを覚えておくことが大切だと思う。例として、私の母方の祖父、アレックス・ツィンドラーの話をしよう。彼は1907年にポーランドのタルノーポリ（現在はウクライナのテルノーピリ）で生まれた。

　彼のもっとも古い記憶は、何度もあったポグロム（ユダヤ人に対する大規模な迫害、虐殺）のひとつで、重火器攻撃によって自宅の壁が破壊されたところを目撃したことである。弟たちはこのようなポグロムによって全員殺された[5]。父親は彼が6歳になる前に死んだ。そして第1次世界大戦（1914〜1918年）が始まり、彼が

＊4　Jaime Levy and Jessica Lupanow, "UX Strategy (2nd Edition) Book Editing Sessions," YouTube, 2020, https://oreil.ly/Ezd0R

＊5　"Ternopil," *Wikipedia*, https://oreil.ly/RnqZT

11歳になるまで続いた。彼の国の名前、公用語、交通標識は、ドイツ、オーストリア、ロシアの軍隊が攻勢に出たり劣勢に陥ったりする間に7度も変わり、町の人のアイデンティティはずたずたになった*6。

アレックスが16歳になった1923年に彼と母親のローニャは、それ以上の迫害を受けるのを避けるために、ポーランドから逃げ出した。よりよい生活を求めて、彼らは列車でベルギーのアントワープに向かい、そこからカナダのケベックシティ行きの船に乗った。しかし不運にも、ローニャは北米大陸に向かう途中でコレラにかかって亡くなった。アレックスは、悲しみにくれながら、母が埋葬のため海に流されるのを見たことを鮮明に覚えている。

アレックスは、一文無しで英語を話せない孤児として、逃げてきた国に強制送還される脅威にさらされながらケベックシティに着いた。カナダに留まることができたのは、同乗の神父が保証人になってくれたおかげだ。

しかし、その神父に返済しなければならない巨額の乗船料が大きな負債となった。返済のため、彼はトロントで2年間、理髪師の修行をした。10代の終わりまでに負債から自由になり、たくさんの友だちを作って趣味としてボクシングを始めた（[**図10-1**]）。

図10-1
アレックス・ツィンドラー（右）と
友人のアーヴィング・ロスの写真

---

*6　"TARNOPOL," *Jewish Virtual Library*, https://www.jewishvirtuallibrary.org/jsource/judaica/ejud_0002_0019_0_19604.html

彼は数年間ボクシングの練習を続けたが、ある試合で顔に受けた強打のために、片目が重度の白内障になってしまった。そして、下手くそな手術のためにその目は失明し、弱視のもう片方の目だけで生きていかなければならなくなった。このような障害を背負った多くの人は、希望を失ったり、活動を制限したりするだろう。しかし、アレックスは違った。彼は結婚し、マニトバ州のウィニペグに新居を構え、3人の子供をもうけた。家族を養うために、苦労しながら25年にわたってドライクリーニング店のプレス仕上げの仕事を続けた。50歳になった1957年にアレックスはひどい心臓発作を起こして全盲になった。2年後には妻が亡くなり、彼はひとりで末息子を育てなければならなかった。

　しかし、我が祖父アレックスは、こういった新たな悲劇に見舞われても、絶望したり自暴自棄になったりしなかった。逆に、恐怖と向き合って外に出たのだ。アレックスはバスでひとりで移動できるように、歩行訓練を行った。また、ブラインドボウリングリーグに参加し、ジムで汗を流した。彼にとっては学ぶことこそがすべてだったので、できる限り最高の教育を受けるよう息子を励ましもした。

　しかし、アレックスに最大の自由をもたらしたのはテクノロジーだった。彼は生粋のオーディオファンで、音声の録音と膨大なレコードコレクションの再生のために、最高の音響装置を購入していた。彼はテープに録音された形の本を飽くことなく消費しており、ニューヨークタイムズの書評で紹介されたベストセラー本などはむさぼるように読んでいた。

　60代になると、録音機を持つ人々の非営利団体、ボイスポンデンスクラブを通じてアレックスの社会ネットワークは拡大した。世界中に散らばったクラブのメンバーたちは、オープンリールテープ（のちにはカセットテープ）を使って、日常生活についての話、長い政治的なメッセージ、さらには音楽録音の海賊盤まで交換していた。このクラブは、FacebookとNapsterを組み合わせたようなもののアナログ版だった。カセットテープは、カナダからロサンゼルスの私たち家族に手紙を送るための手段でもあった。祖父は、1981年に74歳で亡くなった。しかし、子どもの頃に録音を聞いていたおかげで、彼のポーランド訛りと元気を与えてくれた話は決して忘れないだろう。

　起業家、プロダクトマネージャー、デザイナーにとって、デジタルプロダクトの構築は人生のるかそるかの一大事のように見えるだろう。私たちは、ユーザーの生活が一変するはずだと思っているバリュープロポジションに貯金、健康、情熱を注ぎ込む。しかし、発明家は、製品が成功に向かう過程の必要不可欠な要素として失

敗を受け入れなければならない（一部の人々にとってはそれが乗り越えられない障害になることがあるが）。人生で出会ったさまざまな困難に押し流されなかった私の祖父のようになる必要があるのだ。彼は人生をフルに生きるためにピボット（転進）を繰り返し、そのための手段としてテクノロジーを見つけ出すことさえしたのである。

ここで学んだこと

☐ ものごとはいつも予定通りに進むとは限らない。私たちは機敏（アジャイル）になり、前進するための新しい方法を見つけなければならない。人生への数々の試練を受け入れ、積極的な気持ちを保とう。

☐ 日常のテクノロジーを新しい予想外の方法で使って、ユーザーの生活を向上させ、現実にある問題の解決を手助けするチャンスを見逃さないようにしよう。

☐ 自分の人生を最終的に決めるのは自分であり、どう生きるかを選ぶことによって自分とは何かが決まる。人生から何を生み出したかが、今の自分の姿を形作る。日々の人生を無駄に過ごすわけにはいかないのではないだろうか。

索引

著者紹介

Jaime Levy ｜ ジェイミー・レヴィ

　ロサンゼルスとベルリンを拠点として活動するプロダクトストラテジスト、作家、大学教授、講演者である。コンサルタントとして、プロダクトビジョンを顧客に待望されるイノベーティブなデジタルソリューションに転化させたいビジネスリーダーや社内チームを支援するほか、社内研修の講師を務めたり、公開/非公開のワークショップを主催したり、世界中のデザインやイノベーションに関するカンファレンスで講演したりしている。

　30年以上にわたって、画期的なデジタルプロダクト/サービス製作のパイオニアであり続けてきた。フォーチュン500企業や各賞を受賞している広告代理店などの仕事で、娯楽、医療、金融、テクノロジー分野のプロジェクトのUXを主導してきた。

　また、USC（南カリフォルニア大学）、ニューヨーク大学、クレアモント大学院大学、ロイヤル・カレッジ・オブ・アート、ポツダム応用科学大学、オックスフォード大学でプロダクトデザインとプロダクト戦略の教鞭をとってきた。

　オンラインでは、jaimelevy.comというサイトがあるほか、LinkedInとTwitter（@jaimerlevy）でフォローできる。

▶ 会社、カンファレンス、大学での講演/講義依頼について

『UX戦略』を読んで、ジェイミー・レヴィにイベントやワークショップで話してもらいたいと思った方は、次のページにアクセスしていただきたい。

　https://jaimelevy.com/hirejaime/

ジェイミー・レヴィは世界中の無数のカンファレンス、企業で講演をしている。次のページに行けば、過去の講演やキーノートスピーチの動画が見られる。

　https://jaimelevy.com/speaking/

彼女のワークショップやマスタークラスの内容は次のページで見られる。

　https://jaimelevy.com/training/

ジェイミーは世界中のメーカーで研修を行っている。ジェイミーを招き、役員、プロダクトチーム、職能横断型チームを対象とするプレゼンテーションと実地訓練を通じて、彼女の先進的な思考と実践的なテクニックを社内に導入しよう。

監訳者紹介

安藤 幸央 | あんどう ゆきお @yukio_andoh

1970年北海道生まれ。株式会社エクサ コンサルティング推進部所属。OpenGLをはじめとする三次元コンピュータグラフィックス、ユーザエクスペリエンスデザインが専門。Webから始まり情報家電、スマートフォンアプリ、VRシステム、巨大立体視ドームシアター、デジタルサイネージ、メディアアートまで、多岐にわたった仕事を手がける。『iPhone 3DプログラミングーOpenGL ESによるアプリケーション開発』では監訳、『Excelプロトタイピングー表計算ソフトで共有するデザインコンセプト・設計・アイデア』(以上、オライリー・ジャパン)では付録執筆を担当した。

訳者紹介

長尾 高弘 | ながお たかひろ

1960年生まれ、東京大学教育学部卒、株式会社ロングテール社長、技術翻訳者。最近の訳書として『入門Python 3 第2版』、『scikit-learn、Keras、TensorFlowによる実践機械学習 第2版』、『データサイエンス設計マニュアル』(以上、オライリー・ジャパン)、『多モデル思考』(森北出版)などがある。

UX戦略 第2版
革新的なプロダクト開発のためのテクニック

2022年11月18日　初版第1刷発行

著者	Jaime Levy　ジェイミー・レヴィ
監訳者	安藤 幸央　あんどう ゆきお
訳者	長尾 高弘　ながお たかひろ
発行人	ティム・オライリー
デザイン	waonica

印刷・製本　　日経印刷株式会社

発行所　　　株式会社オライリー・ジャパン
　　　　　　〒160-0002 東京都新宿区四谷坂町12番22号
　　　　　　Tel (03) 3356-5227　Fax (03) 3356-5263
　　　　　　電子メール　japan@oreilly.co.jp

発売元　　　株式会社オーム社
　　　　　　〒101-8460 東京都千代田区神田錦町3-1
　　　　　　Tel (03) 3233-0641 (代表)　Fax (03) 3233-3440

Printed in Japan (ISBN978-4-8144-0005-8)